分析检验应用技术

聂英斌 主编

FENXI JIANYAN
YINGYONG
JISHU

化学工业出版社
·北京·

内 容 简 介

本书作为高职高专院校分析检验类专业及相关专业的分析检验应用技术课程教材，全书由工业分析、药物检验、环境监测、农产品及食品检验四个项目组成，满足分析检验相关岗位人员技能培养要求。项目内容包括化工产品检验、水泥成分分析、石油产品分析、药物的物理常数测定和一般杂质检查、药品的定性定量分析和溶出度检查、大气污染物和水中污染物含量分析、粮食和果蔬中营养成分含量分析、食品中营养物质与污染物含量分析等。全书突出项目化导向，主体凸显了案例引导、难点解读和实践印证的脉络结构，促进理论与实践深度融合。教材的"学案"部分是本书的亮点，其中绘制实验操作步骤框图，任务步骤分解清晰明了；解读操作规程和原理，点明检验工作的理论依据，授人以渔；引入岗位的检验报告单，使学习者学会填报检验数据。"学案"与教材主体相互配合，相得益彰。本书符合高职高专教育的特点，内容丰富，图文并茂，语言简练，通俗易懂，紧密联系生产、生活实际，有利于职业能力的培养，实用性较强。

本书不仅供高职高专分析检验类专业及相关专业教学使用，也可供分析检验相关行业的中、高级化验工的实训和实习教学使用，还可供有关检验工作的其他企事业单位或商检部门化验人员及从事产品生产的人员学习参考。

图书在版编目（CIP）数据

分析检验应用技术／聂英斌主编．—北京：化学工业出版社，2022.6

ISBN 978-7-122-40926-3

Ⅰ．①分… Ⅱ．①聂… Ⅲ．①化工产品-工业分析-高等职业教育-教材②化工产品-检验-高等职业教育-教材 Ⅳ．①TQ075

中国版本图书馆CIP数据核字（2022）第040242号

责任编辑：蔡洪伟	文字编辑：崔婷婷　陈小滔
责任校对：宋　玮	装帧设计：王晓宇

出版发行：化学工业出版社（北京市东城区青年湖南街13号　邮政编码100011）
印　　装：中煤（北京）印务有限公司
787mm×1092mm　1/16　印张17¼　字数389千字　2022年7月北京第1版第1次印刷

购书咨询：010-64518888　　　　　　　售后服务：010-64518899
网　　址：http://www.cip.com.cn
凡购买本书，如有缺损质量问题，本社销售中心负责调换。

定　　价：59.80元　　　　　　　　　　　　　　　　版权所有　违者必究

前言
PREFACE

　　时代的进步和发展，不断呼唤着高素质技能人才的出现，因此对高职高专院校的人才培养提出了更高要求。"理实一体化"课程教学改革，突出理论和实践的深度融合，提升人才综合素质，符合高职教育的人才培养目标。本书为适应高职高专院校分析检验类专业课程的理实一体化教学改革而编写。根据人才培养目标和岗位需求，确定教学内容，突出项目化导向，培养应用技术能力，提升综合素质。主要体现以下特点。

　　（1）项目内容立足岗位，强化技能，提高素质。从检验岗位工作所需的专业知识和技能要求出发，以"实用为主、够用为度、应用为本"的原则，整合了工业分析、药物检验、环境监测、农产品及食品检验等方面的重点内容，结合行业和岗位的特点，抽提典型工作任务，转化为教学项目，强化分析检验技术应用能力，拓展应用范围。职业素质训练的深度、广度符合高等职业院校分析检验类专业的教学需要。

　　（2）项目内容丰富，凸显理论与实践的深度融合。本书基于项目化教学，将分析检验知识和技能贯穿于实践操作和学习中。项目内容涉及的知识点涵盖定量化学分析、光谱分析、气相色谱分析、液相色谱分析、薄层色谱分析等多种分析检验技术。力求覆盖知识内容全面，知识点连贯完整。以实践项目承载理论知识，在操作中提高知识运用能力。

　　（3）以"学案"为抓手，培养学生会学习、多思考、能操作、敢创新。本书重点编写了其他教材少见的"学案"内容，紧密结合教学，"授人以渔"。其中通过绘制实验操作步骤框图，拆解检验操作环节；通过解读操作规程和原理，点明检验工作的理论依据，提升应用能力；引入岗位检验报告单，使学习者学会填报检验数据；增加习题内容，强化课上和课下的预习、练习和复习。学案与教材主体相互配合，相得益彰。

　　（4）教材图文并茂，重点突出，层次清晰。本书符合高职高专教育教学特点，大量运用图和表的形式，紧密联系生产生活实际，内容丰富，信息量较大，语言简练，通俗易懂，实用性较强。

　　（5）紧跟行业和企业动态，使用新标准。全书采用我国法定计量单位和国家标准规定的术语、符号和单位，注重贯彻新发布的国家标准和行业标准，更新相关产品的质量指标、检验方法和分析规程。

　　本书由聂英斌主编，吉林工业职业技术学院分析检验教研组教师参加编写。项目1由李欣、李刚、周宝龙编写，项目2由贺丽编写，项目3由聂英斌编写，项目4由周宝龙、聂英斌编写，学案由聂英斌主笔完成。

　　本书为理实一体化课程改革教材，限于编者水平，书中可能存在欠妥之处，非常欢迎广大读者批评指正！

聂英斌
2021年12月

活页式教材使用说明

本教材致力于服务高素质分析检验技能人才培养，掌握分析检验原理和应用技术。分析检验工作看似简单依照检验规程的"照方抓药"，实则每步操作都"有法可依、有理可循"。检验人员必须理解检测操作背后的原理，才能科学地选择适当的检验方法，获取准确的检测结果。本活页教材配套开发了教学项目材料和"学案"，目标是引领学生思考，解析操作原理，指导实践行动。使学生知其然，更知其所以然，达到授之以渔的目的。

1. 活页教材的编排方式

活页教材分为"教材篇"和"学案篇"，二者的项目模块内容——对应，相辅相成。

教材篇由 4 个检验项目模块构成，下设若干检验任务。每个检验项目模块涉及一个大类的检验项目学习，从分析检验知识到典型技能项目，统筹整合，学练结合。

学案篇重点搭建专业知识到技能应用的"高架桥"，设计了知识点的"认读填写"和配套习题，引导探究学习，充分解读操作步骤和蕴含原理，指导实践活动，提升职业能力。

2. 学案篇的特色设计

学案篇对应教材篇的各个检验项目的知识学习任务和技能操作任务，都设计了有针对性的强化训练。

知识学习任务中，主要设计知识点的"认读填写"，可作为课前预习和课上练习和复习的抓手，引领学生对知识的反复"咀嚼"。技能操作任务中，重点设计了"测定方法和原理""操作规程解读"等模块，供课前预习和课上集中解读原理。

"检验报告单"是针对部分典型项目的一项特别设计，它源自真实岗位情境，植入了"认读填写"，配以思考问题，融入职业素质教育。可单独抽取，组织实践考核，开展活动评比，可灵活掌握和使用。

学案篇还以"任务书"形式，清晰展示项目的脉络结构；用箭头图描述"操作规程解读"；大量采用图和表的形式，"活化"和补充教材知识内容。

3. 教材活页的使用方式

教材篇和学案篇的每一个任务材料均为活页式印制，以便内容的更新和替换。既可部分携带至检验场地，也可单独上交，供教师批阅，同时不影响其他部分，符合项目化教学活动要求。

4．学生知识技能基础要求

教材应在学生具备了化学分析、仪器分析的基本知识和技能的基础上，进行检验技术应用的深入学习。由相关行业的典型检验项目，提升学生综合运用能力，以求达到对同类检验项目和技术的触类旁通，学以致用。

5．辅助教学资源

教材编写组提供活页教材的相关教学资料和思考题答案，仅供教学参考使用，欢迎教材使用者联系获取（53624002@qq.com）。

目录 CONTENTS

项目 1　工业分析

- 任务 1.1　工业产品分析概述　　002
  - 1.1.1　分析方法和分析质量保证　　002
  - 1.1.2　无机工业产品的检测　　004
  - 1.1.3　有机工业产品的检测　　020
  - 1.1.4　石油产品的检测方法　　031
  - 1.1.5　汽油及其质量标准　　033
  - 1.1.6　我国技术标准　　035
- 任务 1.2　工业硫酸锌主含量分析　　037
  - 1.2.1　产品概述和等级标准　　037
  - 1.2.2　检验操作规程　　038
  - 1.2.3　数据记录和处理　　039
  - 1.2.4　注意事项　　040
- 任务 1.3　水泥中 SiO_2、FeO、CaO 分析　　040
  - 1.3.1　产品概述和等级标准　　040
  - 1.3.2　检验操作规程和数据处理（测定部分指标）　　042
  - 1.3.3　注意事项　　047
- 任务 1.4　甲苯中烃类杂质含量分析　　047
  - 1.4.1　产品概述　　047
  - 1.4.2　甲苯中烃类杂质检验操作规程　　047
- 任务 1.5　油品综合分析　　049
  - 1.5.1　车用汽油馏程测定　　049
  - 1.5.2　柴油中水溶性酸及碱的测定　　053
  - 1.5.3　柴油中水分的测定　　055
  - 1.5.4　润滑油闪点和燃点的测定　　057

项目 2　药物检验

- 任务 2.1　药物检验概述　　061
  - 2.1.1　药物检验的性质和任务　　061
  - 2.1.2　药品质量与管理规范　　062
  - 2.1.3　药品标准及分类　　063
  - 2.1.4　药品标准中的常用术语　　066
  - 2.1.5　药物检验方法、技术简介　　070
- 任务 2.2　药物基本物理常数测定　　071
  - 2.2.1　熔点的测定　　071
  - 2.2.2　折射率的测定　　073
  - 2.2.3　旋光度的测定　　076

任务 2.3　药物一般杂质的检查　079

2.3.1　杂质定义　079

2.3.2　杂质检查的意义　079

2.3.3　杂质的来源　080

2.3.4　杂质分类　080

2.3.5　杂质检查方法　080

2.3.6　一般杂质检查原理和操作规程　081

2.3.7　数据记录和处理　085

任务 2.4　紫外可见分光光度法对药品的分析　085

2.4.1　可见分光光度法的显色反应　086

2.4.2　紫外可见分光光度计　087

2.4.3　定量分析方法　089

2.4.4　检验原理和操作规程　092

2.4.5　数据记录和处理　093

任务 2.5　薄层色谱法对药品的分析　093

2.5.1　薄层色谱分离原理　093

2.5.2　薄层色谱操作方法　094

2.5.3　检验原理和操作规程　096

2.5.4　数据记录和处理　097

任务 2.6　对乙酰氨基酚片溶出度检查　097

2.6.1　实验原理　097

2.6.2　仪器和药品　098

2.6.3　实验步骤　098

2.6.4　数据处理　100

项目 3　环境监测

任务 3.1　环境监测概述　103

3.1.1　环境监测基础知识　103

3.1.2　环境监测方案的制定　103

3.1.3　环境标准和环境质量评价　103

3.1.4　大气污染监测　108

3.1.5　水污染的监测　111

任务 3.2　大气中 NO_2 含量测定　117

3.2.1　污染指标概述和标准要求　117

3.2.2　检验原理和操作规程（盐酸萘乙二胺分光光度法）　118

3.2.3　数据记录和处理　119

3.2.4　注意事项　121

任务 3.3　水中溶解氧含量测定　121

3.3.1　污染指标概述和标准要求　121

3.3.2　检验原理和操作规程（碘量法）　121

3.3.3　数据记录和处理　122

3.3.4　注意事项　123

●●●● 任务 3.4　水中氨氮含量测定　　　　　　　　　124
3.4.1　污染指标概述和标准要求　　　　　　　124
3.4.2　检验原理和操作规程（纳氏试剂比色法）　124
3.4.3　数据记录和处理　　　　　　　　　　　125
3.4.4　注意事项　　　　　　　　　　　　　　126

●●●● 任务 3.5　水中 COD_{Cr} 含量测定　　　　　　　126
3.5.1　污染指标概述和标准要求　　　　　　　126
3.5.2　检验原理和操作规程　　　　　　　　　127
3.5.3　数据记录和处理　　　　　　　　　　　129
3.5.4　注意事项　　　　　　　　　　　　　　130

项目 4　农产品及食品检验

●●●● 任务 4.1　农产品及食品检验概述　　　　　　131
4.1.1　农产品概述　　　　　　　　　　　　　131
4.1.2　农产品品质检验的范围　　　　　　　　133
4.1.3　食品概述　　　　　　　　　　　　　　134
4.1.4　食品检验的内容　　　　　　　　　　　134
4.1.5　农产品及食品检验的实施步骤　　　　　135
4.1.6　农产品及食品检验的常用方法和标准　　135
4.1.7　农产品及食品样品的预处理　　　　　　136
4.1.8　农产品及食品样品的常见检验项目　　　137

●●●● 任务 4.2　粮食中蛋白质和脂肪酸值测定　　　141
4.2.1　大豆蛋白质含量测定　　　　　　　　　141
4.2.2　稻谷脂肪酸值测定　　　　　　　　　　144

●●●● 任务 4.3　果蔬中维生素 C 含量和铜含量测定　146
4.3.1　果蔬中维生素 C 含量测定　　　　　　　146
4.3.2　水果中铜含量测定　　　　　　　　　　149

●●●● 任务 4.4　牛奶中钙含量测定　　　　　　　　151
4.4.1　钙的基本知识　　　　　　　　　　　　151
4.4.2　实验原理　　　　　　　　　　　　　　152
4.4.3　仪器和药品　　　　　　　　　　　　　152
4.4.4　实验内容　　　　　　　　　　　　　　152
4.4.5　实验数据与处理　　　　　　　　　　　153

●●●● 任务 4.5　啤酒中甲醛含量测定　　　　　　　154
4.5.1　啤酒中甲醛的检测意义　　　　　　　　154
4.5.2　实验原理　　　　　　　　　　　　　　154
4.5.3　实验仪器及试剂　　　　　　　　　　　155
4.5.4　实验步骤　　　　　　　　　　　　　　155
4.5.5　实验结果记录和数据处理　　　　　　　157

参考文献

分析检验应用技术课程学案材料

课程项目框架

项目1 工业分析

任务书 164
任务 1.1 工业产品分析概述 165
  1.1.1 无机工业产品的检测 165
  1.1.2 有机工业产品的检测 167
任务 1.2 工业硫酸锌主含量分析 171
  1.2.1 检验报告单 171
  1.2.2 EDTA 标准溶液的配制与标定 175
  1.2.3 样品的主含量分析 177
任务 1.3 水泥中 SiO_2、FeO、CaO 分析 179
任务 1.4 甲苯中烃类杂质含量分析 181
  1.4.1 检验报告单 181
任务 1.5 油品综合分析 187
  1.5.1 石油产品知识 187
  1.5.2 汽油馏程测定 189
  1.5.3 柴油中水溶性酸及碱的测定 190
  1.5.4 柴油中水分的测定 191
  1.5.5 润滑油闪点和燃点的测定 191

项目2 药物检验

任务书 194
任务 2.1 药物检验概述 195
任务 2.2 药物基本物理常数测定 197
  2.2.1 熔点的测定 197
  2.2.2 折射率的测定 199
  2.2.3 旋光度的测定 201
任务 2.3 药物一般杂质的检查 205
  2.3.1 药物的杂质和来源 205
  2.3.2 药物杂质的分类 205
  2.3.3 杂质检查方法 205

2.3.4　一般杂质检查（部分）的操作规程解读	207
2.3.5　一般杂质检查的练习（不定项选择题）	211
任务 2.4　紫外可见分光光度法对药品的分析	213
2.4.1　检验报告单	213
2.4.2　绘制维生素 C 标准曲线	217
2.4.3　药品维生素 C 含量测定	219
任务 2.5　薄层色谱法对药品的分析	221
任务 2.6　对乙酰氨基酚片溶出度检查	223

项目 3　环境监测

任务书	226
任务 3.1　环境监测概述	227
3.1.1　环境监测基础知识	227
3.1.2　环境监测方案的制定	227
3.1.3　环境标准和环境质量评价	227
3.1.4　大气污染监测	228
3.1.5　水污染监测	231
任务 3.2　大气中 NO_2 含量测定	233
3.2.1　检验报告单	233
3.2.2　NO_2 的测定	237
任务 3.3　水中溶解氧含量测定	239
任务 3.4　水中氨氮含量测定	241
3.4.1　蒸馏—中和滴定法（补充）	241
3.4.2　氨氮的测定	245
任务 3.5　水中 COD_{Cr} 含量测定	247

项目 4　农产品及食品检验

任务书	250
任务 4.1　农产品及食品检验概述	251
任务 4.2　粮食中蛋白质和脂肪酸值测定	255
4.2.1　大豆蛋白质含量测定	255
4.2.2　稻谷脂肪酸值测定	255
任务 4.3　果蔬中维生素 C 含量和铜含量测定	257
4.3.1　果蔬中维生素 C 含量测定	257
4.3.2　水果中铜含量测定	259
任务 4.4　牛奶中钙含量测定	261
任务 4.5　啤酒中甲醛含量测定	263

项目1
工业分析

📄 基本知识目标

- ◇ 掌握工业分析方法和原理；
- ◇ 了解工业分析的内容、任务及特点；
- ◇ 了解产品标准和产品评价知识；
- ◇ 了解工业产品分析方案的制定方法；
- ◇ 了解产品预处理方法和特点；
- ◇ 掌握工业产品的检测方法；
- ◇ 了解标准的分类及表示方法；
- ◇ 掌握分析检验方法选择及分析方案制定的方法；
- ◇ 掌握数据处理方法。

技术技能目标

- ◇ 会判断工业产品质量；
- ◇ 会区分酸、碱、盐等工业产品的性质；
- ◇ 会操作常规检测仪器；
- ◇ 会正确选择合适的检验方法；
- ◇ 会正确选择合适的预处理方法；
- ◇ 能够对化验室产生的废弃物进行适当的处理；
- ◇ 能正确采集样品和进行预处理；
- ◇ 能熟练测定工业产品主要物理化学指标。

品德品格目标

- ◇ 具有环境保护的社会责任感和职业精神，理解并遵守职业道德和规范；
- ◇ 具有安全、健康、环保和质量服务意识，有应对危机与突发事件的基本能力；
- ◇ 通过工业样品的检验训练，增强学生交流和协作能力；
- ◇ 提高分析问题能力和实践应用能力，具有理论联系实际的科学精神；
- ◇ 能合理使用和支配资源，具有团队意识和职业道德。

任务 1.1

工业产品分析概述

工业分析的任务是研究和测定工业生产的原料、中间产品、最终产品、副产品以及生产过程中产生的各种废物的化学组成及其含量，对生产环境进行监测，对生产过程的各项指标进行监控。

工业分析涉及冶金、建材、化工、地质、环境、医药、食品、煤炭、石油等多个行业的生产单位。

按照工业产品性质，分析任务可分为无机工业产品分析和有机工业产品分析。

1.1.1 分析方法和分析质量保证

1.1.1.1 分析方法的选择

在实际工作中，分析对象可能是无机试样或有机试样；要求分析的组分可能是单项分析或全分析；组分的含量可能属于常量组分、微量组分或痕量组分等。

一种组分的测定往往又有多种方法，例如铁的测定常用的方法有：配位滴定法、氧化还原滴定法、氢氧化物重量法、邻二氮菲分光光度法等。

选择测定方法的依据有以下几个方面。

（1）测定的目的要求

测定的目的要求主要包括需要测定的组分、准确度、分析时间等要求。

一般对标准物、原料及成品分析的准确度要求较高，应选择标准分析方法。例如测定标准钢样中硫含量时，一般采用准确度较高的重量分析法。

微量组分的分析对灵敏度要求较高，应选择仪器分析方法。例如有机物中微量水分的测定，常用气相色谱法或卡尔·费休法。

中间产品的控制分析要求快速、简便等，应选择快速分析方法，如滴定分析法等。例如炼钢炉前硫含量的控制分析，则采用 $1 \sim 2min$ 即可完成的燃烧滴定法。

（2）待测组分的含量范围

化学分析方法，即滴定分析法和重量分析法，适用于高含量（>1%）的常量组分分析，其相对误差为千分之几。滴定分析法操作简便、快速，重量分析法虽很准确，但操作费时。化学分析方法灵敏度不高，对低含量（<1%）组分的测定误差太大，有时甚至测不出来。

仪器分析方法如分光光度法、原子吸收分光光度法、色谱分析法等，灵敏度较高，相对误差一般为百分之几，适用于微量组分的测定。

（3）待测组分的性质

一般，分析方法的选择都基于待测组分的性质。

例如，对具有酸碱性的试样，可选用酸碱滴定法、电位滴定法等。试样具有氧化性或还原性时，可选用氧化还原滴定法、电位滴定法等。大部分金属离子能与EDTA形成稳定的配合物，常用配位滴定法测定。而对于碱金属，特别是钠离子等，由于它们的配合物一般都很不稳定，大部分盐类的溶解度又较大，而且不具有氧化

项目 1　工业分析

还原性质，但能发射或吸收特定波长的特征谱线。因此，可用火焰光度法、原子吸收分光光度法及原子发射光谱法测定。

（4）共存组分的影响

工业物料一般都很复杂，需考虑共存组分对测定的干扰。例如用配位滴定法测定 Bi^{3+}、Fe^{3+}、Al^{3+}、Zn^{2+}、Pb^{2+} 混合物中的 Pb^{2+} 时，共存离子都能与 EDTA 配合而干扰 Pb^{2+} 的测定。若用原子吸收光谱法，则元素一般均不相互干扰。另外还可改变测定条件，如加入适当的掩蔽剂或进行分离等方法，消除各种干扰后再进行测定。

（5）实验室条件

选择测定方法时，还需考虑实验室现有仪器的种类、精密度和灵敏度，所需试剂和水的纯度以及实验室的温度、湿度和防尘等条件是否满足测定的要求。

1.1.1.2　操作规程的解读

对于样品检验的操作规程，应该深刻理解标准的内涵和对检验人员操作技能的要求，认真做好各项准备工作，方可用于实际样品检验的过程中。

以 GB/T 210.2—2004 工业碳酸钠及其试验方法中规定的"总碱量（干基计）测定"项目为例，说明如何解读和应用标准检验规程。标准原文如下。

操作步骤：称取约 1.7g 于 250 ～ 270℃下加热至恒重的试样，精确至 0.0002g。置于锥形瓶中，用 50mL 水溶解试料，加 10 滴溴甲酚绿 - 甲基红混合指示液，用盐酸标准滴定溶液滴定至试验溶液由绿色变为暗红色。煮沸 2min，冷却后继续滴定至暗红色。同时做空白试验。

首先，分解检验规程，本项测定主要包含的步骤是：称量→溶解→滴定。因此，需要解读以下几个要点：

① 试样为什么预先要做干燥处理？干燥过程中会发生哪些变化？

② 称量试样采用的是哪种称量方法？为什么？

③ 采用溴甲酚绿 - 甲基红混合指示剂有什么优点？变色点 pH 为多少？

④ 滴定终点前为什么要煮沸 2min？煮沸过程中会发生什么变化？

⑤ 同时做空白试验有什么意义？

弄清这些问题才能取得分析检验的主动权。通过查阅相关资料，认真思考或讨论后，可得出上述问题的答案：

① 工业碳酸钠产品的试样中含有水分，称量的质量不准确。并且，标准中要求，测定的总碱量要以干基计。干燥过程中，试样会失去水分，得到纯化。

② 称量试样采用的是差减称量法。工业碳酸钠产品易吸湿、易与空气中 CO_2 反应，差减称量法可减少试样在称量过程中吸收水和 CO_2，称量更准确。

③ 采用溴甲酚绿 - 甲基红混合指示剂，变色范围窄，颜色的对比明显，可使滴定终点时的变色更敏锐。变色点 pH 为 5.1，变色范围为 5.0 ～ 5.2。酸式色为酒红色（红稍带黄色），碱式色为绿色，中间色为浅灰色。

④ 滴定过程中，通过滴定反应产生的 CO_2，一部分溶解到水溶液中成为碳酸，影响滴定终点的观察，终点前要煮沸 2min，使碳酸分解，将 CO_2 完全释放到空气中，再滴定时可得到准确的终点。

⑤ 做空白试验，即不加入样品，其他测定步骤与样品测定相同。此时测定值，是测定过程加入的试剂和外部杂质等所引入的误差产生的，称为空白值。采用样品

测定结果减去空白值，即可修正测定结果。另外，观察空白值的大小还能够及时发现外部干扰，及时调整。

1.1.1.3 分析检测的质量保证

在具备必要的理论知识和操作技能的基础上，准备好所需的仪器和试剂，按检验规程一丝不苟地进行操作，并计算和表述分析结果。当平行样的测定结果符合允许误差要求时，才能报告检验结果。

保证分析检验结果准确，必须注意以下几个方面。

① 分析测试人员的技术能力。分析测试人员的操作技能、理论知识和实际经验是保证分析检验质量的首要条件。

② 符合要求的分析测量仪器。

③ 可靠的分析方法。各种方法灵敏度和准确度都有所不同。另外，检验方法尽可能使用国际、国家、行业和地方标准方法。

④ 代表性的分析样品。必须按照采样和制样规则取得具有代表性、均匀性和稳定性的分析样品。

⑤ 合格的试剂和材料。使用合格的试剂，尤其是基准物质，是减小分析误差的重要条件。相关权威机构提供的"标准物质"，为不同时间与空间的测定取得准确、一致的结果提供了可能性。

另外，处理样品、配制和贮存标准溶液需要使用各种材料制成的器皿如烧杯、坩埚、试剂瓶等。如选择不合适，可能引起被测组分的吸附或污染。应选择合适的器皿材料，并辅以正确的清洗过程，这样才能保证分析结果的准确。

⑥ 符合要求的测试环境。保持一定的空气清洁度，稳定的湿度、温度及气压是获取可靠分析结果的环境条件。

应该指出，标准检验方法都是经过多次试验、普遍公认的方法。如果实际样品的检验结果重现性不好，出现较大偏差，首先要从主观上找原因，如操作是否有失误之处，所用试剂浓度是否准确，实验条件控制是否正确等。可以在不同检验人员或不同实验室之间进行校核。

1.1.2 无机工业产品的检测

1.1.2.1 酸和碱类无机工业产品的检测

酸和碱是大宗的无机工业产品，也是生产其他工业产品的重要原料。测定酸类和碱类产品的主成分含量，显然可以采用酸碱滴定法。由于酸和碱有强弱的区别，当用标准碱或标准酸溶液滴定时，溶液酸度的变化规律不同，所需指示剂也有所不同。

（1）强酸、强碱

工业盐酸、硫酸、硝酸是强酸，工业氢氧化钠、氢氧化钾是强碱。根据电离理论，强酸和强碱在水溶液中完全电离，溶液中 H^+（或 OH^-）的平衡浓度就等于强酸（或强碱）的分析浓度。例如 0.1mol/L HCl 溶液，其 $[H^+]$=0.1mol/L，pH=1。

若以 0.1000mol/L NaOH 溶液滴定 20.00mL 盐酸溶液，用 pH 玻璃电极和饱和甘汞电极测量滴定过程中溶液 pH 的变化，可以得到如图 1-1 所示的滴定曲线。可以看出，滴定之初，溶液中存在着较多的HCl，pH升高缓慢；随着滴定的进行，溶液中HCl的含量逐渐减少，pH升高逐渐加快。在化学计量点前后，NaOH溶液的少量加入（约为1滴），溶液pH却会从4.3增加到9.7，形成了滴定曲线的"突跃"部分。化学计量点以后再滴入NaOH溶液，由于溶液已成碱性，pH的变化较小，曲线又变得平坦。根据化学计量点附近的pH突跃，即可选择适当的指示剂。显然，能在pH突跃范围内变色的指示剂，包括酚酞和甲基橙（其变色域有一部分在pH突跃范围内），原则上都可以选用。

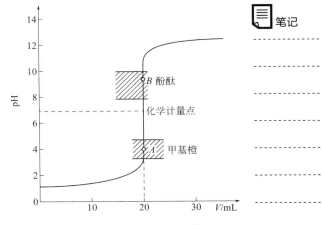

图1-1　NaOH溶液滴定HCl溶液的滴定曲线

如果改变溶液的浓度，当到达化学计量点时，溶液的pH依然是7.00，但pH突跃的范围却不相同。溶液越稀，滴定曲线上的pH突跃范围越小。在酸碱滴定中，常用标准溶液的浓度一般为0.1～1.0mol/L。

用强酸滴定强碱时，可以得到恰好与上述pH变化方向相反的滴定曲线，其pH突跃范围和指示剂的选择，与强碱滴定强酸的情况相同。

在实际工作中，指示剂的选择还应考虑到人的视觉对颜色的敏感性。用强碱滴定强酸时，习惯选用酚酞作指示剂，因为酚酞由无色变为粉红色易于辨别。用强酸滴定强碱时，常选用甲基橙或甲基红作指示剂，滴定终点颜色由黄变橙或红，颜色由浅至深，人的视觉较为敏感。

（2）弱酸、弱碱

甲酸、乙酸、氢氟酸是弱酸，氨水、甲胺是弱碱。甲酸、乙酸属于有机酸，甲胺为有机碱性物质。有机酸（碱）多为弱酸（碱），在酸碱滴定中溶液酸度的变化规律与无机弱酸（碱）相同。弱酸和弱碱在水溶液中只有少量电离，电离的离子和未电离的分子之间保持着平衡关系。现以乙酸为例。

$$HAc \rightleftharpoons H^+ + Ac^-$$

$$K_a = \frac{[H^+][Ac^-]}{[HAc]} = 1.75 \times 10^{-5} （25℃） \quad (1-1)$$

其电离平衡常数K_a通常称作酸的离解常数或酸度常数。K_a值的大小，可定量地衡量各种酸的强弱。

同理，各种碱的强度可用碱的离解常数或碱度常数K_b来衡量。K_b越小，碱的强度越弱。常见酸、碱的离解常数K_a和K_b值，可从《分析化学手册》中查到。

如图1-2所示为用0.1000mol/L NaOH标准溶液滴定20.00mL 0.1000mol/L HAc的滴定曲线。由于HAc为弱酸，滴定前溶液pH≈3。可以看出，用NaOH溶液滴定HAc溶液的滴定突跃范围较小（pH=7.7～9.7），且处于碱性范围内。因此，指示剂的选择受到较大限制。在酸性范围变色的指示剂如甲基橙、甲基红等都不适用，必须选择在弱碱性范围内变色的指示剂，如酚酞等。

如果被滴定的酸较HAc更弱，则位于化学计量点时溶液pH更高，化学计量点

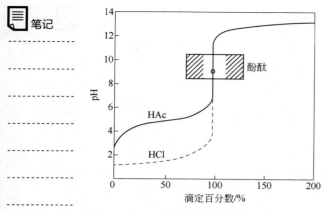

图1-2 NaOH标准滴定溶液滴定HAc溶液的滴定曲线

附近的pH突跃更小。当被滴定弱酸的离解常数为10^{-9}左右时，化学计量点附近已无pH突跃出现，显然不能用酸碱指示剂来指示滴定终点。

由于化学计量点附近pH突跃的大小，不仅与被测酸的K_a值有关，还与溶液的浓度有关。用较浓的标准溶液滴定较浓的试液，可使pH突跃适当增大，滴定终点较易判断，但这也存在一定的限度。对于$K_a=10^{-9}$的弱酸，即使用1mol/L的标准碱也是难以直接滴定的。一般来说，当弱酸溶液的浓度c_a和弱酸的电离常数K_a的乘积$c_aK_a \geq 10^{-8}$时，可观察到滴定曲线上的pH突跃，可以利用指示剂变色判断滴定终点。因此，弱酸可以用强碱标准溶液直接滴定的条件为：

$$c_aK_a \geq 10^{-8} \tag{1-2}$$

可以推论，用强酸滴定弱碱时，其滴定曲线与强碱滴定弱酸相似，只是pH变化相反，即化学计量点附近pH突跃较小且处于酸性范围内。类似地，弱碱可以用强酸标准溶液直接滴定的条件为：

$$c_bK_b \geq 10^{-8} \tag{1-3}$$

综上所述，水溶液中的酸碱滴定适用于测定强酸、强碱及K_a（或K_b）$\geq 10^{-8}$的弱酸（弱碱）。对于K_a（或K_b）$< 10^{-8}$的极弱酸（极弱碱），需要采用非水滴定或其他方法进行测定。

（3）酸类常用标准溶液的配制

酸类无机工业产品检验常用NaOH标准溶液，有时用KOH标液（KOH价格高，比NaOH更强烈地吸附CO_2），以下主要介绍NaOH标准滴定溶液的配制与标定。

标准溶液浓度一般为：0.1mol/L（最常用）、1mol/L、0.01mol/L、0.05mol/L。浓度太低，滴定突跃小，不利于终点判断；浓度太高，消耗太多试剂，会造成不必要的浪费，且到达终点时过量一滴溶液产生滴定误差较大。实际工作中应根据需要配制合适浓度的标准溶液。

① 配制。固体NaOH具有强烈的吸湿性，并且容易吸收空气中的CO_2形成Na_2CO_3，Na_2CO_3的存在对指示剂影响很大，CO_3^{2-}的存在使在滴定弱酸时产生较大的误差。因此NaOH标准滴定溶液也不能用直接法配制。

由于Na_2CO_3在浓的NaOH溶液中溶解度很小，因此配制无CO_3^{2-}的NaOH标准滴定溶液最常用的方法是：先配制NaOH饱和溶液（取分析纯NaOH约110g，溶于100mL无CO_2的蒸馏水中），密闭静置数日，待其中的Na_2CO_3沉降后，取上层清液作储备液，浓度约为20mol/L。配制时按表1-1规定，移取一定体积的NaOH饱和储备液，再用无CO_2的蒸馏水稀释至1000mL。

配制成的NaOH标准滴定溶液应保存在装有虹吸管和碱石灰干燥管的试剂瓶中，防止吸收空气中的CO_2。放置过久的NaOH溶液浓度会发生变化，使用时需重新标定。

② 标定。标定 NaOH 的基准物质有邻苯二甲酸氢钾（KHP）和草酸等。

KHP 作为基准物质有很多优点，如容易用重结晶法制得纯品，不含结晶水，在空气中不吸水，容易保存，摩尔质量大（$M=204.2g/mol$），单份标定时称量误差小。预处理方法为在 105 ～ 110℃干燥后备用。

表1-1　氢氧化钠标准滴定溶液的配制与标定

氢氧化钠标准滴定溶液的浓度 [c（NaOH）]/（mol/L）	氢氧化钠饱和储备液的体积 V/mL	工作基准试剂邻苯二甲酸氢钾的质量 m/g	标定时加入无 CO_2 蒸馏水的体积 V/mL
1	54	7.5	80
0.5	27	3.6	80
0.1	5.4	0.75	50

按表 1-1 称取于 105 ～ 110℃电烘箱中干燥至恒重的工作基准试剂邻苯二甲酸氢钾，加无 CO_2 的蒸馏水溶解，加 2 滴酚酞指示液（10g/L），用配制好的氢氧化钠溶液滴定至溶液呈粉红色，并保持 30s，同时做空白试验。

$$\text{（结构式）}\ \begin{matrix}\text{COOK}\\\text{COOH}\end{matrix}\ + \text{NaOH} =\!=\!= \begin{matrix}\text{COOK}\\\text{COONa}\end{matrix}\ + H_2O$$

氢氧化钠标准滴定溶液的浓度以 c（NaOH）表示，单位为摩尔每升（mol/L），按下式计算：

$$c(\text{NaOH}) = \frac{m(\text{KHC}_8\text{H}_4\text{O}_4) \times 1000}{(V_1 - V_2) \times M(\text{KHC}_8\text{H}_4\text{O}_4)} \tag{1-4}$$

式中　m（$\text{KHC}_8\text{H}_4\text{O}_4$）——邻苯二甲酸氢钾的质量，g；

M（$\text{KHC}_8\text{H}_4\text{O}_4$）——邻苯二甲酸氢钾的摩尔质量，g/mol；

V_1——滴定时消耗 NaOH 标准溶液的体积，mL；

V_2——空白试验时消耗 NaOH 标准溶液的体积，mL。

（4）碱类常用标准溶液的配制

碱类无机工业产品检验使用的标准溶液主要有盐酸（HCl）和硫酸（H_2SO_4）标准溶液，可用强酸配制。其中盐酸标准溶液最常用。硫酸的第二级离解常数较小，$K_{a_2}=1.2 \times 10^{-2}$，滴定突跃范围相应小一些，终点时指示剂变色敏锐性稍差，并能与某些阳离子生成沉淀，但完全可以满足直接准确滴定的条件，因而也较常使用，尤其在需要加热或温度较高的情况下宜用硫酸溶液。

① 盐酸标准溶液的配制和标定

a. 配制。恒沸点 HCl 是在一定压力下蒸馏盐酸至恒沸点后的馏出液，其组成一定，例如 1.013×10^5Pa 时恒沸点盐酸组成为 20.211%，可用来直接配制所需准确浓度的标液。

但市售盐酸均为非恒沸点盐酸，要用间接法（标定法）配制。即先配制成近似浓度的溶液，再用基准物质标定。配制时可按表 1-2 规定量取盐酸，注入 1000mL 水中，摇匀。

分析检验应用技术

表1-2　盐酸标准滴定溶液配制和标定方法

盐酸标准滴定溶液的浓度 [c (HCl)] / (mol/L)	盐酸的体积 V/mL	工作基准试剂无水碳酸钠 的质量 m/g
1	90	1.9
0.5	45	0.95
0.1	9	0.2

　　b. 标定。标定 HCl 溶液，可用无水碳酸钠（Na_2CO_3）作基准物质。按表 1-2 规定称取于 270～300℃高温炉中灼烧至恒重的工作基准试剂无水碳酸钠，溶于 50mL 水中，加 10 滴溴甲酚绿 - 甲基红指示液（变色点 pH=5.1），用配制好的盐酸溶液滴定至溶液由绿色变为暗红色，煮沸 2min，冷却后继续滴定至溶液再呈暗红色，同时做空白试验。

　　盐酸标准滴定溶液的浓度以 c（HCl）表示，单位摩尔每升（mol/L），按下式计算：

$$c(\text{HCl}) = \frac{m(\text{Na}_2\text{CO}_3) \times 1000}{(V_1 - V_2)M(\frac{1}{2}\text{Na}_2\text{CO}_3)} \tag{1-5}$$

式中　　　　V_1——滴定时消耗 HCl 标准溶液的体积，mL；

　　　　　　V_2——空白试验时消耗 HCl 标准溶液的体积，mL；

　　m（Na_2CO_3）——Na_2CO_3 基准物质的质量，g；

M（$1/2\,Na_2CO_3$）——以 $1/2\,Na_2CO_3$ 为基本单元的摩尔质量，g/mol。

　　Na_2CO_3 容易吸收空气中的水分，应密封于称量瓶中，保存在干燥器中备用。称量时动作要迅速，以免吸收空气中的水分产生测定误差。

$$2\text{HCl} + \text{Na}_2\text{CO}_3 =\!=\!= \text{H}_2\text{CO}_3 + 2\text{NaCl}$$
$$\qquad\qquad\qquad\quad \downarrow\!\to \text{CO}_2 + \text{H}_2\text{O}$$

反应物基本单元 HCl、$\frac{1}{2}\,Na_2CO_3$。

　　pH_1=8.32，pH_2=3.89，可选择甲基橙为指示剂，但由于溶液中 H_2CO_3 的影响，甲基橙由黄色变为橙色不易观察。为减小滴定终点误差，用 HCl 滴定 Na_2CO_3，当滴定至溶液刚变为黄色时（约化学计量点前 1%），暂停滴定，将溶液煮沸赶除 CO_2，溶液又呈黄色，冷却至室温，再继续用 HCl 滴至橙色为终点。

　　② 硫酸标准溶液的配制和标定

　　a. 配制。按表 1-3 的规定量取用硫酸，缓缓注入 1000mL 水中，冷却，摇匀。

表1-3　硫酸标准滴定溶液配制和标定方法

硫酸标准滴定溶液的浓度 [c ($1/2\,H_2SO_4$)] / (mol/L)	硫酸的体积 V/mL	工作基准试剂无水碳酸钠的质量 m/g
1	30	1.9
0.5	15	0.95
0.1	3	0.2

　　b. 标定。标定 H_2SO_4 溶液，可用无水碳酸钠（Na_2CO_3）作基准物质。按表 1-3 规定称取于 270～300℃高温炉中灼烧至恒重的工作基准试剂无水碳酸钠，溶于

项目 1　工业分析

50mL 水中，加 10 滴溴甲酚绿 - 甲基红指示液，用配置好的盐酸溶液滴定至溶液由绿色变为暗红色，煮沸 2min，冷却后继续滴定至溶液再呈暗红色，同时做空白试验。

硫酸标准滴定溶液的浓度 c（1/2H$_2$SO$_4$），单位摩尔每升（mol/L），按下式计算：

$$c\,(1/2\mathrm{H_2SO_4}) = \frac{m(\mathrm{Na_2CO_3})\times 1000}{(V_1 - V_2)M(\frac{1}{2}\mathrm{Na_2CO_3})} \qquad (1\text{-}6)$$

式中　　　　　V_1——滴定时消耗硫酸标准溶液的体积，mL；

　　　　　　　V_2——空白试验时消耗硫酸标准溶液的体积，mL；

　　m（Na$_2$CO$_3$）——无水碳酸钠基准物质的质量，g；

M（1/2 Na$_2$CO$_3$）——以 1/2 Na$_2$CO$_3$ 为基本单元的摩尔质量，g/mol。

1.1.2.2　单质及氧化物产品的检验

以单质和氧化物形式生产的无机工业产品种类较少。固体产品多数不溶于水，因此首先需要解决样品溶解的问题。

（1）样品的溶解

少数单质或氧化物易溶于水，进行定量分析比较方便。例如，金属钠置于水中立即生成氢氧化钠和氢气，可以用标准酸溶液进行滴定。过氧化氢水溶液可在硫酸介质中直接用高锰酸钾标准滴定溶液进行滴定。

一些氧化物或单质产品不溶于水，但能溶于酸，这种情况就需要采用适当的酸来溶解样品。常用的酸有盐酸、硫酸、硝酸等。在金属活动性顺序中，氢以前的金属及多数金属的氧化物和碳酸盐，皆可溶于盐酸。硝酸具有氧化性，它能溶解金属活动性顺序中氢以后的多数金属及其氧化物。硫酸沸点高（338℃），可在高温下分解矿石、有机物或用以除去易挥发的酸。用一种酸难以溶解的样品，可以采用混合酸，如 HCl+HNO$_3$、H$_2$SO$_4$+HF、H$_2$SO$_4$+H$_3$PO$_4$ 等。

对于难溶于酸的样品，需加入某种固体熔剂，在高温下熔融，使其转化为易溶于水或酸的化合物。例如，测定二氧化锆（ZrO$_2$）时，样品中先加入硼砂，在高温下熔融后，再用盐酸浸取，即得到 Zr^{4+} 的溶液。TiO$_2$、Al$_2$O$_3$、Cr$_2$O$_3$ 等用 K$_2$S$_2$O$_7$（焦硫酸钾）或 KHSO$_4$（硫酸氢钾）进行熔融，可使其转化为可溶性硫酸盐。

（2）成分定量分析

单质和氧化物样品处理成溶液后，即可按盐类的分析方法进行定量分析，当然必须是测定原样品中主成分的转化形式，然后再折算成样品中主成分的含量。

例如，工业氧化镁为白色粉末，不溶于水，但溶于盐酸。可用盐酸（1+1）溶解样品，滤去少量盐酸不溶物，用 EDTA 配位滴定法测定滤液中的镁离子。也可用适当的方法测定滤液中的少量铁及硫酸盐。但是测定该产品中少量氯化物时，显然不能使用该滤液。为此，应重新取一定量的样品，用热水溶解其中的可溶性氯化物，过滤并弃去水不溶的氧化镁等，取其滤液分析 Cl$^-$ 的含量。

有些产品主成分含量很高，但没有适合的方法来测定主成分含量，这种情况往往检测一些能说明产品特性的代用指标，或测出杂质含量后按差减法求出主成分含量。例如，检验橡胶工业用炭黑时，主要检测样品的吸油值、着色力、挥发分、灰分及悬浮液的 pH 等。检测工业硫黄时，规定测出硫黄样品的灰分、有机物含量、砷含量及其萃取液的酸度等，用 1 减去这些杂质的质量分数即为主成分硫的质量分数。

009

（3）常用氧化（还原）性标准溶液的配制

① 高锰酸钾（$KMnO_4$）标准溶液的制备 [c（$1/5KMnO_4$）=0.1mol/L]

a. 制备。高锰酸钾试剂一般含有少量 MnO_2 及其他杂质，同时蒸馏水中含有微量有机物质，它们与 $KMnO_4$ 发生缓慢反应，析出 MnO（OH）$_2$ 沉淀。MnO_2 或 MnO（OH）$_2$ 又能促进 $KMnO_4$ 进一步分解。所以不能用直接法配制 $KMnO_4$ 标准滴定溶液。为了获得浓度稳定的 $KMnO_4$ 标准滴定溶液，可称取稍多于计算量的试剂高锰酸钾，溶于蒸馏水中，加热煮沸，冷却后贮存于棕色瓶中，于暗处放置数天，使溶液中可能存在的还原性物质完全氧化。用微孔玻璃漏斗过滤除去 MnO_2 等沉淀，然后进行标定。

高锰酸钾溶液配制操作：称取 3.3g $KMnO_4$ 于 1050mL 水中，缓缓煮沸 15min，冷却后置于暗处静置数天（至少 2 ~ 3 天）后，用处理过的 4 号玻璃滤埚（该漏斗预先在同样浓度 $KMnO_4$ 溶液中缓缓煮沸 5min）过滤，除去 MnO_2 等杂质，滤液贮存于干燥且具有玻璃塞的棕色试剂瓶中（试剂瓶用 $KMnO_4$ 溶液洗涤 2 ~ 3 次），待标定。

久置的 $KMnO_4$ 溶液，使用前应重新标定其浓度。若用浓度较稀 $KMnO_4$ 溶液，应在使用时用蒸馏水临时稀释并立即标定使用，不宜长期贮存。

b. 标定。准确称取 0.25g 基准物质 $Na_2C_2O_4$（准确至 0.0001g），置于 250mL 锥形瓶中，加入 100mL（8+92）的 H_2SO_4 溶液，用配制好的 $KMnO_4$ 溶液滴定。近终点时加热至约 65℃，继续滴定至溶液呈粉红色，并保持 30s 不褪。记录消耗 $KMnO_4$ 标准滴定溶液体积，同时做空白试验。

$$c(\frac{1}{5}KMnO_4)=\frac{m\times1000}{(V_1-V_2)M} \qquad (1\text{-}7)$$

式中　$c(\frac{1}{5}KMnO_4)$——$KMnO_4$ 标准滴定溶液的浓度，mol/L；

V_1——滴定时消耗 $KMnO_4$ 标准滴定溶液的体积，mL；

V_2——空白试验时消耗 $KMnO_4$ 标准滴定溶液的体积，mL；

m——基准物质 $Na_2C_2O_4$ 的质量，g；

M——以 $\frac{1}{2}Na_2C_2O_4$ 为基本单元的 $Na_2C_2O_4$ 的摩尔质量，g/mol。

标定 $KMnO_4$ 溶液的基准物质很多，如 $Na_2C_2O_4$、$H_2C_2O_4 \cdot 2H_2O$、$(NH_4)_2Fe(SO_4)_2 \cdot 6H_2O$、$As_2O_3$、纯铁丝等。其中 $Na_2C_2O_4$ 容易提纯、比较稳定，是最常用的基准物质。在 105 ~ 110℃烘至恒重，即可使用。

② 重铬酸钾标准溶液的制备 [c（$1/6K_2Cr_2O_7$）=0.1mol/L]

a. 直接配制法。称取 4.90g ± 0.2g 已在 120℃ ±2℃下烘至恒重的工作基准试剂重铬酸钾，溶于水，移入 1000mL 容量瓶，稀释至刻度。

重铬酸钾标准溶液的浓度 c（$1/6K_2Cr_2O_7$），单位摩尔每升（mol/L），按下式计算：

$$c(\frac{1}{6}K_2Cr_2O_7)=\frac{m\times1000}{VM} \qquad (1\text{-}8)$$

式中　m——重铬酸钾的质量，g；

V——重铬酸钾溶液的体积，mL；

M——重铬酸钾溶液的摩尔质量 [M（$1/6K_2Cr_2O_7$）=49.031]，g/mol。

b. 间接配制法（执行 GB/T 601—2016）。若使用分析纯 $K_2Cr_2O_7$ 试剂配制标准溶液，则需进行标定。

粗配：称取 5g 重铬酸钾，溶于 1000mL 水中，摇匀。

标定：量取 35.00 ～ 40.00mL 配制好的 $K_2Cr_2O_7$ 溶液，置于碘量瓶，加入 2gKI 和 20mLH_2SO_4（20%）溶解，摇匀，于暗处放置 10min。加水 150mL（15 ～ 20℃），用已知浓度的 $Na_2S_2O_3$ 标准滴定溶液 $[c(Na_2S_2O_3)=0.1mol/L]$ 滴定，近终点时加 2mL 淀粉指示液（10g/L），继续滴定至溶液由蓝色变为亮绿色。同时做空白试验。

重铬酸钾标准溶液的浓度 $c(1/6K_2Cr_2O_7)$，单位摩尔每升（mol/L），按下式计算：

$$c(\frac{1}{6}K_2Cr_2O_7) = \frac{(V_1 - V_2)c(Na_2S_2O_3)}{V} \qquad (1-9)$$

式中　$c(Na_2S_2O_3)$——硫代硫酸钠标准滴定溶液的浓度，mol/L；

　　　V_1——滴定时消耗硫代硫酸钠标准滴定溶液的体积，mL；

　　　V_2——空白试验消耗硫代硫酸钠标准滴定溶液的体积，mL；

　　　V——重铬酸钾标准溶液的体积，mL。

③ 硫代硫酸钠标准溶液的制备 $[c(Na_2S_2O_3)=0.1mol/L]$

a. 配制。试剂硫代硫酸钠（$Na_2S_2O_3 \cdot 5H_2O$）一般都含有少量杂质，而且容易风化，其水溶液不稳定，不能直接配制成准确浓度的标准滴定溶液。

称取硫代硫酸钠（$Na_2S_2O_3 \cdot 5H_2O$）分析纯试剂 26g（或 16g 无水硫代硫酸钠 $Na_2S_2O_3$），加入 0.2g 无水碳酸钠，溶于 1000mL 水中，缓缓煮沸 10min，冷却。放置两周后用玻璃滤坩过滤、标定。

b. 标定。准确称取约 0.12g 已于 120℃ ±2℃下干燥至恒重的基准物质 $K_2Cr_2O_7$（称准至 0.0001g），放于 250mL 碘量瓶中，加入 25mL 煮沸并冷却后的蒸馏水溶解，加入 2g 固体 KI 及 20mL 20% H_2SO_4 溶液，立即盖上碘量瓶塞，摇匀。瓶口加少许蒸馏水密封，以防止 I_2 的挥发。在暗处放置 5min，打开瓶塞，用蒸馏水冲洗磨口塞和瓶颈内壁，加 150mL 煮沸并冷却后的蒸馏水稀释，用待标定的 $Na_2S_2O_3$ 标准滴定溶液滴定，至溶液出现淡黄绿色，加 3mL 的 5g/L 淀粉溶液，继续滴定至溶液由蓝色变为亮绿色。记录消耗 $Na_2S_2O_3$ 标准滴定溶液的体积。同时做空白试验。

硫代硫酸钠标准溶液的浓度 $c(Na_2S_2O_3)$，单位为摩尔每升（mol/L），按下式计算：

$$c(Na_2S_2O_3) = \frac{m(K_2Cr_2O_7) \times 1000}{M(\frac{1}{6}K_2Cr_2O_7) \times (V_1 - V_2)} \qquad (1-10)$$

式中　$m(K_2Cr_2O_7)$——基准物质 $K_2Cr_2O_7$ 的质量，g；

$M(\frac{1}{6}K_2Cr_2O_7)$——以 $\frac{1}{6}K_2Cr_2O_7$ 为基本单元的 $K_2Cr_2O_7$ 的摩尔质量，g/mol；

　　　V_1——滴定消耗 $Na_2S_2O_3$ 标准滴定溶液的体积，mL；

　　　V_2——空白试验消耗 $Na_2S_2O_3$ 标准溶液的体积，mL。

④ 碘标准溶液的制备 $[c(1/2I_2)=0.1mol/L]$

a. 碘标准溶液的配制。称取 13g 的 I_2 放于小烧杯，再称取 35gKI，准备蒸馏水 1000mL，将 KI 分 4 ～ 5 次放入装有 I_2 的小烧杯中，每次加水 10 ～ 20mL，用玻璃棒轻轻研磨，使碘逐渐溶解，溶解部分转入棕色试剂瓶中，如此反复直至碘片全部溶解为止。用水多次清洗烧杯并转入试剂瓶中，剩余的水全部加入试剂瓶中稀释，盖好瓶盖，摇匀，待标定。

以下两种标定方法可以任选其一。由于 As_2O_3 为剧毒物，实际工作中常用已知浓度的 $Na_2S_2O_3$ 标准溶液标定 I_2。

b. 用 As_2O_3 标定 I_2 溶液。准确称取约 0.18g 基准物质 As_2O_3（称准至 0.0001g）放于 250mL 碘量瓶中，加入 6mLNaOH 标准滴定溶液 $[c(NaOH)=1mol/L]$ 溶解，加 50mL 水，2 滴酚酞指示液（10g/L），用硫酸标准滴定溶液 $[c(1/2H_2SO_4)=1mol/L]$ 中和至恰好无色。加 3g $NaHCO_3$ 及 2mL 淀粉指示液（10g/L）。用配好的碘溶液滴定至浅蓝色。记录消耗 I_2 溶液的体积 V_1。同时做空白试验。

用 As_2O_3 标定时，碘标准滴定溶液浓度计算：

$$c(I_2) = \frac{m(As_2O_3)}{M(\frac{1}{4}As_2O_3)(V_1-V_2)\times 10^{-3}} \qquad (1\text{-}11)$$

式中　m（As_2O_3）——称取基准物质 As_2O_3 的质量，g；

M（$\frac{1}{4}As_2O_3$）——以 $\frac{1}{4}As_2O_3$ 为基本单元的 As_2O_3 的摩尔质量，g/mol；

V_1——滴定消耗 I_2 标准滴定溶液的体积，mL；

V_2——空白试验消耗 I_2 标准滴定溶液的体积，mL。

c. 用 $Na_2S_2O_3$ 标准溶液"比较"。用移液管移取已知浓度的 $Na_2S_2O_3$ 标准溶液 35～40mL 于碘量瓶中，加水 150mL，加 2mL 淀粉溶液（10g/L），以待标定的碘溶液滴定至溶液呈蓝色为终点。记录消耗 I_2 标准滴定溶液的体积 V_2。

用 $Na_2S_2O_3$ 标准溶液"比较"时，碘标准滴定溶液浓度计算：

$$c(\frac{1}{2}I_2) = \frac{c(Na_2S_2O_3)(V_1-V_2)}{V_3-V_4} \qquad (1\text{-}12)$$

式中　V_1——移取 $Na_2S_2O_3$ 标准溶液的体积，mL；

V_2——空白试验 $Na_2S_2O_3$ 标准溶液的体积，mL；

V_3——滴定消耗 I_2 标准滴定溶液的体积，mL；

V_4——空白试验中加入 I_2 标准滴定溶液的体积，mL；

c（$Na_2S_2O_3$）——硫代硫酸钠标准滴定溶液的浓度，mol/L。

1.1.2.3　无机盐类产品的检验

无机盐类产品种类很多，分析检验方法各异。一般以准确表述主成分含量和操作较为简便为要求，来选择适当的定量分析方法。

（1）按弱碱（弱酸）处理

盐类可以看成是酸碱中和生成的产物。强酸和强碱生成的盐，如 NaCl 在水溶液中呈中性（pH=7.0）；强碱与弱酸形成的盐（如 Na_2CO_3）或强酸与弱碱形成的盐（如 NH_4Cl），溶解于水后因发生水解作用，呈现不同程度的碱性或酸性，因此可以视为弱碱或弱酸，采用酸碱滴定法进行测定。

如上所述，酸碱滴定法测定弱碱或弱酸是有条件的。对于水解性盐来说，只有那些极弱的酸（$K_a \leqslant 10^{-6}$）与强碱所生成的盐，如 Na_2CO_3、$Na_2B_4O_7 \cdot 10H_2O$ 及 KCN 等，才能用标准酸溶液直接滴定。

硼砂是硼酸失水后与氢氧化钠作用所形成的钠盐。硼砂溶液碱性较强，可用标准酸溶液直接滴定，选择甲基红作指示剂。

$$2HCl + Na_2B_4O_7 + 5H_2O \longrightarrow 2NaCl + 4H_3BO_3$$

碳酸钠是二元弱酸（H_2CO_3）的钠盐。由于 H_2CO_3 的两极电离常数都很小（$K_{a_1}=4.5 \times 10^{-7}$，$K_{a_2}=4.7 \times 10^{-11}$），因此可用 HCl 标准溶液直接滴定 Na_2CO_3。滴定反应分两步进行：

$$HCl+Na_2CO_3 \longrightarrow NaCl+NaHCO_3 \quad 第一化学计量点 pH=8.3$$

$$HCl+NaHCO_3 \longrightarrow NaCl+H_2CO_3 \quad 第二化学计量点 pH=3.9$$

测定 Na_2CO_3 总碱度时，可用甲基橙作指示剂。但由于 K_{a_1} 不太小及溶液中的 CO_2 过多，酸度较大，致使终点出现稍早。为此，滴定接近终点时应将溶液煮沸驱除 CO_2，冷却后再继续滴定至终点。采用溴甲酚绿-甲基红混合指示剂代替甲基橙指示第二化学计量点，效果更好。

与上述情况相似，极弱的碱（$K_b \leq 10^{-6}$）与强酸所生成的盐如盐酸苯胺（$C_6H_5NH_2 \cdot HCl$）可以用标准碱溶液直接滴定。而相对强一些的弱碱与强酸所生成的盐如氯化铵（NH_4Cl），就不能用标准碱溶液直接滴定。铵盐一般需采用间接法加以测定。

（2）按金属离子定量

对于不符合水解性盐滴定条件的盐类，可以根据盐的性质测定金属离子或酸根，然后折算成盐的含量。

由二价或三价金属所形成的盐，可以采用 EDTA 配位滴定法测定金属离子，这种情况需要将试液调整到一定的酸度，并选择适当的指示剂。例如，测定硫酸镁时，可在 pH=10，用铬黑 T 作指示剂；测定硫酸铝时，因 Al^{3+} 与 EDTA 反应速率较慢，可在 pH=6 让 Al^{3+} 与 EDTA 反应完全，再用锌标准滴定溶液回滴过量的 EDTA。

有些金属离子具有显著的氧化还原性质，可以采用氧化还原滴定法加以测定。例如，用重铬酸钾法测定铁盐；用碘量法测定铜盐都是较准确的定量分析方法。

某些一价金属形成的盐，需要采用间接的酸碱滴定法进行测定。例如，测定铵盐常用甲醛法，铵盐与甲醛作用生成六亚甲基四胺，同时产生相当量的酸：

$$4NH_4^+ + 6HCHO \longrightarrow (CH_2)_6N_4 + 4H^+ + 6H_2O$$

产生的酸可用标准碱溶液滴定。

某些无机盐如 NaF、$NaNO_3$ 等，可采用离子交换法进行置换滴定。将样品溶液通过氢型阳离子交换树脂（RSO_3H），使溶液中的 Na^+ 与树脂上的 H^+ 进行交换，交换反应可表示为：

$$RSO_3H + Na^+ \longrightarrow RSO_3Na + H^+$$

这样，测定 NaF 时流出离子交换柱的将是 HF 溶液。于是，可以用标准碱溶液滴定流出液和淋洗液中的 HF。

（3）按酸根定量

有些无机盐按酸根进行定量分析，比按金属离子分析简便，而且更有实际意义。例如，硫酸钠的检验，若测定 Na^+ 难度较大，可采用硫酸钡称量法准确地测出 SO_4^{2-} 的含量。对于工业硫酸钠而言，样品中可能含有少量的钙、镁硫酸盐，需要在测出钙、镁杂质含量后，在硫酸盐总量中扣除。

分析检验应用技术

笔记

对于漂白粉、漂白精一类产品，主要成分是次氯酸钙，而具有漂白作用的是次氯酸根。因此，测定其"有效氯"必须采用氧化还原滴定法对次氯酸根进行定量分析。

对于磷酸盐、铬酸盐、碘酸盐等，显然必须测定其酸根。通常采用喹钼柠酮称量法测定磷酸盐；采用氧化还原滴定法测定铬酸盐和碘酸盐。

（4）无机盐类常用标准溶液的配制

无机盐类无机工业产品检验常常用到 EDTA 标准滴定溶液，配制 EDTA 标准滴定溶液常用乙二胺四乙酸二钠。它易溶于水，经提纯后可作基准物质，直接配制标准溶液，但提纯方法较复杂，同时配制溶液所用蒸馏水的质量不高也会引入杂质，因此一般采用间接法配制。

① 配制。按表 1-4 的规定量称取乙二胺四乙酸二钠，溶于 1000mL 蒸馏水中，不易溶时可加热溶解，冷却后转移至试剂瓶中，充分摇匀，待标定。

表1-4　EDTA标准滴定溶液配制

乙二胺四乙酸二钠标准滴定溶液的浓度 [c（EDTA）] /（mol/L）	乙二胺四乙酸二钠的质量 m/g
0.1	40
0.05	20
0.02	8

② 标定

a. 乙二胺四乙酸二钠标准滴定溶液 [c（EDTA）=0.1mol/L]、[c（EDTA）= 0.05mol/L]。按表 1-5 的规定量称取于 800℃ ±50℃的高温炉中灼烧至恒定质量的基准物质 ZnO，置于小烧杯中，加少量水润湿，加 2mL HCl 溶液（20%），摇动使之溶解，加入 100mL 水，用氨水（10%）调至 pH7 ～ 8，然后加入 10mLNH₃-NH₄Cl 缓冲溶液（pH=10），滴加 5 滴铬黑 T 指示剂，用 EDTA 标准滴定溶液滴定至溶液由酒红色变为纯蓝色即为终点。记录消耗 EDTA 标准滴定溶液的体积，同时做空白试验。

表1-5　EDTA标准滴定溶液标定

乙二胺四乙酸二钠标准滴定溶液的浓度 [c（EDTA）] /（mol/L）	工作基准试剂氧化锌的质量 m/g
0.1	0.3
0.05	0.15

乙二胺四乙酸二钠标准滴定溶液的浓度 [c（EDTA）]，单位摩尔每升（mol/L），按下式计算：

$$c(\text{EDTA}) = \frac{m \times 1000}{(V_1 - V_2)M} \tag{1-13}$$

式中　m——氧化锌的质量，g；

V_1——消耗乙二胺四乙酸二钠溶液的体积，mL；

V_2——空白试验消耗乙二胺四乙酸二钠溶液的体积，mL；

014

M——氧化锌的摩尔质量，g/mol。

b. 乙二胺四乙酸二钠标准滴定溶液［c（EDTA）=0.02mol/L］。称取 0.42g 于 800℃ ±50℃的高温炉中灼烧至恒定质量的基准物质 ZnO，置于小烧杯中，加少量水润湿，加 3mL HCl 溶液（20%），摇动使之溶解，移入 250mL 容量瓶中，稀释至刻度，摇匀。取 35.00～40.00mL 容量瓶中的溶液，加水 70mL，用氨水（10%）调至 pH7～8，然后加入 10mLNH$_3$-NH$_4$Cl 缓冲溶液（pH=10），滴加 5 滴铬黑 T 指示剂，用 EDTA 标准滴定溶液滴定至溶液由酒红色变为纯蓝色即为终点。记录消耗 EDTA 标准滴定溶液的体积，同时做空白试验。

乙二胺四乙酸二钠标准滴定溶液的浓度［c（EDTA）］，单位摩尔每升（mol/L），按下式计算：

$$c(\text{EDTA}) = \frac{m \times \dfrac{V_1}{250} \times 1000}{(V_2 - V_3)M} \qquad (1\text{-}14)$$

式中　m——氧化锌的质量，g；

　　　V_1——氧化锌溶液的体积，mL；

　　　V_2——消耗乙二胺四乙酸二钠溶液的体积，mL；

　　　V_3——空白试验消耗乙二胺四乙酸二钠溶液的体积，mL；

　　　M——氧化锌的摩尔质量，g/mol。

1.1.2.4 无机工业产品采样方法

（1）固体无机工业产品的采样方法

工业生产物料是极其复杂、多种多样的，有固体、液体和气体；有均匀的，也有非均匀的物料，对组成较为均匀的金属、工业产品、水样或液态和气态物质等，取样比较简单，只要取样容器干净且经过液体或气体样品的置换就可以了；而对于一些固体不均匀物料，采得具有代表性的样品，是一项麻烦且困难的工作。下面介绍一下固体无机工业产品的采取与制备：

① 采样数目。组成比较均匀的固体无机工业产品可以任意取一部分为分析试样。若是贮存在大容器内的物料，可能因相对密度不同而影响其均匀程度，可在上、中、下不同高度处各取部分试样，然后混匀。如果物料是分装在多个小容器（如瓶、袋、桶等）内，则可从总体物料单元数（N）中按下述方法随机抽取数件（S）。

a. 总体物料单元数小于 500 的，推荐按表 1-6 的规定确定采样单元数。

b. 总体物料单元数大于 500 的，采样单元数多于 24 个。推荐按总体物料单元数立方根的 3 倍确定采样单元数，即 $S = 3 \times \sqrt[3]{N}$，如遇小数时，则进为整数。

c. 采样器有舌形铁铲、取样钻、双套取样管等。

例如：有一批化肥，总共有 600 袋，则采样单元数应为多少？

解：$S = 3 \times \sqrt[3]{600} = 25.3$，则应取 26 袋。

样品量：在一般情况下，样品量应至少满足 3 次全项重复检测的需要、满足保留样品的需要和制样预处理的需要。

② 采样方法

a. 粉末、小颗粒物料采样。采取件装物料用探子或类似工具，按一定方向，插入一定深度取定向样品。采取散装静止物料，用勺、铲从物料一定部位沿一定方向采取部位样品;采取散装运动物料,用铲子从皮带运输机随机采取截面样品。

表1-6 采样单元数的选取

总体物料单元数	选取的最少单元数	总体物料单元数	选取的最少单元数
1～10	全部单元	182～216	18
11～49	11	217～254	19
50～64	12	255～296	20
65～81	13	297～343	21
82～101	14	344～394	22
102～125	15	395～450	23
126～151	16	451～512	24
152～181	17		

b. 块状物料采样。可以将大块物料粉碎混匀后,按上面方法采样。如果要保持物料原始状态,可按一定方向采取定向样品。

c. 可切割物料采样。采用刀子在物料一定部位截取截面样品或一定形状和重量的几何样品。

d. 需特殊处理的物料。物料不稳定、易与周围环境成分(比如空气水分等)反应的物料,放射性物料及有毒物料的采取应按有关规定或产品说明要求采样。

③ 样品制备

a. 样品制备基本原则。不破坏样品的代表性、不改变样品组成和不受污染;缩减样品量同时缩减粒度;根据样品性质确定制备步骤。

b. 制备技术。包括粉碎、混合、缩分三个阶段,制成分析试样。常用的缩分法为四分法:将试样混匀后,堆成圆锥形,略为压平,通过中心分为四等份,把任意对角的两份弃去,其余对角的两份收集在一起混匀,如图1-3所示。这样每经一次处理,试样就缩减了一半。根据需要可将试样再粉碎和缩分,直到留下所需量为止。在试样粉碎过程中,应避免混入杂质,过筛时不能弃去未通过筛孔的粗颗粒,而应再磨细后使其通过筛孔,以保证所得试样能代表整个物料的平均组成。

最后采取样品量,分为两等份,一份供检验用,一份供备份用,每份样品量至少应为检验用量的三倍。

④ 试样的分解。试样的品种繁多,所以各种试样的分解要采用不同的方法。常用的分解方法大致可分为溶解和熔融两种。有些样品溶解于水;有些可溶于酸;有些可溶于有机溶剂;有些既不溶于水、酸,又不溶于有机溶剂,则需经熔融,使待测组分转变为可溶于水或酸的化合物。

a. 水。多数分析项目是在水溶液中进行的,水又最易纯制。因此,凡是能在水中溶解的样品,如相当数量的无机盐和部分有机物,都可以用水作溶剂,将它们制

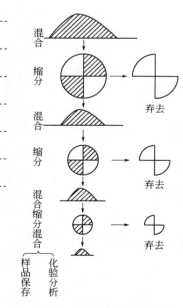

图1-3 四分法取样图解

成水溶液。有时在水中加入少量酸，以防止某些金属阳离子水解而产生沉淀。

b. 有机溶剂。许多有机样品易溶于有机溶剂。例如，有机酸类易溶于碱性有机溶剂，有机碱类易溶于酸性有机溶剂；极性有机化合物易溶于极性有机溶剂，非极性有机化合物易溶于非极性有机溶剂。常用的有机溶剂有醇类、酮类、芳香烃和卤代烃等。

c. 无机酸。各种无机酸常用于溶解金属、合金、碳酸盐、硫化物和一些氧化物。常用的酸有盐酸、硝酸、硫酸、高氯酸、氢氟酸等。在金属活动性顺序中，氢以前的金属以及多数金属的氧化物和碳酸盐，皆可溶于盐酸。盐酸中的 Cl^- 可与很多金属离子生成稳定的配离子。硝酸具有氧化性，它可以溶解金属活动性顺序中氢以后的多数金属，几乎所有的硫化物及其矿石皆可溶于硝酸。硫酸沸点高（338℃），可在高温下分解矿石、有机物或用以除去易挥发的酸。用一种酸难以溶解的样品，可以采用混合酸，如 $HCl+HNO_3$、H_2SO_4+HF、$H_2SO_4+H_3PO_4$ 等。

d. 熔剂。对于难溶于酸的样品，可加入某种固体熔剂，在高温下熔融，使其转化为易溶于水或酸的化合物。常用的碱性熔剂有 Na_2CO_3、$NaOH$、Na_2O_2 或其混合物，它们用于分解酸性试样，如硅酸盐、硫酸盐等。常用的酸性溶剂有 $K_2S_2O_7$ 或 $KHSO_4$，它们用于分解碱性或中性试样，如 TiO_2、Al_2O_3、Cr_2O_3、Fe_3O_4 等，可使其转化为可溶性硫酸盐。

（2）液体无机工业产品的采样方法

一个工业产品分析过程，通常需经过下面四个步骤，即采样、试样预处理、测定和计算。其中采样是首要的一步，也是关键的一步。在实际工作中，要化验的物料常常是大量的，其组成有的比较均匀，也有的很不均匀。化验时所称取的分析试样只是几克、几百毫克或更少，而分析结果必须能代表全部物料的平均组成。因此，正确地采取具有代表性的"平均试样"，就具有极其重要的意义。

一般地说，采样误差常大于分析误差。因此，掌握采样和制样的一些基本知识是很重要的。如果采样和制样方法不正确，即使分析工作做得非常仔细和正确，也是毫无意义的，有时甚至给生产和科研带来严重后果。

① 采样术语

a. 采样基本术语

采样单元：限定的物料量，其界限可能是有形的，如一个容器，也可能是设想的，如物料流的某一具体时间或间隔时间。

份样：用采样器从一个采样单元中一次取得的定量物料。

样品：从数量较大的采样单元中取得的一个或几个采样单元，或从一个采样单元中取得的一个或几个份样。

代表样：一种与被采物料有相同组成的样品，而此物料被认为是完全均匀的。

b. 采样体系术语

原始样品：采集的保持其个体性质的一组样品。

大样：采集的不保持其个体性质的一组样品。

混合大样：将采集的一组样品混合在一起得到的均匀大样。

加权样品：按其所代表物料量的比例从中抽取个体样品的混合大样。

缩分样品：缩减另一样品量的大小而不改变其组成而得到的样品。

最终样品：按采样方案得到或制备并可以再等分成相同的几份供试验、参考或保存用的样品。

实验室样品：为送往实验室供检验或测试而制备的样品。

参考样品：与实验室样品同时同样制备的样品，在有争议时可被有关方面接受用作实验室样品。

② 液体样品类型

a. 部位样品。从物料特定部位和流动样品特定时间采取的样品。

b. 表面样品。在物料表面采取的样品。

c. 底部样品。在物料最底部采取的样品。

d. 上、中、下部样品。分别在液面下相当于总体积的深度 $\frac{1}{6}$、$\frac{1}{2}$、$\frac{5}{6}$ 处采得的样品。

e. 平均样品。将一组部位（上、中、下）样品混合均匀的样品。

③ 液体采样设备

a. 采样勺。用不与被采取物料发生化学作用的金属或塑料制成。常用的有表面样品采样勺、混合样品采样勺和采样杯等。

b. 采样管。由玻璃、金属或塑料制成的管子，能插入桶、罐、槽车中所需要的液面上。它也可以用于从一个选择的液面上采取点样或采取底部样，以检查存在的污染物，或者当其设计和处置适宜并插入缓慢时，也可以用于从液体的纵向截面采取代表性的样品。

c. 采样瓶、罐。玻璃采样瓶一般为 500mL 具塞玻璃瓶，套上加重铅锤。采样笼罐是把具塞金属瓶或具塞玻璃瓶放入加重金属笼罐中固定而成。

d. 金属制采样瓶、罐。普通采样器为不锈钢制采样瓶，体积 500mL，适用于贮罐、槽车和船舶采样，它是一个均匀直径的管状装置，配有上部和下部隔离翼阀或瓣阀。向上运动时，可以从罐中任一所选液面收集正确的和相对未经扰动的试样。但是所选择的液面不能低于罐底的上方 12mm 处。

对于相对密度较大的液体化工产品如浓硫酸等，宜采用加重型采样器。加重型采样器应有适当的容量（一般为 500mL）和在被采样的液体化工产品中迅速下沉的重量。

贮罐、槽车、船舱底部采样可用底阀型采样器。当底阀型采样器与罐底接触时，它的阀或塞子就会打开，当其离开罐底时，它的阀或塞子就会关闭。

有冲洗段的话，取样器应水平安装在管线的垂直段，且靠近泵出口。取样线路应尽可能短。建议取样点应位于距离任何组分最后注入点的下游约 25 倍于管线直径之处，以保证所有组分能充分地混合。

为了保证混合均匀和消除分层，可在朝向取样器开口的方向安装钻有小孔的板、一系列的挡板或缩小管径。也可以把这些方法结合起来应用。

④ 液体采样方法。液体工业产品的采样可根据其常温下的物理状态分为 4 大类进行：常温下为流动态的液体、稍加热即成流动态的液体、黏稠液体和多相液体。

a. 常温下为流动态的液体采样。在常温下易于流动的单相均匀液体。但要验证其均匀性还需从容器的各个部位采样进行检验。为了保证所采得的样品具有代表性，必须采取一些具体措施，而这些措施取决于被采物料的种类、包装、贮运工具及运用的采样方法。

件装容器物料采样：随机从各件中采样，混合均匀作为代表样品。

罐和槽车物料采样：采得部位样品混合均匀作为代表样品。

管道物料采样：周期地从管道上的取样阀采样。最初流出的液体弃去，然后取样。

b. 稍加热成流动态的工业产品采样。对于这类试样的采样，最好从交货方在罐装容器后立即采取液体样品。若条件不允许时，只好在收货方将容器放入热熔室中使产品全部熔化后采液体样品或劈开包装采固体样品。

c. 黏稠液体采样。由于这类产品在容器中难以混匀，最好从交货容器罐装过程中采样，或是通过搅拌达到均匀状态时采部位样品，混合均匀为代表样品。

d. 多相液体采样。有毒化工液化气体液氯及低温液化气体产品液氮和液氧等的采样，必须使用一些特定的采样设备，严格按照有关规定进行采样。

具有强腐蚀性的液体试样，取样人员应使用必要的防护用品，如过滤式防毒面具、耐酸手套等以防灼伤。取样时必须有人监护。

（3）气体无机工业产品的采样方法

① 样品类型。采取的气体样品类型有部位样品、混合样品、间断样品和连续样品。

② 采样方法

a. 常压下取样。当气体压力近于大气压力时，常用改变封闭液面位置的方法引入气体试样，或用流水抽气管抽取，如图1-4（a）、（b）所示。封闭液一般采用氯化钠或硫酸钠的酸性溶液，以降低气体在封闭液中的溶解度。

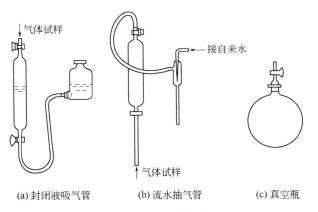

图1-4　气体取样容器

b. 正压下取样。当气体压力高于大气压力时，只需开放取样阀，气体就会流入取样容器中。如气体压力过大，在取样管和取样容器之间应接入缓冲器。正压下取样常用的取样容器是橡皮球胆或塑料薄膜球。

c. 负压下取样。负压较小的气体，可用流水抽气管吸取气体试样。当负压较大时，必须用真空瓶取样。图1-4（c）为常用的真空瓶。取样前先用真空泵将瓶内空气抽出（压力降至 $8 \sim 13 kPa$），称量空瓶质量。取完气样以后再称量，增加的质量即为气体试样的质量。

同理，在采取气体试样之前，必须用样气对取样容器进行置换。气体试样取来后，应立即进行分析。

分析检验应用技术

笔记

1.1.3　有机工业产品的检测

1.1.3.1　有机工业产品

有机工业产品主要是来自化工生产的产品，包括由石油、天然气、煤等天然资源，经过化学加工得到乙烯、丙烯、丁二烯、苯、甲苯、二甲苯、乙炔、萘、合成气等基本有机工业产品。这些产品再经过各种化学加工，可以制得品种繁多、用途广泛的有机工业产品。

例如，可直接使用的溶剂、萃取剂、抗冻液、消毒剂等。作为单体用于生产塑料、合成橡胶、合成纤维等高分子化合物的聚乙烯、聚氯乙烯、聚苯乙烯、丁苯橡胶等。作为精细化工的原料（中间体），制造精细化工产品，如医药、农药、染料、颜料、涂料、感光材料、磁性材料、食品添加剂、胶黏剂、催化剂、功能高分子材料和一些生化制品等。

1.1.3.2　有机工业产品的检验程序和方法

有机工业产品质量检验的一般程序包括"样品采集、接收与制备──→方法确定──→样品检测──→数据处理──→质量评价"等五个步骤。有机工业产品检验技术包括定性鉴定和定量分析技术。如果怀疑一批产品的真伪，首先需要进行定性鉴定。一般说来，对于指定的产品往往只需对各项质量指标进行定量测定，根据测定结果确定产品质量等级。

在有机工业产品检验方法中，通常包括通用方法技术和典型产品定量分析技术两大内容。

通用方法技术内容有"液体有机物水混溶性试验、色度、蒸发残渣、灰分、酸度、碱度、还原高锰酸钾物质、羰基化合物、密度、熔点、结晶点（凝固点）、折射率、黏度、闪点和燃点、有机液体沸程、水分和有机物中铁"等。在现行国家标准中规定了一些通用方法和技术要求。

典型产品定量分析技术是有机工业产品检验中重要的内容。它分为化学分析操作技术和仪器分析操作技术两大类。若采用滴定的方式，根据标准溶液的用量和浓度计算待测组分的含量，即称为滴定分析操作技术；若根据称量反应产物的质量变化来计算待测组分的含量，则称为称量分析操作技术。以物质的光、电、电磁、热等物理或物理化学性质检测待测组分的含量，则称为仪器分析操作技术。

1.1.3.3　有机工业产品检验的样品采集方法

采样的目的是采取能代表原始物料平均组成的少量分析试样。工业产品有固体、液体和气体，有均匀的和不均匀的。显然，应根据产品的性质、均匀程度、数量等决定具体的采样和制样步骤。

国家标准对工业产品的采样原则和方法做了明确规定，例如：GB/T 4650—2012《工业用化学产品　采样　词汇》，GB/T 6680—2003《液体化工产品采样通则》，GB/T 6681—2003《气体化工产品采样通则》和 GB/T 6679—2003《固体化工产品采样通则》。

除了这些通则规定以外，对于指定的某种有机工业产品，在其产品标准中补充说明了采样的特殊要求，分析检验人员必须严格执行。

020

1.1.3.4 有机工业产品的检测项目

有机工业产品常见检测项目有密度、水分、金属杂质、色度、蒸发残渣、有机物质含量等,有机化工产品还要检测还原高锰酸钾、羰基化合物等检测项目。本节只介绍部分项目和常用方法。

(1) 密度的测定

密度是液态化工产品重要的物理参数之一。测定密度可以区分化学组成相似而密度不同的液体物质,鉴定液体产品的纯度以及某些溶液的浓度。因此,在化工产品检验中,密度是许多液体产品的质量控制指标之一。测定液体化工产品的密度,可用密度瓶法、韦氏天平法和密度计法。参照标准 GB/T 4472—2011《化工产品密度、相对密度的测定》、GB/T 611—2006《化学试剂 密度测定通用方法》。

① 密度瓶法。原理:在规定温度 20℃时,分别测定充满同一密度瓶的水及试样的质量,由水的质量和密度可以确定密度瓶的容积即试样的体积;根据试样的质量和体积即可计算出试样的密度。密度瓶如图 1-5 所示,容积为 15～25mL 或 25～50mL。

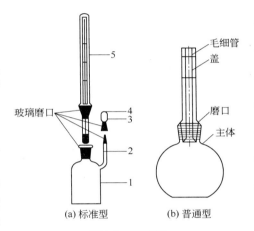

图1-5 密度瓶
1—密度瓶主体;2—侧管;3—侧孔;
4—侧孔罩;5—温度计

分析步骤:

a. 将密度瓶洗净并干燥,带温度计及侧孔罩等附件一起称量其质量。

b. 取下温度计及侧孔罩,用新煮沸并冷却至 20℃左右的蒸馏水充满密度瓶,不得带入气泡,插入温度计,将密度瓶置于 (20.0±0.1)℃的恒温水浴中约 20min,至密度瓶液体温度达到 20℃,并使侧管中的液面与侧管管口齐平,立即盖上侧孔罩,取出密度瓶,用滤纸擦干其外壁上的水,迅速称量其质量。

c. 将密度瓶中的水倒出,干燥,用待测液体试样代替水,重复以上操作,称量出待测液体试样的质量。

d. 计算。液体试样在 20℃时的密度按下式计算:

$$\rho = \frac{m_1 + A}{m_2 + A} \times \rho_0 \quad (1\text{-}15)$$

式中 m_1——充满密度瓶所需样品的表观质量,g;
m_2——充满密度瓶所需水的表观质量,g;
ρ_0——20℃时水的密度为 0.99820g/mL;
A——空气浮力校正值。

空气浮力校正值 A 按如下公式计算:

$$A = \rho_a \times \frac{m_2}{\rho_0 - \rho_a} \quad (1\text{-}16)$$

式中 ρ_a——干燥空气在 20℃,101.325kPa 时的密度约为 0.0012g/mL;

m_2——充满密度瓶所需水的表观质量，g；

ρ_0——20℃时水的密度为 0.99820g/mL。

但一般情况下，A 的影响很小，可忽略不计。

密度瓶法是测定液体试样密度最常用的方法，可以准确测定非挥发性液体试样的密度。例如，在有机化工产品异丁醇、辛醇、乙二醇、甘油、环己酮的质量检验中，都有密度瓶法测定其密度的检验项目。本法不适宜测定易挥发性液体试样的密度。

② 韦氏天平法。原理：根据阿基米德定律，当一物体完全浸入液体中时，它所受到的浮力与其排开液体的质量成正比。在一定温度下（20℃），分别测量同一物体（玻璃浮锤）在水和液体试样中所受到的浮力。由于浮锤排开水和液体试样的体积相同，因此根据水的密度以及浮锤在水与液体试样中所受到的浮力，即可计算出液体试样的密度。采用仪器韦氏天平，见图1-6。

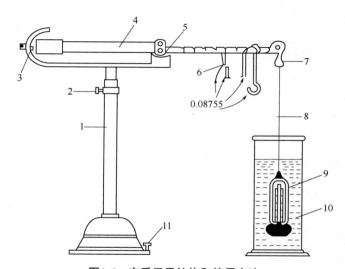

图1-6 韦氏天平结构和使用方法

1—支架；2—调节器；3—指针；4—横梁；5—刀口；6—游码；7—小钩；
8—细白金丝；9—浮锤；10—玻璃筒；11—调整螺丝

分析步骤：

a. 检查仪器各部件是否完整无损，用清洁的细布擦净金属部分，用乙醇擦净玻璃筒、温度计、玻璃浮锤，并干燥。

b. 如图1-6所示安装韦氏天平。将浮锤用细铂丝悬于天平横梁末端小钩上，调整底座上的螺丝，使横梁与支架的指针尖水平对齐。

c. 向玻璃筒内缓慢注入预先煮沸并冷却至约20℃的蒸馏水，浮锤全部浸入水中，不得带入气泡，浮锤不得与筒壁或筒底接触。将玻璃筒置于（20±0.1）℃的恒温水浴中20min，然后由大到小将骑码加在横梁的V形槽上，使指针重新水平对齐，记录骑码的读数。

d. 将玻璃浮锤取出，倒出玻璃筒内的水。玻璃筒和浮锤用乙醇洗涤，干燥。

e. 在相同的温度下，用试样代替水重复以上操作。记录浮锤浸于试样时的骑码读数。

f. 计算。样品的密度以 ρ 表示，单位 g/mL，按下式计算：

$$\rho = \frac{m_2}{m_1} \times 0.9982 \qquad (1\text{-}17)$$

式中 m_1——浮锤浸于水中时骑码的读数，g；
　　m_2——浮锤浸于试样中时骑码的读数，g；
　　0.9982——水 20℃时的密度，g/mL。

本法适用于测定易挥发性液体的密度。例如，在有机化工产品乙酸乙酯、乙酸丁酯、吡啶、三氯乙烯的质量检验中都有用韦氏天平法测定密度的检验项目。

③ 密度计法。原理：密度计是根据浮力原理设计的直接测量液体相对密度的仪器。单支密度计为中空玻璃浮柱，上部有刻度标线，下部装有铅粒形成重锤，能使其直立于液体中。液体的密度越大，密度计在液体中漂浮得越高。一套密度计由不同量程的多支密度计组成，如图 1-7 所示。每支密度计都有相应的密度测定范围，可以根据试样密度的大小选择使用其中的一支。

由密度计在被测液体中达到平衡状态时所浸没的深度读出该液体的密度。

图1-7　密度计
1—躯体；2—颈部

分析步骤：将待测试样注入清洁、干燥的量筒内，不得有气泡，将量筒置于20℃的恒温水浴中，待温度恒定后，将清洁、干燥的密度计缓缓地放入试样中，其下端应离筒底 2cm 以上，不能与筒壁接触，密度计的上端露在液面外的部分所沾液体不得超过 2～3 分度，待密度计在试样中稳定后，直接从密度计上读出液体的相对密度值（即为 20℃试样的密度），读数时，视线应与液面及密度计刻度在同一水平线上。

计算：常温 t℃下测定试样的密度 ρ_t，单位 g/mL，按下式计算。

$$\rho_t = \rho_t' + \rho_t' \alpha (20 - t) \qquad (1\text{-}18)$$

式中 ρ_t'——试样在 t℃时密度计的读数，g/mL；
　　α——密度计的玻璃膨胀系数，一般为 0.000025；
　　20——密度计的标准温度，℃；
　　t——测定时的温度，℃。

密度计法操作简便，可直接读数。适用于样品量多，而测定结果不需要十分精确的场合，如化工生产中控分析或个别产品密度的测定。

（2）还原高锰酸钾物质的测定

还原高锰酸钾物质的测定方法包括直接法（目视比色法）和间接法（滴定分析法）。直接法适用于中性的醇、酮或其他中性、弱酸碱性样品中还原高锰酸钾物质含量较低时的测定；间接法适用于样品中的高锰酸钾指数等于或大于 10mg/100mL 且在酸性条件下不与高锰酸钾反应的有机化工产品。

参照标准 GB/T 6324.3—2011《有机化工产品试验方法 第 3 部分：还原高锰酸钾物质的测定》、GB/T 9726—2007《化学试剂 还原高锰酸钾物质测定通则》。

① 直接法。根据加入高锰酸钾标准滴定溶液的浓度、体积及褪色程度，可以给出还原高锰酸钾物质的半定量结果。

分析检验应用技术

笔记

原理：在规定条件下，将高锰酸钾溶液加入被测试样中，能与高锰酸钾反应的物质，将其还原成二氧化锰，并使试验溶液从粉红色变成橘黄色。观察并记录高锰酸钾粉红色褪色时间或试验溶液颜色与标准比色溶液颜色一致所用时间，单位为min。

准备溶液：氯化钴和铂钴标准比色溶液。称取 2.00g 氯化钴（$CoCl_2 \cdot 6H_2O$），用少量水溶解后置于 100mL 容量瓶中，稀释至刻度，摇匀。取 5mL 此氯化钴溶液，加入 7.5mL500 号铂 - 钴标准溶液，移入 50mL 容量瓶中，用水稀释至刻度，充分混匀。该标准比色溶液的颜色表示的是试验溶液在高锰酸钾试验中褪色后的终点颜色。

氯化钴溶液与 500 号铂钴标准溶液的配比，可根据产品标准的要求进行调整。铂 - 钴标准溶液按照 GB 3143—1982《液体化学产品颜色测定法（Hazen 单位 - 铂 - 钴色号）》的规定进行配制。

分析步骤：

a. 按产品标准的规定取样，置于比色管中。将盛有试样的比色管置于温度控制在（15±0.5）℃或（25±0.5）℃的水浴中。

b.15min 后从水浴中取出比色管，按产品标准要求加入规定量的高锰酸钾溶液（从开始加入起记录时间），立即加塞，摇匀，再放回水浴中。

c. 经常将比色管从水浴中取出，以白色为背景，侧向或轴向观察试验溶液的颜色或与同体积的标准比色溶液进行比较，接近测定结果时，每分钟比较一次，记录褪色时间。注意避免试验溶液暴露在强日光下。

d. 结果表述：从试样中加入高锰酸钾溶液开始到试液溶液的粉红色刚刚褪去的时间或试验溶液颜色与标准比色溶液颜色一致的时间，以 min 计。

取两次平行测定结果的算术平均值为测定结果。两次平行测定结果 100min 以下的相对偏差≤ 5%；100min 以上的相对偏差≤ 10%。

② 间接法

原理：在规定条件下，于稀酸介质中，试样与过量的高锰酸钾溶液反应，碘量法测定剩余的高锰酸钾，可以得出还原高锰酸钾物质的质量分数。100mL 试样还原高锰酸钾的质量也称为高锰酸钾指数。

分析步骤：按产品标准的规定取样，在规定的条件下，置于盛有 50mL 的（1+37）硫酸溶液的碘量瓶中，用滴定管滴加高锰酸钾溶液直到不褪色为止，再加入（10±0.05）mL 高锰酸钾溶液 [$c(1/5KMnO_4)$ =0.1mol/L]，记录加入高锰酸钾溶液的总体积用于空白试验。加塞后在暗处放置40min。加入10mL 碘化钾溶液（100g/L），用硫代硫酸钠标准滴定溶液 [$c(Na_2S_2O_3)$ =0.05mol/L] 滴定，当溶液呈浅黄色时，加 3mL 淀粉指示液（10g/L），继续滴定至蓝色消失，记录消耗的标准滴定溶液的体积。同时做空白试验。

计算：还原高锰酸钾物质以高锰酸钾指数 w 表示，按下式计算。

$$w = \frac{(V_0 - V_1)c \times 31.605}{V_2} \times 100 \qquad (1\text{-}19)$$

式中　V_0——空白试验消耗硫代硫酸钠标准滴定溶液的体积，mL；

V_1——试样测定消耗硫代硫酸钠标准滴定溶液的体积，mL；

V_2——试样的体积，mL；

c——硫代硫酸钠标准滴定溶液实际浓度，mol/L；

31.605——高锰酸钾的摩尔质量，g/mol；

100——按高锰酸钾指数定义的折算体积，mL。

取两次平行测定结果的算术平均值为测定结果。两次平行测定结果的允许差值由各产品标准根据实验确定。

（3）有机物中微量水分测定

有机物中的微量水分的测定，常采用卡尔·费休法。

① 原理：碘氧化二氧化硫时需要定量的水参加反应。

$$I_2 + SO_2 + 2H_2O \rightleftharpoons H_2SO_4 + 2HI$$

该反应是可逆的，通常用吡啶作溶剂，同时加入甲醇或乙二醇单甲醚，以使反应向右进行到底并防止副反应发生。因此，本法测定水分所用滴定剂是含有碘、二氧化硫、吡啶和甲醇或乙二醇单甲醚的混合液，称为卡尔·费休试剂。该试剂对水的滴定度一般用纯水或二水酒石酸钠进行标定。

② 卡尔·费休滴定法的指示终点方法，有目视法、电量法两种。由于卡尔·费休试剂与水的反应十分敏锐，所用仪器应预先干燥并在密封系统中使用自动滴定管进行滴定，防止外界水分侵入。

a. 目视法。装置如图1-8所示，卡尔·费休试剂呈现I_2的棕色，与水反应后棕色立即褪去。当滴定至终点时，因有过量碘存在，溶液由浅黄色变为棕黄色时，表示到达终点。

b. 电量法。其装置电路原理如图1-9所示，浸入滴定池溶液中的二支铂丝电极之间施加小的电压（几十毫伏）。溶液中存在水时，由于极化作用外电路没有电流流过，电流表指针指零；当滴定到达终点时，稍过量的I_2导致去极化，使电流表指针突然偏转，非常灵敏。

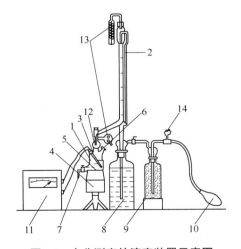

图1-8　水分测定的滴定装置示意图

1—反应瓶；2—自动滴定管；3—铂电极；4—电磁搅拌器；5—搅拌子；
6—进样口；7—废液排放口；8—试剂贮瓶；9—干燥塔；10—压力球；
11—终点电测装置；12—磨口接头；13—硅胶干燥管；14—螺旋夹

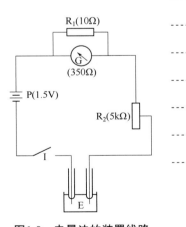

图1-9　电量法的装置线路

P—电池；I—开关；E—铂电极；
R_1和R_2—电阻；G—微安表

③ 分析步骤

a. 用水标定卡尔·费休试剂滴定度。于反应瓶中加入 10mL 甲醇，在搅拌下用卡尔·费休试剂滴定至终点（不计滴定体积）。加入 0.01g 水，精确至 0.0001g，用卡尔·费休试剂滴定至终点，记录卡尔·费休试剂用量（V）。卡尔·费休试剂的滴定度 T，单位 g/mL，按下式计算：

$$T = \frac{m}{V} \tag{1-20}$$

式中　m——加入水的质量，g；

　　　V——滴定 0.01g 水时，所用卡尔·费休试剂的体积，mL。

b. 样品中水分的测定。通过排液口放掉滴定容器中的废液。用注射器将 10mL 甲醇（或按产品标准中规定的溶剂）注入滴定容器，在搅拌下用卡尔·费休试剂滴定至终点（不计消耗试剂的体积）。然后迅速加入产品标准中规定量的样品，用卡尔·费休试剂滴定至终点，记录消耗试剂体积 V_1。

对于液体试样，以注射器准确计量体积，并通过胶皮塞注入；固体粉末试样以玻璃称样管准确称量，移开胶皮塞倾入滴定容器。

c. 计算。样品中水的质量分数 ω，按下式计算：

$$\omega = \frac{V_1 T}{m} \times 100\% \tag{1-21}$$

式中　V_1——滴定样品时消耗卡尔·费休试剂的体积，mL；

　　　T——卡尔·费休试剂的准确滴定度，g/mL；

　　　m——样品的质量（固体试样），g。

④ 注意事项

a. 测定前将试剂预先滴定到终点，以消除溶剂中和滴定器皿中存在的水分。

b. 在滴定池中长时间充分地搅拌样品，有利于样品中的水分充分释放出来。

c. 在进样时，要防止取样的注射器针头受到外界的污染和避免样品的损失，影响测定结果。

d. 卡尔·费休试剂瓶进气口要安装干燥器，以防止试剂吸收空气中的水分而使试剂的滴定度下降，造成严重的测定误差。

e. 在进行卡尔·费休滴定过程中，要保持装置的密封性和采取避光措施，防止碘离子氧化及反应生成的碘挥发。

1.1.3.5　色谱法测定有机物含量

色谱法是测定有机物含量的常用方法。它是一种重要的分离分析方法，是利用不同物质在两相中具有不同的分配系数（或吸附性、渗透性），当两相做相对运动时，这些物质在两相中进行多次反复分配而实现分离。

在色谱技术中，流动相为气体的叫气相色谱（GC），流动相为液体的叫液相色谱（LC）。固定相可以装在柱内，也可以做成薄层。前者叫柱色谱，后者叫薄层色谱。

根据色谱法原理制成的仪器叫色谱仪，目前，主要有气相色谱仪和液相色谱仪。

（1）气相色谱仪

分析流程：稳定流量的载气，将汽化后的样品由汽化室带入色谱柱，在色谱柱中不同组分得到分离，并先后从色谱柱中流出，分别经过检测器和记录器，这些被分开的组分显示为一个一个的色谱峰。色谱仪的组成见图1-10。

色谱仪通常由下列五个部分组成:
载气系统(包括气源、流量的调节与测量元件等);
进样系统(包括进样装置、汽化室两部分);
分离系统(主要是色谱柱);
检测、记录系统(包括检测器和记录器);
辅助系统(包括温控系统、数据处理系统等)。

① 载气系统。载气通常为氮气、氢气和氦气,由高压气瓶供给。由高压气瓶出来的载气需经过装有活性炭或分子筛的净化器,除去载气中的水、氧等有害杂质。载气流速变化会引起保留值和检测灵敏度变化,一般采用稳压阀、稳流阀或自动流量控制装置,确保流量恒定。

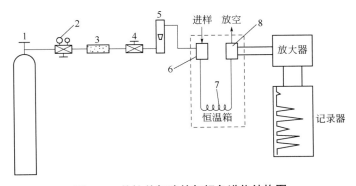

图1-10 单柱单气路的气相色谱仪结构图
1—载气钢瓶;2—减压阀;3—净化器;4—气流调节阀;
5—转子流量计;6—汽化室;7—色谱柱;8—检测器(虚线表示恒温箱内)

② 进样系统。进样系统包括进样装置和汽化室。气体样品可以用注射进样,也可以用定量阀进样。液体样品用微量注射器进样。固体样品则要溶解后用微量注射器进样。样品进入汽化室后在一瞬间就被汽化,然后随载气进入色谱柱。根据分析样品的不同,汽化室温度可以在50~400℃范围内任意设定。通常,汽化室的温度要比使用的最高柱温高10~50℃,以保证样品全部汽化。进样量和进样速度会影响色谱柱效率。进样量过大造成色谱柱超负荷,进样速度慢会使色谱峰加宽,影响分离效果。

③ 分离系统。色谱柱是色谱仪的分离系统。试样中各组分的分离在色谱柱中进行,因此,色谱柱是色谱仪的核心部分。色谱柱主要有两类:填充柱和毛细管柱,填充柱里面填有固定相。二者的特点见表1-7。

表1-7 气相色谱柱

类别	内径/mm	常见长度/m	柱的材质	固定相	每米柱效/N	柱容量
填充柱	2~4	0.5~3	玻璃、不锈钢	吸附剂、高分子多孔微球或涂渍固定液的载体	约1000	毫克级
毛细管柱	0.1~0.53	10~60	熔融石英	固定液	约3000	≤0.1微克

分析检验应用技术

④ 检测系统。检测系统的中心原件是检测器，气相色谱仪常用的检测器有热导检测器（Thermal Conductivity Detector，TCD），氢火焰离子化检测器（Flame Ionization Detector，FID），电子捕获检测器（Electron Caputure Detector，ECD），火焰光度检测器（Flame Photometric Detector，FPD）。其特点和注意事项见表1-8。

表1-8　常用检测器特点和注意事项

检测器	载气	辅助气	特点和应用	注意事项
TCD	N_2 或 He	—	适用于各种无机气体和有机物分析，多用于永久气体；非破坏型检测器	浓度型检测器，峰面积 A 与载气流速呈反比，若用 A 定量，需严格保持载气恒速
FID	N_2 或 He	燃烧气 H_2、空气	测定各种有机化合物，对碳氢化合物灵敏度高，线性范围宽；破坏型检测器	温度高于 150℃，避免水汽凝结，通常为 250～350℃。质量型检测器，峰高与载气流速呈正比，宜用峰面积定量
ECD	N_2	—	适合分析含电负性元素或基团的有机化合物，如卤素、过氧化物、醌类、硝基物等	使用高纯氮气（≥99.999%），以免载气含少量水、氧、电负性杂质影响测定结果
FPD	N_2 或 He	燃烧气 H_2、空气	适于含 P、含 S 化合物的分析	保证燃烧火焰是富氢火焰，否则会导致灵敏度低或无特征光谱

a. 热导检测器（TCD），是应用比较多的检测器，不论对有机物还是无机气体都有响应，是一种通用型检测器。被测物质与载气的热导系数相差愈大，灵敏度也就愈高。此外，载气流量和热丝温度对灵敏度也有较大的影响。热丝工作电流增加 1 倍可使灵敏度提高 3～7 倍，但是热丝电流过高会造成基线不稳和缩短热丝的寿命。

热导检测器结构简单、稳定性好，对有机物和无机气体都能进行分析，其缺点是灵敏度低。

b. 氢火焰离子化检测器（FID），简称氢焰检测器。它的主要部件是一个用不锈钢制成的离子室。进入火焰的有机物发生高温裂解和氧化反应生成自由基，自由基又与氧作用产生离子，在外加电压作用下，形成离子流，因此，氢焰检测器是一种质量型检测器。

这种检测器对大多数有机物都有响应，其灵敏度比热导检测器要高几个数量级，可进行痕量有机物分析。其缺点是不能检测惰性气体、空气、水、CO、CO_2、NO、SO_2 及 H_2S 等。

c. 电子捕获检测器（ECD）是利用放射源或非放射源产生大量低能热电子，亲电子的有机物如多卤化合物进入检测器，俘获电子而使基流降低产生信号。电子捕获检测器是一种选择性很强的检测器，它只对含有电负性元素的组分产生响应，因此，这种检测器适用于分析含有卤素、硫、磷、氮、氧等元素的物质。

电子捕获检测器是常用的检测器之一，灵敏度高，选择性好。主要缺点是线性范围较窄。

d. 火焰光度检测器（FPD），是利用富氢火焰使含硫、磷杂原子的有机物分解，形成激发态分子，当它们回到基态时，发射出特征光，光强度与被测组分含量成正比。它属于分子发射检测器。硫、磷在火焰上部扩散富氢焰中发光，烃类主要在火

项目 1 工业分析

焰底部的富氧焰中发光，通过加装不透明的遮光罩挡住烃类光及加装滤光片，提高 FPD 的选择性。

（2）液相色谱仪

① 液相色谱法与气相色谱法的区别和联系。气相色谱法仅能分析在操作温度下能汽化而不分解的物质。据估计，在已知化合物中能直接进行气相色谱分析的化合物约占 15%，加上制成衍生物的化合物，也不过 20% 左右。对于高沸点化合物、难挥发及热不稳定化合物、离子型化合物及高聚物等，很难用气相色谱法分析。

高效液相色谱（HPLC）法是以高压下的液体为流动相，并采用颗粒极细的高效固定相的柱色谱分离技术。高效液相色谱不受分析对象挥发性和热稳定性的限制，对样品的适用性广，因而弥补了气相色谱法的不足。在目前已知的有机化合物中，可用气相色谱分析的约占 20%，而其余 80% 则需用高效液相色谱来分析。

高效液相色谱法和气相色谱法在基本理论方面没有显著不同，它们之间的重大差别在于作为流动相的液体与气体之间的性质的差别。

根据分离机理的不同，高效液相色谱可以分为液 - 固吸附色谱、液 - 液分配色谱、离子交换色谱和凝胶渗透色谱四类。其中应用最广泛的是液 - 液分配色谱。并且，以非极性溶液作流动相，极性物质作固定相的液 - 液分配色谱叫正相色谱；极性溶液作流动相，非极性物质作固定相的液 - 液分配色谱叫反相色谱。

② 高效液相色谱仪分析流程：由泵将储液瓶中的溶剂吸入色谱系统，然后输出，经流量与压力测量之后，导入进样器。被测物由进样器注入，并随流动相通过色谱柱，在柱上进行分离后进入检测器，检测信号由数据处理设备采集与处理，并记录色谱图。废液流入废液瓶。

遇到复杂的混合物分离（极性范围比较宽）还可用梯度控制器作梯度洗脱。这和气相色谱的程序升温类似，不同的是气相色谱改变温度，而 HPLC 改变的是流动相极性，使样品各组分在最佳条件下得以分离。

高效液相色谱仪由输液系统、进样系统、分离系统、检测系统和数据处理系统组成。

③ 输液系统。高效液相色谱的输液系统包括流动相贮存器、高压泵和梯度淋洗装置。高压泵是高效液相色谱仪最重要的部件之一。由于高效液相色谱仪所用色谱柱直径细，固定相粒度小，流动相阻力大，因此，必须借助于高压泵使流动相以较快的速度流过色谱柱。高压泵需要耐压力，流速稳定，流量可以调节，耐腐蚀。

梯度淋洗装置可以将两种或两种以上的不同极性溶剂，按一定程序连续改变组成，以达到提高分离效果，缩短分离时间的目的。它的作用与气相色谱中的程序升温装置类似。

梯度淋洗装置分为两类：一类叫外梯度装置；一类叫内梯度装置。外梯度装置是流动相在常压下混合，由一台高压泵压至色谱柱；内梯度装置是先将溶剂分别增压后，再由泵按程序压入混合室，再注入色谱柱。

④ 进样系统。一般高效液相色谱多采用六通阀进样。先由注射器将样品在常压下注入样品环。然后切换阀门到进样位置，由高压泵输送的流动相将样品送入色谱柱。样品环的容积是固定的，因此进样重复性好。

⑤ 分离系统。分离系统包括色谱柱、连接管、恒温器等。色谱柱是高效液相色谱仪的心脏。它由内部抛光的不锈钢管制成，一般长 10～50cm，内径 2～5mm，

柱内装有固定相。液相色谱的固定相是将固定相涂在担体上而成。

在高效液相色谱分析中，适当提高柱温可改善传质，提高效率，缩短分析时间。因此，在分析时可采用带有恒温加热系统的金属夹套来保持色谱柱的温度，在室温到60℃间调节。

⑥ 检测系统。高效液相色谱的检测器很多，最常用的有紫外检测器、示差折光检测器和荧光检测器等。

a. 紫外检测器。紫外检测器是液相色谱中应用最广泛的检测器，适用于有紫外吸收物质的检测。在进行高效液相色谱分析的样品中，约有80%的样品可以使用这种检测器。这种检测器灵敏度高，检测下限约为10^{-10}g/mL，而且线性范围广，对温度和流速不敏感，适用于进行梯度洗脱。

b. 示差折光检测器。示差折光检测器是根据不同物质具有不同折射率来进行组分检测的。凡是具有与流动相折射率不同的组分，均可以使用这种检测器。如果流动相选择适当，可以检测所有的样品组分。

原理：当仅有流动相进入参比池时，折射率是固定的；当存在待测组分时，使光的折射率改变，从而引起光强度的变化，测量光强度的变化，可知该组分浓度的变化。

示差折光检测器的优点是通用性强，操作简便；缺点是灵敏度低，最小检出限约为10^{-7}g/mL，不能做痕量分析。此外，由于洗脱液组成的变化会使折射率变化很大，因此，这种检测器也不适用于梯度洗脱。

c. 荧光检测器。许多有机化合物分子或原子，经光照射后，会发出比入射光波长更长的光，称为荧光。利用荧光强度与物质的浓度成正比，可进行检测。荧光检测器是一种选择性检测器，它适合于稠环芳烃、氨基酸、胺类、维生素、蛋白质等荧光物质的测定。这种检测器灵敏度非常高，其检出限可达$10^{-12} \sim 10^{-13}$g/mL，比紫外检测器高$2 \sim 3$个数量级，适合于痕量分析，而且可以用于梯度洗脱。其缺点是适用范围有一定的局限性。

（3）色谱法的定量方法

色谱法是根据色谱峰的面积或高度进行定量分析的。色谱定量计算方法很多，目前比较广泛应用的有归一化法、内标法和外标法。

① 归一化法。如果试样中所有组分均能流出色谱柱并显示色谱峰，则可用此法计算组分含量。设试样中共有n个组分，各组分的量分别为m_1，m_2，……，m_n，则i种组分的百分含量为：

$$\omega_i = \frac{m_i}{m_1 + m_2 + ... + m_n} \times 100\% \tag{1-22}$$

归一化法的优点是简便、准确，进样量的多少不影响定量的准确性，操作条件的变动对结果的影响也较小，对组分的同时测定尤其显得方便。缺点是试样中所用的组分必须全部出峰，某些不需定量的组分也需测出其校正因子和峰面积，因此应用受到一些限制。

② 内标法。当试样中所有组分不能全部出峰，或只要求测定试样中某个或几个组分时，可用此法。

准确称取m试样，加入某种纯物质m_s作为内标物，根据试样和内标物的质量比

m/m_s 及相应的色谱峰面积之比，基于下式可求组分 i 的百分含量 ω_i：

因为：
$$\frac{m_i}{m_s} = \frac{f_i A_i}{f_S A_S} \qquad (1-23)$$

所以：
$$\omega_i = \frac{m_i}{m} \times 100\% = \frac{f_i A_i m_S}{f_S A_S m} \times 100\% \qquad (1-24)$$

内标物的选择条件是：内标物与试样互溶且是试样中不存在的纯物质；内标物的色谱峰既处于待测组分峰附近，彼此又能很好地分开且不受其他峰干扰；加入量宜与待测组分量相近。

内标法的优点是定量准确，操作条件不必严格控制，且不像归一化法那样在使用上有所限制。缺点是必须对试样和内标物准确称重，比较费时。

③ 外标法（即标准曲线法）。该法是在一定色谱操作条件下，用纯物质配制一系列不同的浓度的标准样，定量进样，按测得的峰面积对标准系列的浓度作图，绘制标准曲线。进行试样分析时，在与标准系列严格相同的条件下定量进样，由所得峰面积从标准曲线上即可查得待测组分的含量。

外标法的优点是操作和计算简便，不需要知道所有组分的相对校正因子，其准确度主要取决于进样量的准确和重现性，以及操作条件的稳定性。

1.1.4　石油产品的检测方法

1.1.4.1　石油的性质及石油产品的分类

石油是一种黑褐色黏稠状的可燃性液体矿物油，颜色多为黑色、褐色或绿色，主要是由多种烃类组成的复杂混合物。石油的含碳量为84%～85%，含氢量为12%～14%，还有少量硫、氧、氮和极少量的铁等金属元素。

地下开采出来的未经加工的石油称为原油。石油产品一般是指原油经过直接分馏、裂化加工获得的各种产品。其中，含硫、氧、氮的化合物对石油产品有害，在石油加工中应尽量除去。

我国石油产品按 GB/T 498—2014《石油产品及润滑剂 分类方法和类别的确定》将石油产品按主要用途划分五大类，即燃料类（F），溶剂和化工原料类（S），润滑剂、工业润滑油和有关产品类（L），蜡类（W），沥青类（B）等。具体产品包括汽油、柴油、喷气燃料、化学试剂、医药溶剂、橡胶溶剂、油漆溶剂、石脑油、天然气、炼厂气、润滑油、润滑脂、石油蜡、沥青、石油焦等。

1.1.4.2　石油产品测定项目

① 油品基本理化性质的测定：密度和相对密度，平均分子量，苯胺点，黏度，闪点、燃点和自燃点，残炭等。

② 油品蒸发性能的测定：馏程，饱和蒸气压，汽油的气液比等。

③ 油品低温流动性能的测定：浊点、结晶点和冰点、倾点、凝点和冷滤点等。

④ 油品燃烧性能的测定：抗爆性、燃烧性能等。

⑤ 油品腐蚀性能的测定：水溶性酸、碱的测定，酸度、酸值的测定，硫含量的测定，金属腐蚀性能测定等。

⑥ 油品安定性的测定：安定性、碘值、溴值及溴指数等。

⑦ 油品电性能的测定。

⑧ 油品杂质的测定：水分、灰分、机械杂质等。

上述项目中，通常测定的主要项目有馏程或沸点、凝固点、闪点或燃点、密度、黏度，以及水分、酸值、机械杂质等。此外，还有许多专门测定项目，如饱和蒸气压、碘值、氧化安定性、腐蚀试验、针入度等。不同石油产品的检验项目有所差异。例如，汽油的检验项目有辛烷值、四乙基铅含量、馏程、硫含量、酸值、机械杂质、水分等。润滑油的检验项目有运动黏度、闪点、凝固点、残炭、灰分、机械杂质、水分等。

1.1.4.3　石油产品的主要检验项目及原理

（1）馏程

石油产品馏程测定，采用恩氏蒸馏测定，将 100mL 试样在规定的试验条件下，按产品性质不同，控制不同的蒸馏操作升温速度，确定其馏出温度与馏出物体积百分数之间的关系。

石油产品中的烃类并不是按各自沸点逐一蒸出，而是以连续增高沸点的混合物的形式蒸出。仅能粗略地判断油品的轻重及使用性质。

石油产品馏程测定对原油加工过程中控制蒸馏装置的操作情况（如温度、压力、塔内液面、水及蒸汽用量等条件）起着指导作用。此外，每种石油产品定量馏程的质量指标也都有其要求。例如，灯用煤油的馏程控制达到照明光度高，火焰均匀，灯芯结灯花少，耗油量少的质量要求。车用汽油对馏程控制要求：保证能够充分燃烧，使发动机在冬季易于启动，输油管在夏季不形成气阻。所以馏程是石油产品的一项重要质量指标，对评定石油产品特别是轻质石油产品的使用性质、控制产品质量和检查操作条件等都有重要的实际意义。

（2）石油产品黏度

石油产品的黏度可分为动力黏度、运动黏度和条件黏度。

温度对油品黏度影响很大。温度升高，所有石油馏分的黏度都减小，最终趋近一个极限值，各种油品的极限黏度都非常接近；反之，温度降低时，油品黏度都增大。因此，测定油品黏度时要保持恒温，否则，极小的温度波动，也会使黏度测定结果产生较大的误差。

黏度是润滑油的主要质量指标，是润滑油分类的依据。黏度对发动机的启动性能、磨损程度、功率损失和工作效率等都有直接的影响。黏度增大，润滑油的流动性变差，会降低发动机的功率，增大燃料消耗，甚至造成启动困难。润滑油黏度过小，则会降低油膜支撑能力，使发动机的摩擦面之间不能保持连续的润滑层，增大磨损，降低其使用寿命。黏度对喷气发动机燃料及柴油机燃料的雾化程度影响很大，所以黏度是这类燃料的重要质量指标之一。

（3）石油产品闪点与燃点

闪点：是石油产品在规定条件下受热后，所产生的蒸气和周围空气的混合物，接近火焰而能发生闪火现象时的最低温度。闪点是评价石油产品蒸发倾向和衡量油品在贮存、运输和使用过程中安全程度的指标。闪点越低，越容易发生爆炸和火灾事故。

项目 1 工业分析

燃点：是在测定油品开口杯闪点后继续提高温度，在规定条件下可燃混合气能被外部火焰引燃，能发生持续 5s 以上的燃烧现象时的最低温度。相同试验条件下，同一液体的燃点高于其闪点。当油品加热到很高的温度后，再使之与空气接触，无需引燃，油品即可因剧烈氧化而产生火焰自行燃烧，这就是油品的自燃现象。

石油产品的闪点和燃点，与本身化学组成、馏程和大气压力有关。含烷烃较多的油品闪点较高，含环烷烃和芳香烃较多的油品闪点较低。油品的沸点越低，馏分越轻，相对分子质量越小，越易挥发，其闪点和燃点越低。

从油品的闪点可以判断其馏分组成的轻重，由此确定工艺过程。它的高低对评定润滑油的质量具有重要意义。并且，实际生产中油品的危险等级是根据闪点来划分的，闪点在 45℃ 以下的油品称为易燃品，闪点在 45℃ 以上的油品称为可燃品。

由于使用石油产品时，有暴露状态和封闭状态之分，因而闪点的测定方法也分为开口杯法和闭口杯法两种。测定燃点为开口杯法。同一油品开口杯法闪点要比闭口杯法闪点测定结果高 10 ～ 30℃。这是由于用开口杯法测定时，试油中的一部分随着加热变成蒸气挥发损失，因而闪点比较高。

（4）石油产品腐蚀性能

石油产品水溶性酸或碱，是指在石油加工或贮运过程中混入石油产品中的可溶于水的酸性或碱性物质。

① 酸度、酸值的测定。石油产品的酸度、酸值都是其腐蚀性能和使用性能的主要控制指标。中和 100mL 石油产品中的酸性物质所需氢氧化钾的质量（mg），称为酸度；中和 1g 石油产品中的酸性物质所需氢氧化钾的质量（mg），称为酸值。可用指示剂或电位法确定滴定终点。

② 硫含量的测定。石油及石油产品中硫的存在形式有元素硫、硫化氢、硫醇、硫醚、硫（杂）茂、二氧化硫、磺酸盐酯、硫酸盐酯等。硫的存在给石油加工、产品质量、油品贮存及产品的使用带来极大的危害，会严重腐蚀金属设备，影响产品质量并造成环境污染。

轻质石油产品中硫含量的测定，常用燃灯法、电量法；深色（重质）石油产品中硫含量的测定，常用管式炉法、氧弹法。

③ 油品的金属腐蚀性测定。金属腐蚀性试验是一种定性测定油品腐蚀性的方法。将金属试片悬挂于试样中，在一定温度条件下持续一段时间，根据金属试片的颜色变化评定油品有无腐蚀性。该法用以判断馏分油或其他石油产品在炼制过程中或其他使用环境下对机械、设备等的腐蚀程度。

1.1.5 汽油及其质量标准

（1）汽油组成

汽油是产量最多，应用最广的石油产品。汽油外观为透明液体，主要是由 $C_4 \sim C_{10}$ 各族烃类组成，其沸点范围为 30 ～ 205℃，可含有适当添加剂的精制石油馏分。

（2）汽油用途

汽油主要用作汽油机燃料，如摩托车、轻型汽车、快艇、小型发电机及活塞式发动机、飞机等。

笔记

（3）汽油种类

我国汽油按组成和用途不同分为车用汽油、车用乙醇汽油和航空汽油三种。根据生产过程可分为直馏汽油、热裂化汽油、催化裂化汽油、重整汽油、焦化汽油、叠合汽油、加氢裂化汽油、裂解汽油和烷基化汽油、合成汽油等。

（4）汽油生产方法

汽油一般由石油分馏或重质馏分裂化制得。原油经过蒸馏、催化裂化、热裂化、加氢裂化、催化重整等过程都产生汽油组分。但从原油蒸馏装置直接生产的直馏汽油，由于辛烷值太低，不能单独作为发动机燃料，而是将其精制、调配，有时还加入添加剂（如抗爆剂甲基环戊二烯三羰基锰即 MMT）以制得商品汽油。

（5）汽油技术指标和牌号划分

汽油是由三百多个烃类化合物和添加剂组成的混合物，汽油的质量由其综合性质决定。通过检验汽油的抗爆性、蒸发性、安定性、腐蚀性衡量汽油质量是否合格。车用汽油和车用乙醇汽油的质量通过汽油技术指标来控制。根据 GB 17930—2016，车用汽油（Ⅴ）及以上等级车用汽油按研究法辛烷值划分为 89 号、92 号、95 号和 98 号四个牌号。根据 GB 18351—2017，车用乙醇汽油（E10）按研究法辛烷值划分为 89 号、92 号、95 号和 98 号四个牌号。

目前，我国车用汽油的国家标准有 GB 17930—2016《车用汽油》和 GB 18351—2017《车用乙醇汽油（E10）》。

① 车用汽油标准。车用汽油技术要求见表1-9，此处只列出车用汽油（Ⅴ）的技术指标，其他车用汽油规格和标准略。

表1-9　车用汽油（Ⅴ）的技术要求和试验方法

项目		质量指标			试验方法
		89	**92**	**95**	
抗爆性： 研究法辛烷值（RON）　　不小于 抗爆指数（RON+MON）/2 不小于		89 84	92 87	95 90	GB/T 5487 GB/T 503、GB/T 5487
铅含量 a/（g/L）　不大于		0.005			GB/T 8020
馏程： 10% 蒸发温度 /℃ 50% 蒸发温度 /℃ 90% 蒸发温度 /℃ 终馏点 /℃ 残留量（体积分数）/%	不高于 不高于 不高于 不高于 不大于	70 120 190 205 2			GB/T 6536
蒸气压 b/kPa： 11 月 1 日～4 月 30 日 5 月 1 日～ 10 月 31 日		45 ～ 85 40 ～ 65c			GB/T 8017
胶质含量 /（mg/100mL）： 未洗胶质含量（加入洁净剂前） 溶剂洗胶质含量	不大于 不大于	30 5			GB/T 8019
诱导期 /min　　　　　　 不小于		480			GB/T 8018
硫含量 d/（mg/kg）　　 不大于		10			SH/T 0689
硫醇（博士试验）		通过			NB/SH/T 0174

项目 1　工业分析

续表

项目		质量指标			试验方法
		89	92	95	
铜片腐蚀（50℃，3 h）/ 级	不大于	1			GB/T 5096
水溶性酸或碱		无			GB/T 259
机械杂质及水分		无			目测 e
苯含量 f（体积分数）/%	不大于	1.0			SH/T 0713
芳烃含量 g（体积分数）/%	不大于	40			GH/T 11132
烯烃含量 g（体积分数）/%	不大于	24			GB/T 11132
氧含量 h（质量分数）/%	不大于	2.7			NB/SH/T 0663
甲醇含量 a（质量分数）/%	不大于	0.3			NB/SH/T 0663
锰含量 a/（g/L）	不大于	0.002			SH/T 0711
铁含量 a/（g/L）	不大于	0.01			SH/T 0712
密度 i（20℃）/（kg/m³）		720～775			GB/T 1884、GB/T 1885

a 车用汽油中，不得人为加入甲醇以及含铅、含铁和含锰的添加剂。

b 也可采用 SH/T 0794 进行测定，在有异议时，以 GH/T 8017 方法为准。换季时，加油站允许有 15 天的置换期。

c 广东、海南全年执行此项要求。

d 也可采用 GB/T 11140，SH/T 0253，ASTM D7039 进行测定，在有异议时，以 SH/T 0689 方法为准。

e 将试样注入 100mL 玻璃量筒中观察，应当透明，没有悬浮和沉降的机械杂质和水分。在有异议时，以 GB/T 511 和 GB/T 260 方法为准。

f 也可采用 GB/T 28768、GB/T 30519 和 SH/T 0693 进行测定，在有异议时，以 SH/T 0713 方法为准。

g 对于 95 号车用汽油，在烯烃、芳烃总含量控制不变的前提下，可允许芳烃的最大值为 42%（体积分数）。也可采用 GB/T 28768、GB/T 30519、NB/SH/T 0741 进行测定，在有异议时，以 GB/T 11132 方法为准。

h 也可采用 SH/T 0720 进行测定，在有异议时，以 NB/SH/T 0663 方法为准。

i 也可采用 SH/T 0604 进行测定，在有异议时，以 GB/T 1884、GB/T 1885 方法为准。

② 车用乙醇汽油标准。车用乙醇汽油（E10）是在不添加含氧化合物的车用乙醇汽油调和组分油中，加入符合 GB 18350 的变性燃料乙醇［加入量（体积分数）为 10.0%±2.0%］及改善性能添加剂。车用乙醇汽油（E10）技术要求见 GB 18351—2017《车用乙醇汽油（E10）》（Ⅴ）技术要求和试验方法。

1.1.6　我国技术标准

我国现行技术标准种类繁多，数量很大。按标准内容可分为基础标准（如术语、符号、命名等）；产品标准（产品规格、质量、性能等）；方法标准（工艺方法、分析检验方法等）。

（1）石油产品标准和石油产品检验标准

石油产品标准是将石油产品质量规格按其性能和使用要求规定的主要指标。包括产品分类、分组、命名、代号、品种（牌号）、规格、技术要求、质量检验方法、检验规则、产品包装、产品标志、运输、贮存、交货和验收等内容。表 1-10 中列举

035

了部分石油产品标准。

表1-10 石油产品标准示例

标准号	石油产品	标准号	石油产品
GB 17930—2016	车用汽油	GB 1788—1979	2号喷气燃料
GB 18351—2017	车用乙醇汽油（E10）	GB 6537—2018	3号喷气燃料
GB 35739—2018	车用乙醇汽油E85	GB/T 494—2010	建筑石油沥青
GB 19147—2016	车用柴油	NB/SH/T 0522—2010	道路石油沥青
GB 11121—2006	汽油机油	GB/T 38075—2019	硬质道路石油沥青

石油产品检验标准根据标准适应领域和有效范围不同，分为国际标准、地区标准、国家标准、行业标准、地方标准、企业标准六类。表1-11列举部分石油产品检验标准。

表1-11 部分石油产品检验标准

标准号	标准名称
ASTM D5917—2015	《单环芳烃中测量杂质的气相色谱标准试验方法》
EN 12177—1998	《液体石油制品 无铅汽油 用气体色谱法测定苯含量》
GB/T 3535—2006	《石油产品倾点测定法》
NB/SH/T 0248—2019	《柴油和民用取暖油冷滤点测定法》
DB44/T 934—2011	《车用汽油中芳烃和烯烃含量的测定 傅里叶变换中红外光谱法》
Q/SY 1779—2016	《车用柴油内控指标》

（2）标准分级和代码

我国石油产品和检验标准分为四级即国家标准、行业标准、地方标准和企业标准等。前三级又分为推荐性标准和强制性标准。推荐性标准是鼓励企业自愿采用的标准，但一般也都按该标准执行。出口产品，可按合同约定执行；强制性标准是必须执行的标准，不符合标准的产品禁止生产、销售和进口。

标准编号中用汉语拼音表示标准等级，编号例如：

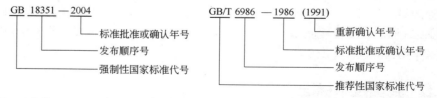

① 国家标准。国家标准是为了在全国范围内统一技术要求而制定的。强制性国家标准的代号为汉语拼音字母GB；推荐性国家标准的代号为GB/T。

② 行业标准。对于没有国家标准而又需要在全国某个行业范围内统一的技术要求所制定的标准即为行业标准。化工行业标准代号为汉语拼音字母"HG"，石油化工行业标准代号为"SH"等。例如，SH/T 1745—2004《工业用异丙苯纯度及杂质的测定 气相色谱法》，表示该标准是2004年石油化工行业主管部门发布的工业用异丙苯纯度及杂质的测定推荐性行业标准。

③ 地方标准。对于没有国家标准和行业标准而又需要在省、自治区、直辖市范

项目 1　工业分析

围内统一要求所制定的标准，为地方标准。标准的代号由汉语拼音字母"DB"加上省、自治区、直辖市行政区划代码前两位数字组成，加斜线再加"T"则为推荐性地方标准代号。例如，吉林省代号为22000，吉林省强制性地方标准代号为DB 22，推荐性标准代号为DBT 22。

④ 企业标准。由企业制定，标准的代号为汉语拼音字母"QB"，加斜线再加企业代号组成。企业代号可用汉语拼音字母或阿拉伯数字或两者兼用组成。例如，Q/SY JH C 103001—2007《工业乙醛》，是由中国石油天然气股份有限公司吉林石化分公司发布的工业乙醛产品标准。

任务 1.2
工业硫酸锌主含量分析

1.2.1　产品概述和等级标准

（1）性状

硫酸锌（$ZnSO_4$），无色斜方晶体、颗粒或粉末，无气味，味涩，易溶于水。

硫酸锌有七水硫酸锌和一水硫酸锌之分。七水硫酸锌又叫锌矾、皓矾或白矾。其分子式为$ZnSO_4 \cdot 7H_2O$，相对分子质量为287.56，是一种无色正交晶体，为针状结晶或粉状结晶，相对密度为1.957，熔点100℃。它有收敛性，在干燥空气中逐渐风化，加热到39℃失去一个结晶水，到100℃失去六个结晶水，在280℃失去七个结晶水而变成无水物，在767℃会分解为ZnO和SO_3。它易溶于水，微溶于乙醇和甘油，能与碱作用，生成氢氧化锌，其反应式如下：

$$ZnSO_4 + 2NaOH =\!=\!= Na_2SO_4 + Zn(OH)_2 \downarrow$$

一水硫酸锌的分子式为$ZnSO_4 \cdot H_2O$，相对分子质量为179.47，为白色流动性粉末，相对密度为3.31，在空气中极易潮解，易溶于水，微溶于醇，不溶于丙酮，也能与碱作用生成氢氧化锌。

（2）主要用途

硫酸锌是一种重要的化工原料，是无机盐的一种老产品，是化学工业生产锌盐的一种原料，可生产氰化锌、萘酸锌、碳酸锌等，又是生产黏胶纤维和维尼纶纤维工业的重要辅助原料；农业上用作杀菌剂和微肥；木材上用于防火、防腐等。

七水硫酸锌主要用作印染媒染剂，木材防腐剂、保存剂，皮革保存剂，鞣酸固定剂、消毒剂，造纸工业漂白剂，动物胶澄清剂及保存剂，医药催吐剂、收敛剂，用于黏胶纤维和维尼纶纤维等的辅助原料，用于电解工业、电缆工业和电镀工业，也用于制造锌肥和农药、化学试剂、立德粉、各种锌盐等。

一水硫酸锌用于制造人造纤维，印染的媒染剂，木材、皮革的保存剂，骨胶澄清剂及保存剂，医药收敛剂、催吐剂，制造铁氧体、农业锌肥和农药，用于电解纯锌、电缆、电镀，制味精、化学试剂，还用于生产立德粉和其他锌盐，近几年来还广泛地应用于禽畜饲料添加剂。美国还大量用作动物的沐浴剂，利用硫酸锌的收敛

笔记

分析检验应用技术

笔记

性，可有效防止动物皮肤病，改善毛皮质量。

（3）技术标准

HG/T 2326—2015《工业硫酸锌》标准，规定了工业硫酸锌的质量标准，应符合表 1-12 技术要求。

表1-12　工业硫酸锌技术要求

项　目		指　标					
		Ⅰ类			Ⅱ类		
		优等品	一等品	合格品	优等品	一等品	合格品
主含量	（以 Zn 计）ω/% ≥	35.70	35.34	34.61	22.51	22.06	20.92
	（以 $ZnSO_4 \cdot H_2O$ 计）ω/% ≥	98.0	97.0	95.0	—	—	—
	（以 $ZnSO_4 \cdot 7H_2O$ 计）ω/% ≥	—	—	—	99.0	97.0	92.0
不溶物 ω/% ≤		0.020	0.050	0.10	0.020	0.050	0.10
pH 值（50g/L 溶液）≥		4.0	4.0		3.0	3.0	
氯化物（以 Cl 计）ω/% ≤		0.20	0.60		0.20	0.60	
铅（Pb）ω/% ≤		0.001	0.005	0.010	0.001	0.005	0.010
铁（Fe）ω/% ≤		0.005	0.010	0.050	0.002	0.010	0.050
锰（Mn）ω/% ≤		0.01	0.03	0.05	0.005	0.05	
镉（Cd）ω/% ≤		0.001	0.005	0.010	0.001	0.005	0.010
铬（Cr）ω/% ≤		0.0005	—	—	0.0005	—	—

1.2.2　检验操作规程

（1）原理

在硫酸锌溶液中，加入氟化铵和碘化钾消除铜、铁等杂质的干扰，在 pH 约为 5.5 条件下，以二甲酚橙为指示剂，用乙二胺四乙酸二钠标准滴定溶液滴定。

（2）仪器与试剂

①碘化钾；

②氟化铵溶液（200g/L）；

③硫酸溶液（1+1）；

④二甲酚橙指示液（2g/L）；

⑤乙酸 - 乙酸钠缓冲溶液（pH 约为 5.5）：称取 200g 乙酸钠，溶于水，加 10mL 冰醋酸，稀释至 1000mL；

⑥乙二胺四乙酸二钠标准滴定溶液：c(EDTA) 约 0.05mol/L。

（3）分析步骤

称取适量试样（Ⅰ类约 3g，Ⅱ类约 5g），精确至 0.2mg 置于 250mL 烧杯中，滴加 10 滴硫酸溶液，加水溶解，全部转移至 250mL 容量瓶中，用水稀释至刻度，摇匀。

用移液管移取 25mL 上述试验溶液，置于 250mL 锥形瓶中，加 50mL 水、10mL 氟化铵溶液、0.5g 碘化钾，混匀后加入 15mL 乙酸 - 乙酸钠缓冲溶液、3 滴二甲酚橙

038

项目 1　工业分析

指示液，用乙二胺四乙酸二钠标准滴定溶液滴定至溶液由红色变为亮黄色即为终点。同时做空白试验。

1.2.3　数据记录和处理

（1）EDTA 溶液的标定

EDTA 溶液的配制与标定记录见表 1-13。

表1-13　EDTA溶液配制与标定记录表

项目	1	2	3	4
称量的 m（ZnO）/g				
氧化锌溶液浓度 /（mol/L）				
V（EDTA）/mL				
$V_{空白}$（EDTA）/mL				
体积校正 /mL				
温度校正 /mL				
$V_{校正}$（EDTA）/mL				
c（EDTA）/（mol/L）				
EDTA 平均浓度 /（mol/L）				
相对极差 /%				

EDTA 浓度结果计算公式如下：

$$V_{校正}（EDTA）= V（EDTA）+体积校正+温度校正 \qquad （1\text{-}25）$$

$$c(\text{EDTA}) = \frac{m(\text{ZnO}) \times 1000}{[V_{校正}(\text{EDTA}) - V_{空白}(\text{EDTA})]M(\text{ZnO})} \qquad （1\text{-}26）$$

式中　$V_{校正}$（EDTA）——校正后的滴定消耗 EDTA 标准溶液体积，mL；

V（EDTA）——滴定消耗的 EDTA 标准溶液体积，mL；

体积校正——根据滴定管校正曲线，查得滴定消耗体积所对应的体积校正值，mL；

温度校正——将滴定温度 t℃下的消耗体积换算为 20℃时的校正值，mL；

c（EDTA）——EDTA 标准溶液的浓度，mol/L；

m（ZnO）——称量基准物质 ZnO 的质量，g；

M（ZnO）——基准物质 ZnO 的摩尔质量，81.38g/mol；

$V_{空白}$（EDTA）——空白试验滴定消耗 EDTA 标准溶液的体积，mL。

式中，温度校正 $= \dfrac{查得 t℃的1000mL溶液的补正值}{1000} \times（滴定消耗体积+体积校正）$。

体积校正值和温度校正值都取小数点后两位。

（2）工业硫酸锌中主含量的测定

工业硫酸锌中主含量测定记录见表 1-14。

分析检验应用技术

表1-14　主含量的测定记录表

项目	1	2	备用
称量的 $m_{样品}$/g			
滴定消耗 V（EDTA）/mL			
体积校正 /mL			
温度校正 /mL			
校正后 V（EDTA）/mL			
$V_{空白}$（EDTA）/mL			
ω_1（Zn）/ %			
平均 ω_1（Zn）/ %			
相对平均偏差 / %			

Zn 含量按下式计算：

$$\omega_1\left(\%\right)=\frac{c\left(V-V_0\right)M\times10^{-3}}{m\times25/250}\times100=\frac{c\left(V-V_0\right)M}{m} \tag{1-27}$$

式中　V——滴定消耗 EDTA 标准滴定溶液的校正后体积，mL；

　　　V_0——空白试验中消耗 EDTA 标准滴定溶液的体积，mL；

　　　c——EDTA 标准滴定溶液的浓度，mol/L；

　　　m——试料的质量，g；

　　　M——锌（Zn）的摩尔质量，g/mol。

注意测定的允许差：取平行测定结果的算术平均值为测定结果，两次平行测定结果的绝对差值 $\Delta\omega_1$ 不大于允许差 0.15%。

1.2.4　注意事项

① 实验中注意玻璃仪器的正确使用，以防仪器破损。

② 酸碱溶液使用时应在通风橱中操作，电炉加热时以防烫伤。

任务 1.3
水泥中SiO₂、FeO、CaO分析

1.3.1　产品概述和等级标准

通用硅酸盐水泥，是以硅酸盐水泥熟料和适量的石膏及规定的混合材料制成的水硬性胶凝材料。按混合材料的品种和掺量，分为硅酸盐水泥、普通硅酸盐水泥、矿渣硅酸盐水泥、火山灰质硅酸盐水泥、粉煤灰硅酸盐水泥和复合硅酸盐水泥。

① 硅酸盐水泥：凡由硅酸盐水泥熟料、0～5% 石灰石或粒化高炉矿渣、适量

040

项目 1　工业分析

石膏磨细制成的水硬性胶凝材料，称为硅酸盐水泥（即国外通称的波特兰水泥）。分两类：不掺加混合材料的称 I 类硅酸盐水泥，代号 P.I。在硅酸盐水泥粉磨时掺加不超过水泥质量 5% 石灰石或粒化高炉矿渣混合材料的称 II 型硅酸盐水泥，代号 P. II。

② 普通硅酸盐水泥：凡由硅酸盐水泥熟料、6% ～ 15% 混合材料、适量石膏磨细制成的水硬性胶凝材料，称为普通硅酸盐水泥（简称普通水泥），代号 P.O。

其他硅酸盐水泥的分类和代号，详见 GB 175—2007《通用硅酸盐水泥》。

硅酸盐是由二氧化硅和金属氧化物所形成的盐类，是硅酸中的氢被 Al、Fe、Ca、Mg、K、Na 及其它金属离子取代而形成的盐。硅酸是 SiO_2 的水合物，它有多种组成，如偏硅酸 H_2SiO_3、正硅酸 H_4SiO_4、焦硅酸 $H_6Si_2O_7$ 等，可用 $xSiO_2 \cdot yH_2O$ 表示，习惯上常用简单的偏硅酸表示硅酸。因为 x、y 的比例不同，取代的金属离子不同，而形成元素不同，含量也有很大差异，所以有多种硅酸盐。硅酸盐在自然界的分布很广，种类繁多，硅酸盐约占地壳组成的 3/4，是构成地壳、岩石、土壤和许多矿物的主要成分。硅酸盐分析主要是对其中的二氧化硅和金属氧化物的分析。

1.3.1.1　硅酸盐的种类、组成和分析意义

（1）硅酸盐的种类

硅酸盐可分为天然硅酸盐和人造硅酸盐。天然硅酸盐包括硅酸盐岩石和硅酸盐矿物等，在自然界分布较广，占地壳质量的 85% 以上。在工业上常见的有云母、长石、石棉、滑石、黏土和石英等。此外，几乎所有矿石中都含有硅酸盐杂质。人造硅酸盐是以天然硅酸盐为原料，经加工而制得的工业产品，例如水泥、玻璃、陶瓷、水玻璃和耐火材料等。硅酸盐不仅种类繁多，根据其生成条件的不同，其化学成分也各不相同。元素周期表中的大部分天然元素都可能存在于硅酸盐岩石中。在硅酸盐中 SiO_2 是其主要组成成分。在地质上通常根据 SiO_2 含量的大小，将硅酸盐划分为五种类型，即超基性岩［$\omega(SiO_2) < 38\%$］、基性岩［$38\% \leqslant \omega(SiO_2) \leqslant 55\%$］、中性岩［$55\% < \omega(SiO_2) < 65\%$］、酸性岩［$65\% \leqslant \omega(SiO_2) \leqslant 78\%$］和超酸性岩［$\omega(SiO_2) > 78\%$］。

（2）硅酸盐的组成

因硅酸盐的组成复杂，故常用硅酸酐（SiO_2）和构成硅酸盐的所有金属氧化物的化学式表示硅酸盐的组成，例如

正长石	$K_2Al_2Si_6O_{16}$	$K_2O \cdot Al_2O_3 \cdot 6SiO_2$
白云母	$H_4K_2Al_6Si_6O_{24}$	$K_2O \cdot 3Al_2O_3 \cdot 6SiO_2 \cdot 2H_2O$
石棉	$CaMg_3Si_4O_{12}$	$CaO \cdot 3MgO \cdot 4SiO_2$
水泥	$2CaO \cdot SiO_2 + 3CaO \cdot SiO_2 + 3CaO \cdot Al_2O_3 + 4CaO \cdot Al_2O_3 \cdot Fe_2O_3$	

（3）硅酸盐的分析意义

硅酸盐分析是分析化学在硅酸盐生产中的应用，主要研究硅酸盐生产中的原料、材料、成品、半成品的组成的分析方法及其原理。

工业分析工作者对岩石、矿物、硅酸盐产品中主要成分进行系统的全面测定，称为全分析。在地质学中，根据全分析结果可以了解岩石的成分变化、元素在地壳内的迁移情况和变化规律，阐明岩石成因，指导地质普查勘探工作。在工业建设方

分析检验应用技术

📝 笔记

面，许多岩石和矿物本身就是工业、国防上的重要材料和原料，工业生产中许多元素如锂、铍、硼、铷、铯、锆等主要取自硅酸盐岩石。工业生产过程中常常对硅酸盐生产中的原料、成品、半成品和废渣等进行分析，以指导、监控生产工艺过程和鉴定产品质量。

1.3.1.2 硅酸盐的分析项目

硅酸盐的分析项目是由硅酸盐的成分和生产工艺的要求决定的，一般分析项目有 SiO_2、Al_2O_3、Fe_2O_3、TiO_2、CaO、MgO、Na_2O、K_2O、MnO、P_2O_5、水分、烧失量等。

硅酸盐分析常用的分析方法有重量分析法、容量分析法和仪器分析法。GB 175—2007《通用硅酸盐水泥》中相关技术要求，见表1-15。

表1-15 硅酸盐水泥技术要求（部分） 单位：%

品种	代号	不溶物（质量分数）	烧失量（质量分数）	三氧化硫（质量分数）	氧化镁（质量分数）	氯离子（质量分数）
硅酸盐水泥	P.I	≤ 0.75	≤ 3.0	≤ 3.5	≤ 5.0	≤ 0.06
	P.II	≤ 1.50	≤ 3.5			
普通硅酸盐水泥	P.O	—	≤ 5.0			

硅酸盐水泥的化学分析方法，见 GB/T 176—2017。硅酸盐全分析的结果，要求各项的质量分数总和应在（100±0.5）%，一般不应超过（100±1）%。如果偏离较多，则表明有某种主要成分未被测定或存在较大偏差因素，应从主要成分的含量测定查找原因。也可能是在加和总结果时将某些成分的结果重复相加。

1.3.2 检验操作规程和数据处理（测定部分指标）

1.3.2.1 硅酸盐水泥中二氧化硅含量测定（氟硅酸钾容量法）

（1）原理

在强酸性介质中，有氟化钾、氯化钾的存在下，可溶性硅酸与 F^- 作用，能定量地生成氟硅酸钾沉淀。该沉淀在沸水中水解生成的氢氟酸，可用氢氧化钠标准滴定溶液滴定，间接计算试样中二氧化硅的含量。

（2）仪器和试剂

① 盐酸溶液（1+5）；

② 硝酸，$\rho=1.40$；

③ 氟化钾溶液，150g/L；

④ 氯化钾溶液，50g/L；

⑤ 氯化钾-乙醇溶液，50g/L；

⑥ 酚酞指示剂溶液，10g/L，将 1g 酚酞溶于 100mL 乙醇中；

⑦ 氢氧化钠标准滴定溶液，c（NaOH）=0.15mol/L。

（3）分析步骤

称取约 0.5g 试样（精确至 0.0001g），置于铂坩埚中，加入 6～7g 氢氧化钠，

项目 1　工业分析

在 650 ～ 700℃高温下熔融 20min，取出冷却。将坩埚放入盛有 100mL 近沸水的烧杯中，盖上表面皿，于电热板上适当加热，待熔块完全浸出后，取出坩埚，用水洗涤坩埚及坩埚盖，在搅拌下一次加入 25 ～ 30mL 盐酸，再加入 1mL 硝酸，用热盐酸溶液洗涤坩埚及坩埚盖，将溶液加热至沸，冷却，然后移入 250mL 容量瓶中，用水定容。此溶液可供测定二氧化硅、三氧化二铁、氧化铝、氧化钙、氧化镁用。

吸取上述试样溶液 50.00mL，置于 200 ～ 300mL 塑料烧杯中，加入 10 ～ 15mL 硝酸，搅拌，冷却至 30℃以下，加入氯化钾，仔细搅拌至饱和并有少量氯化钾析出，再加 2g 氯化钾及 150g/L 的氟化钾溶液 10mL，仔细搅拌（如氯化钾析出量不够，应再补充加入），放置 15 ～ 20min。用中速滤纸过滤，用氯化钾溶液洗涤塑料烧杯及沉淀 3 次。

将滤纸连同沉淀转入原塑料烧杯中，沿杯壁加入 10mL 30℃以下的氯化钾 - 乙醇溶液及 1mL 酚酞指示剂，用氢氧化钠标准滴定溶液中和未洗尽的酸，仔细搅动滤纸并以之擦洗烧杯壁直至溶液呈红色。加入 200mL 沸水，用氢氧化钠标准滴定溶液滴定至微红色即为终点。同样做空白试验。

（4）数据记录和处理

① 氢氧化钠标准滴定溶液的标定见表 1-16。

表1-16　氢氧化钠标准滴定溶液的标定

项目	1	2	3	4
称量的 m（$KHC_8H_4O_4$）/g				
V（NaOH）/mL				
体积校正 /mL				
温度校正 /mL				
$V_{校正}$（NaOH）/mL				
V_0/mL				
c（NaOH）/（mol/L）				
平均 c（NaOH）/（mol/L）				
相对极差 /%				

氢氧化钠标准滴定溶液的浓度计算公式如下：

$$c(\text{NaOH}) = \frac{m(\text{KHC}_8\text{H}_4\text{O}_4)}{[V(\text{NaOH}) - V_0] \times 10^{-3} \, M(\text{KHC}_8\text{H}_4\text{O}_4)} \qquad (1\text{-}28)$$

式中　c（NaOH）——NaOH 标准滴定溶液的浓度，mol/L；

　m（$KHC_8H_4O_4$）——邻苯二甲酸氢钾的质量，g；

　M（$KHC_8H_4O_4$）——邻苯二甲酸氢钾的摩尔质量，g/mol；

　V（NaOH）——滴定时消耗 NaOH 标准溶液的体积校正后数值，mL；

　V_0——空白试验中滴定消耗 NaOH 标准溶液的体积，mL。

② 二氧化硅含量的测定见表 1-17。

043

分析检验应用技术

笔记

表1-17 二氧化硅含量的测定记录表

项目	1	2	备用
称量的 $m_{样品}$/g			
样品溶液定容体积 /mL			
样品溶液取用体积 /mL			
滴定消耗 V（NaOH）/mL			
体积校正 /mL			
温度校正 /mL			
校正后 $V_{校}$（NaOH）/mL			
V_0/mL			
ω（SiO$_2$）/ %			
平均 ω（SiO$_2$）/ %			
相对平均偏差 / %			

二氧化硅含量 ω（SiO$_2$）计算公式：

$$\omega(SiO_2)=\frac{c(V-V_0)\times10^{-3}\times60.08}{m\times\dfrac{50}{250}\times4}\times100\%$$

（1-29）

式中　V——滴定中消耗 NaOH 标准滴定溶液的体积，mL；

V_0——空白试验中消耗 NaOH 标准滴定溶液的体积，mL；

c——NaOH 标准滴定溶液的浓度，mol/L；

m——试料的质量，g；

60.08——二氧化硅（SiO$_2$）的摩尔质量，g/mol。

1.3.2.2　硅酸盐水泥中铁、钙含量测定（EDTA 滴定法）

（1）原理

在酸性介质中，Fe^{3+} 能与 EDTA 形成稳定的配合物。控制溶液 pH=1.8 ～ 2.5，以磺基水杨酸钠为指示剂，用 EDTA 标准滴定溶液直接滴定测定溶液中的 Fe^{3+}。

在 pH ＞ 13 的强碱性溶液中，以三乙醇胺为掩蔽剂，钙黄绿素-甲基百里香酚蓝-酚酞（CMP）为混合指示剂，用 EDTA 标准滴定溶液滴定测定 Ca^{2+}。

（2）仪器和试剂

① 氨水溶液（1+1）。

② 盐酸溶液（1+1）。

③ 氢氧化钾溶液，200g/L。

④ 磺基水杨酸钠指示剂溶液，100g/L。

⑤ EDTA 标准滴定溶液，c（EDTA）=0.015mol/L。

⑥ 三乙醇胺（1+2）。

⑦ 氢氧化钾溶液，200g/L。

项目 1　工业分析

⑧ 氨 - 氯化铵缓冲溶液，pH=10。

⑨ 钙黄绿素 - 甲基百里香酚蓝 - 酚酞混合指示剂。

（3）分析步骤

吸取试样溶液 25.00mL 置于 300mL 烧杯中，加水稀释至约 1000mL，用氨水或盐酸调节溶液 pH 为 1.8 ～ 2.0（用精密 pH 试纸检验）。将溶液加热至约 70℃，加 10 滴磺基水杨酸钠指示剂，用 EDTA 标准滴定溶液缓慢滴定至亮黄色即为终点（终点时溶液温度应不低于 60℃）。消耗 EDTA 标准滴定溶液体积记录为 V。

吸取试样溶液 25.00mL 置于 300mL 烧杯中，加水稀释至约 200mL，加 5mL 三乙醇胺及少许钙黄绿素 - 甲基百里香酚蓝 - 酚酞混合指示剂，在搅拌下加入氢氧化钾溶液，至出现绿色荧光后再过量 5 ～ 8mL，此时溶液 pH > 13。用 EDTA 标准滴定溶液滴定至绿色荧光消失并呈现红色，消耗 EDTA 标准滴定溶液体积记录为 V_1。

（4）数据记录和处理

① EDTA 标准滴定溶液的标定见表 1-18。

表1-18　EDTA标准滴定溶液配制与标定记录表

项目	1	2	3	4
称量的 m（ZnO）/g				
氧化锌浓度 c（Zn^{2+}）/（mol/L）				
V（EDTA）/mL				
体积校正 /mL				
温度校正 /mL				
$V_{校正}$（EDTA）/mL				
V_0/mL				
c（EDTA）/（mol/L）				
EDTA 平均浓度 /（mol/L）				
相对极差 /%				

EDTA 浓度标定的计算公式如下：

$$c(\text{Zn}^{2+}) = \frac{m(\text{ZnO})}{M(\text{ZnO}) \times 250 \times 10^{-3}}$$ （1-30）

$$c(\text{EDTA}) = \frac{c(\text{Zn}^{2+})V(\text{Zn}^{2+})}{[V_{校正}(\text{EDTA}) - V_0]}$$ （1-31）

式中　c（Zn^{2+}）——Zn^{2+} 标准溶液的浓度，mol/L；

m（ZnO）——基准物质 ZnO 的质量，g；

M（ZnO）——基准物质 ZnO 的摩尔质量，g/mol；

c（EDTA）——EDTA 标准滴定溶液的浓度，mol/L；

V（Zn^{2+}）——Zn^{2+} 标准滴定溶液的体积，mL；

045

V_0——空白试验消耗 EDTA 标准滴定溶液的体积，mL；

$V_{校正}$（EDTA）——滴定时消耗 EDTA 标准滴定溶液体积校正后的数值，mL。

② 铁钙含量的测定见表 1-19。

表1-19　铁钙含量的测定记录表

	项目	1	2	3	4
	称量的 m（样品）/g				
	样品溶液定容体积 /mL				
铁含量测定	取用样品溶液的 $V_{样品}$/mL				
	V（EDTA）/mL				
	体积校正 /mL				
	温度校正 /mL				
	$V_{校正}$（EDTA）/mL				
	ω（Fe_2O_3）/ %				
	平均 ω（Fe_2O_3）/ %				
钙含量测定	取用样品溶液的 $V_{样品}$/mL				
	V_1（EDTA）/mL				
	体积校正 /mL				
	温度校正 /mL				
	$V_{1校正}$（EDTA）/mL				
	ω（CaO）/ %				
	平均 ω（CaO）/ %				

铁钙含量计算公式如下：

$$\omega(Fe_2O_3) = \frac{cV_{校正} \times 10^{-3} \times 159.68}{m \times \frac{25.00}{250.0} \times 2} \times 100\% \tag{1-32}$$

式中　$V_{校正}$——滴定测铁含量中消耗 EDTA 标准滴定溶液的校正后体积，mL；

c——EDTA 标准滴定溶液的浓度，mol/L；

m——试料的质量，g。

$$\omega(CaO) = \frac{c \times V_{1校正} \times 10^{-3} \times 56.08}{m \times \frac{25.00}{250.0}} \times 100\% \tag{1-33}$$

式中　$V_{1校正}$——滴定测钙含量中消耗 EDTA 标准滴定溶液的校正后体积，mL；

c——EDTA 标准滴定溶液的浓度，mol/L；

m——试料的质量，g。

1.3.3 注意事项

① 电炉加热时以防烫伤。
② 水泥试样要完全熔融，转移过程试样不能损失。

任务 1.4
甲苯中烃类杂质含量分析

1.4.1 产品概述

（1）性状

甲苯为无色澄清液体，有苯样气味，有强折光性。能与乙醇、乙醚、丙酮、氯仿、二硫化碳和冰乙酸混溶，极微溶于水。相对密度0.866，凝固点-95℃，沸点110.6℃，折射率1.4967，闪点（闭口杯）4.4℃，易燃。蒸气能与空气形成爆炸性混合物，爆炸极限1.2%～7.0%（体积）。低毒，半数致死量（大鼠，经口）5000mg/kg。高浓度气体有麻醉性，有刺激性。

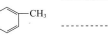

（2）化学性质

甲苯化学性质活泼，与苯相像。可进行氧化、磺化、硝化和歧化反应，以及侧链氯化反应。甲苯能被氧化成苯甲酸。

（3）主要用途

甲苯大量用作溶剂和高辛烷值汽油添加剂，也是有机化工的重要原料，但与同时从煤和石油得到的苯和二甲苯相比，目前的产量相对过剩。甲苯衍生的一系列中间体，广泛用于染料、医药、农药、火炸药、助剂、香料等精细化学品的生产，也用于合成材料工业。

（4）技术标准

甲苯在生产过程中，有一定量烃类杂质残留，根据用途的不同，需要做烃类杂质含量检查。

1.4.2 甲苯中烃类杂质检验操作规程

（1）方法概要

甲苯中烃类杂质分析采用气相色谱法，以氢火焰离子化检测器进行检测，利用各组分的相对校正因子，根据检测峰面积，采用内标法定量。

（2）仪器与药品

① 主要仪器：色谱仪（配备氢火焰离子化检测器，固定相为聚乙二醇，采用60～80目6201担体）。

② 实验药品：正己烷（色谱纯）；正癸烷（色谱纯）；苯（色谱纯）；甲苯（色谱纯）；乙基苯（色谱纯）；正十一烷（色谱纯）。

（3）色谱柱性能检查

① 要求在规定的条件下，色谱柱能将内标物和其它所有组分完全分开。

② 配制含有 0.10% 体积分数为乙基苯的甲苯混合物。测量甲苯、乙基苯两峰谷到基线的高不应超过乙基苯峰高的 10%。

（4）校正因子测定

① 用注射器取 10mL 正己烷注入洁净、干燥、带塞的 10mL 容量瓶中。用 50μL 注射器分别将正癸烷、苯、甲苯和乙基苯各 50μL 依次注入容量瓶中。用增量法分别称出各组分的质量。

② 按照设定的仪器条件，待仪器稳定后，取上述溶液做分析，取得色谱图。

③ 按下式计算各组分的相对校正因子：

$$f_i = \frac{A_i m_0}{m_i A_0} \tag{1-34}$$

式中　f_i——i 组分的相对校正因子；

　　　A_i——i 组分的峰面积；

　　　A_0——正癸烷的峰面积；

　　　m_i——i 组分的质量，g；

　　　m_0——正癸烷的质量，g。

（5）测试步骤

① 按表 1-20 设置仪器条件。

表1-20　色谱参考操作条件

色谱柱温度/℃	100
汽化室温度/℃	180
燃气（H₂）流速/（mL/min）	根据检测器需要调整
空气流速/（mL/min）	通常与载气比为 1 ∶（10～15）
载气（N₂）流速/（mL/min）	调整到甲苯的保留时间在 6～10min
尾吹气流速/（mL/min）	与载气流速相同
进样量/μL	1（在满足分离度的要求下，可以加大进样量）

② 分别取 20μL 正癸烷和 10mL 试样注入带塞的容量瓶中。用增量法称出正癸烷和试样的质量。

③ 在表 1-20 的实验条件下，待色谱仪稳定后，注入 1μL 配制的样品，完成分析。

（6）计算

杂质含量用质量分数表示，根据要求，计算苯、非芳烃和 C₈ 芳烃各组分的含量，要求计算至 0.01%。计算公式如下：

$$X_i = \frac{100 A_i m_0 f_0}{A_0 m f_i} \tag{1-35}$$

式中　X_i——i 组分在试样中的质量分数；

　　　A_i——i 组分的峰面积；

　　　A_0——正癸烷（内标物）的峰面积；

　　　f_i——i 组分的相对校正因子；

项目 1 工业分析

f_0——正癸烷的相对校正因子；

m——试样的质量，g；

m_0——所用正癸烷（内标物）的质量，g。

（7）精密度

用下面数值来判断结果的可靠性（95% 置信水平）。

① 重复性。同一操作者，重复测定两个结果之差不应大于以下规定：杂质含量在 0.01% ～ 0.10% 范围内为 0.01%（质量比）；杂质含量在 0.10% ～ 1.00% 范围内为算数平均值的 10%。

② 再现性。两个实验室对同一试样测定结果之差，不应大于以下规定：

杂质含量在 0.01% ～ 0.10% 范围内为 0.02%（质量比）；杂质含量在 0.10% ～ 1.00% 范围内为算数平均值的 20%。

（8）报告

取平行测定两次结果的算术平均值作为试样中烃类杂质测定的结果，报告结果取到 0.01%（质量比）。

任务 **1.5**

油品综合分析

1.5.1　车用汽油馏程测定

（1）基本概念

馏程测定原理，是按照规定速度蒸馏 100mL 试油时，将所生成的蒸气从蒸馏瓶中导出，并确定其馏出温度与馏出物体积百分比之间的数字关系。

① 初馏点。从冷凝管的末端滴下第一滴冷凝液的一瞬间观察到的校正温度计读数，以 ℃ 表示。

② 终馏点。在试验过程中得到的温度计的最高读数，以 ℃ 表示。通常是在蒸馏烧瓶底部全部液体都蒸发后才出现。

③ 回收体积。在观察温度计读数的同时，观察到在接收量筒内的冷凝液的体积，以百分数表示或以毫升表示。

④ 干点。蒸馏烧瓶底部最后一滴液体汽化瞬间观察到的温度计读数，称为干点。

⑤ 馏程。指在专门蒸馏仪器中所测得液体试样的蒸馏温度与馏出量之间以数字关系表示的油品沸腾的温度范围。经常以一定蒸馏温度下馏出物的体积分数或馏出物达到一定体积分数时读出的蒸馏温度来表示。

⑥ 残留量。蒸馏测定中停止蒸馏时残存于蒸馏烧瓶内的残油的量。

⑦ 损失量。蒸馏过程中因漏气、冷却不好和结焦等造成油品损失的量。

车用汽油的馏程用 10% 蒸发温度、50% 蒸发温度、90% 蒸发温度、终馏点和残留量等来表示。

049

（2）测定意义

① 馏程是鉴定汽油蒸发性，判断其使用性能的重要指标。车用汽油馏程各蒸发体积温度的高低，直接反映其轻重组分相对含量的多少，与使用性能密切相关。

a. 10% 蒸发温度。表示车用汽油中含低沸点组分（轻组分）的多少，它决定汽油低温启动性和夏季形成气阻的倾向。

车用汽油规格中规定，10% 蒸发温度不能高于 70℃。温度高于 70℃ 汽油低温启动性不好，低于 60℃ 容易在油管内形成气阻。

b. 50% 蒸发温度。表示车用汽油的平均蒸发性，它直接影响发动机的加速性和工作平稳性。车用汽油严格规定车用汽油 50% 蒸发温度不高于 120℃。

c. 90% 蒸发温度和终馏点。90% 蒸发温度表示车用汽油中高沸点组分（重组分）的多少，决定其在气缸中的蒸发完全程度。车用汽油严格限制 90% 蒸发温度不高于 190℃，终馏点不高于 205℃。

d. 残留量。反映车用汽油贮存过程中，氧化生成胶质物质的含量。车用汽油限制残留量不大于 2%。

② 馏程是装置生产操作控制的依据。在石油炼制过程中，根据馏程控制操作条件。

测定汽油馏程方法：车用汽油馏程测定按 GB/T 6536—2010《石油产品常压蒸馏特性测定法》进行。

（3）方法原理

按 GB/T 6536—2010《石油产品常压蒸馏特性测定法》，将 100mL 试样在适合其性质的规定条件下进行蒸馏。系统地观察温度计读数和冷凝液体积，根据这些数据，再进行计算和报告结果。

（4）仪器与试剂

① 仪器。蒸馏烧瓶：100mL 和 125mL；蒸馏测定仪：符合 GB/T 6536 标准要求；蒸馏烧瓶支板：32mm、38mm 和 50mm 孔径；量筒：100mL、5mL 各 1 个；秒表 1 块；气压计：1 只测量精度为 0.1kPa 或更高；温度计：-2 ～ 300℃量程，1 支，分度值为 1℃，另外准备 0 ～ 100℃量程，1 支。石油产品馏程测定器见图 1-11。

② 试剂及材料。90 号或 93 号车用汽油；吸水纸或脱脂棉；无绒软布。

（5）操作步骤

① 准备工作

a. 取样。按 GB/T 4756—2015《石油液体手工取样法》标准取样，并将试样放在已预先冷却至 0 ～ 10℃的取样瓶中，保持这个温度。

b. 冷浴准备。采取措施使冷浴和接收器的温度在 0 ～ 1℃。

c. 擦洗冷凝管。用软布擦拭冷凝管内的残存液。

d. 装入试样。用量筒量取 100mL 温度在 13 ～ 18℃试样，全部倒入蒸馏烧瓶中。

e. 装好温度计。将温度计紧密固定在蒸馏烧瓶上，使温度计水银球位于蒸馏烧瓶颈部中央，毛细管的底端与蒸馏烧瓶的支管内壁底部的最高点齐平。

f. 安装冷凝管。将蒸馏烧瓶支管紧密安装在冷凝管上，蒸馏烧瓶要垂直，蒸馏烧瓶支管要伸入冷凝管内 25 ～ 50mm。调整蒸馏烧瓶高度至合适的位置。

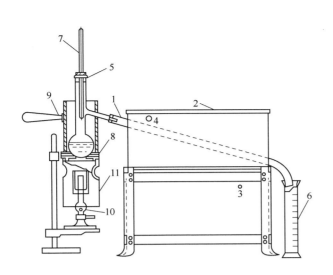

图1-11　石油产品馏程测定器
1—冷凝管；2—冷凝器；3—进水支管；4—排水支管；5—蒸馏烧瓶；6—量筒；
7—温度计；8—石棉垫；9—上罩；10—喷灯（或电炉）；11—下罩

g. 安装量筒。将量取试样的量筒不经干燥，放于冷凝管尾端。如果需要，在蒸馏过程中，接收量筒可浸入冷却浴的冷却介质中（冷却浴为高透明玻璃杯内装冷浴液，浸没深度高于100mL量筒刻度），使冷凝管尾端位于量筒中心，并伸入量筒25mm以上，高于量筒100mL刻线。用一块吸水纸或脱脂棉将量筒盖严。

② 加热。将装有试样的蒸馏烧瓶加热，调节升温速度，满足不同时段要求。

a. 从加热开始到初馏点的时间为5～10min。从初馏点到5%回收量的时间为60～100s（冷凝液要沿量筒内壁流下）。

b. 中间的流速4～5mL/min。

c. 当蒸馏烧瓶内残留体积为5mL时，再调整加热速度，使此时到终馏点的时间在3～5min。

③ 观察与记填写。记录按表1-21填写。手动记录体积要精确到0.5mL，温度精确到0.5℃；自动记录体积要精确到0.1mL，温度精确到0.1℃，报告大气压力精确至0.1kPa。

④ 观察终馏点。观察试验过程中的最高校正温度计读数（通常是在蒸馏烧瓶底部全部液体都蒸发后才出现），即蒸馏结束，停止加热。如果出现分解点（蒸馏烧瓶出现烟雾），停止加热，记录温度计开始下降的温度。

⑤ 继续观察记录。停止加热后，由于还有余热，还会有溶液滴入量筒中。这时需要每隔2min观察一次量筒体积，直至两次体积一致为止。精确记录，报告最大回收量。

⑥ 量取残留量。待蒸馏烧瓶冷却后，将其内容物倒入5mL量筒中，并将蒸馏烧瓶倒悬在量筒上，让蒸馏烧瓶排净油滴，直至量筒体积不再增加为止，精确至0.1mL，作为残留量。若出现分解点，蒸馏提前终止，用100%减去最大回收量，报告此差值作为残留百分数和损失百分数之和，略去残留量量取步骤。

分析检验应用技术

表1-21 汽油馏程测定记录

样品名称		采样地点			大气压 /kPa		
仪器名称		温度计号			油温 /℃		
采样时间	年 月 日		分析时间		年 月 日		

项目 馏程	测定 I				测定 II			标准值 平均值 t/℃
	视值 t_0/℃	温度计 补正值 Δt_1/℃	大气压 补正值 Δt_2/℃	标准值 t/℃	视值 t_0/℃	温度计 补正值 Δt_1/℃	大气压 补正值 Δt_2/℃	标准值 t/℃
初馏点								
5%								
10%								
20%								
30%								
40%								
50%								
60%								
70%								
80%								
90%								
95%								
终 馏 点								
残留量 /% （体积分数）								
检验人	复核人			审核人				

注：根据油品不同，记录相应的数值。

（6）计算和报告结果

计算标准值 t 的公式为：

$$t = t_0 + \Delta t_1 + \Delta t_2 \tag{1-36}$$

式中　t——修正后的标准值，℃；

　　　t_0——观测温度读数，℃；

　　Δt_1——温度计补正值，℃；

　　Δt_2——修正到大气压 101.3kPa 时，所加到观测温度上的补正值，℃。

① 大气压修正。将温度读数修正到101.3 kPa标准大气压下，计算补正值 Δt_2 为：

$$\Delta t_2(℃) = 0.0009 (101.3 - p_k) (273 + t_0) \tag{1-37}$$

式中　Δt_2——修正大气压到 101.3kPa 时的温度补正值，℃；

　　　t_0——观测温度读数，℃；

　　　p_k——试验时当地的大气压，kPa。

项目 1　工业分析

② 温度计校正。由温度计的检定值，采用比例内插法计算观测温度下的温度计补正值。例如：某温度计在 100℃和 150℃的两个检定点的补正值分别为 +0.3 和 +0.2，则由内插法计算观测温度 127.0℃的温度计补正值为：

$$127℃温度计补正值=\frac{150℃补正值-100℃补正值}{150-100}\times27+100℃补正值$$

$$=\frac{(+0.2)-(+0.3)}{50}\times27+(+0.3)$$
$$=+0.2$$

（7）注意事项

① 往蒸馏烧瓶加样品时，烧瓶支管向上，防止油从支管流出。

② 对于天然汽油，应该用 100mL 蒸馏烧瓶进行蒸馏分析。

③ 对于试样含水，则应该另取一份供试验用的无悬浮水的样品。在没有无水样品的情况下，需将样品与无水硫酸钠或其他适合的干燥剂一起摇动，再用倾注法将样品从干燥剂中分离出来的办法，除去悬浮水。

④ 在整个试验过程中，为了保证分析数据的准确性，要严格控制蒸馏速度。

⑤ 不同的油品使用不同孔径的陶瓷支板或其他耐热材料，控制蒸馏烧瓶下面来自热源的加热面。

⑥ 蒸馏烧瓶要干净，不许有积炭，否则会降低导热性，对结果产生较大影响。

⑦ 温度计杆位置不正确，使结果发生错误。

⑧ 冷凝管在试验之前要擦拭干净，否则其中的残留液会影响初馏点及各馏出温度。

1.5.2　柴油中水溶性酸及碱的测定

（1）基本概念

油品的水溶性酸，是油品中溶于水的低分子有机酸和无机酸（硫酸及其衍生物如磺酸及酸性硫酸酯等）。油品的水溶性碱，是指油品中能溶于水的矿物碱，如氢氧化钠和碳酸钠等。

（2）测定意义

① 它是油品加工过程中，油品精制程度的指标之一。一般油品中是不含水溶性酸或碱的，含有水溶性酸或碱就表明经酸碱精制后没有完全中和或水洗不净。

② 水溶性酸及碱能在储运和使用中强烈腐蚀与其接触的金属构件。水溶性酸几乎能与各种金属直接发生化学反应，生成盐类，产生化学腐蚀；而碱只对铝腐蚀，汽油中如有水溶性碱，在它的作用下，汽化器的铝制零件会生成氢氧化铝的胶体物质，堵塞油路、滤清器及油嘴。

③ 油品中存有水溶性酸、碱会促使油品老化变质。在储运、使用中，油品中存在水溶性酸或碱，能使油品抗氧化安定性降低，大大加速油品老化变质的进程。因为油中的水溶性酸、碱，在大气中水分、氧气的相互作用及受热情况下，时间长会引起油品氧化生胶等。

（3）仪器与试剂

① 仪器。分液漏斗（250mL 或 500mL）；试管（直径 15～20mm，高度

053

140～150mm，用无色玻璃制成）；量筒（10mL，50mL）；锥形瓶（100mL和250mL）；瓷蒸发皿、电热板或水浴锅。

② 试剂。甲基橙（配成0.02%甲基橙水溶液）；酚酞（配成1%酚酞乙醇溶液）；蒸馏水（符合GB/T 6682—2008《分析实验室用水规格和试验方法》中三级水规定）；0# 柴油。

（4）实验步骤

用蒸馏水抽提试样中的水溶性酸、碱，然后分别用甲基橙或酚酞指示剂检查抽出溶液颜色的变化情况，以判断油品中有无水溶性酸、碱的存在。

① 将50mL液体石油产品试样和50mL蒸馏水加热至50～60℃，放入分液漏斗。对50℃运动黏度大于75mm²/s的石油产品，应预先在室温下与50mL汽油混合，然后加入50mL已加热至50～60℃的蒸馏水。

② 用指示剂测定水溶性酸、碱。向两个试管中分别放入1～2mL抽提物，在第一支试管中，加入2滴甲基橙溶液，并将它与装有相同体积蒸馏水和2滴甲基橙溶液的另一支试管相比较。如果抽提物呈玫瑰色，则表示所测石油产品中有水溶性酸存在。在第二支试管中加入3滴酚酞溶液，如果溶液呈玫瑰色或红色，则表示有水溶性碱存在。

（5）注意事项

① 试样准备。轻质油品中的水溶性酸、碱有时会沉积在盛样容器的底部，因此在取样前应将试样充分摇匀。

② 试剂的性质。所用的抽提溶剂（蒸馏水、乙醇水溶液）以及汽油等稀释溶剂必须呈中性反应。

③ 仪器要求。必须确保清洁，无水溶性酸、碱等物质存在，否则会影响测定结果的准确性。

④ 油品的破乳化。当用水抽提水溶性酸或碱产生乳化现象时，需用50～60℃呈中性的95%乙醇与水按1∶1配制的溶液代替蒸馏水作抽提溶剂，分离试样中的酸、碱。

⑤ 指示剂用量。按规定，酚酞用3滴，甲基橙用2滴，不能随意改变。

（6）数据处理（示例）

根据表1-22给出的甲基橙和酚酞指示剂的变色范围，观察实验，将所看到的现象和得出的结论填写在表1-23中。

表1-22　酸碱指示剂变色范围

指示剂名称	pH 范围及颜色		
甲基橙	＜3.1 红色	3.1～4.4 橙色	＞4.4 黄色
酚酞	＜8.2 无色	8.2～10.0 粉红色	＞10.0 紫红色

表1-23　石油产品水溶液酸碱性测定的记录表（样例）

试管	试剂	现象	结论
1 号试管（2mL 试样）	酚酞（3滴）	溶液呈无色，无颜色变化	溶液呈非碱性
2 号试管（2mL 试样）	甲基橙（2滴）	溶液呈橙色，无颜色变化	溶液呈非酸性

1.5.3 柴油中水分的测定

（1）方法概要

将 100g 试样与 100mL 无水溶剂油混合，进行蒸馏，分离后测定水分含量，以体积分数表示。

（2）测定意义

柴油在外界污染和贮存不当情况下，可能会引起水分的增加，带来较多危害。在低温下，水分呈微小冰晶体悬浮于柴油中，会堵塞滤网，影响正常供油。另外，水分的存在还会降低柴油的热值，影响正常燃烧，降低柴油燃烧时的发热量。而且，柴油中水分会加速柴油氧化过程，造成柴油中低分子有机酸生成酸性水溶液，增加硫化物对金属零件的腐蚀作用。如果水中含有无机盐，柴油中灰分增加，进入气缸后就会导致积炭增多和磨损增大。因此必须限制柴油中水分含量不大于痕迹量。

（3）仪器与试剂

① 仪器。水分测定器（如图 1-12，包括容量为 500mL 的圆底玻璃烧瓶、接受器、直管式冷凝管，冷凝管长度为 250～300mm）；无釉瓷片、浮石或一端封闭的玻璃毛细管，在使用前必须经过烘干。

② 试剂。溶剂（工业溶剂油或直馏汽油在 80℃以上的馏分，溶剂在使用前必须脱水和过滤）；车用柴油样品。

（4）实验步骤

① 准备工作

a. 摇匀。将装入量不超过瓶内容积 3/4 的试样摇动 5min，要混合均匀。黏稠的或含石蜡的石油产品应预先加热至 40～50℃，才进行摇匀。

b. 称量。向预先洗净并烘干的圆底烧瓶中称入摇匀的试样 100g，称准至 0.1g。

c. 加入溶剂油。用量筒取 100mL 溶剂，注入圆底烧瓶中。将圆底烧瓶中的混合物仔细摇匀后，投入 3～4 片无釉瓷片、浮石或毛细管。

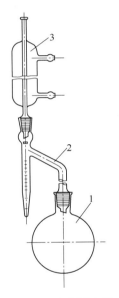

图1-12 水分测定器
1—圆底烧瓶；2—接受器；
3—冷凝管

d. 组装仪器。将洁净干燥的接受器的支管紧密地安装在圆底烧瓶上，使支管的斜口进入圆底烧瓶 15～20mm。然后在接受器上连接直管式冷凝管。冷凝管的内壁要预先用棉花擦干。安装时，冷凝管与接受器的轴心线要互相重合，冷凝管下端的斜口切面要与接受器的支管管口相对。为了避免蒸气逸出，应在塞子缝隙上涂抹火棉胶。进入冷凝管的水温与室温相差较大时，应在冷凝管的上端用棉花塞住，以免空气中的水蒸气进入冷凝管凝结（允许在冷凝管的上端，外接一个干燥管，以避免空气中的水蒸气进入冷凝管凝结）。

② 测定

a. 加热。用电炉、酒精灯或调成小火焰的煤气灯加热圆底烧瓶，并控制回流速度，使冷凝管的斜口每秒滴下 2～4 滴液体。

b. 加强热。蒸馏将近完毕时，如果冷凝管内壁沾有水滴，应使圆底烧瓶中的混合物在短时间内进行剧烈沸腾，利用冷凝的溶剂将水滴尽量洗入接受器中。

笔记

c. 停止加热。当接受器中收集的水体积不再增加，而且溶剂上层完全透明时，应停止加热。回流时间不应超过 1h。停止加热后，如果冷凝管有水滴，可用溶剂油冲洗或用金属丝带有橡胶（塑料）头的一端推刮至接受器。烧瓶冷却后，将仪器拆卸，读出接受器中收集水的体积。

（5）数据处理

测定柴油中水分含量的数据记录如表 1-24 所示。

表1-24 测定柴油中水分含量的记录

试样名称		采样地点	
采样日期	年 月 日	分析时间	日 时
测定次数			
试样重 m/g			
接受器读数 V/mL			
水分 ω/%			
检验人		复核人	

按式（1-38）计算试样中水分含量的质量分数：

$$\omega = \frac{V\rho}{m} \times 100 \approx \frac{V}{m} \times 100 \qquad (1-38)$$

式中　V——在接受器中收集水的体积，mL；

　　　m——试样的质量，g；

　　　ρ——水在室温的密度（可以视为 1），g/mL。

（6）注意事项

① 试样必须有代表性，测定前要混合均匀。

② 溶剂必须脱水。仪器必须干燥。

③ 蒸馏前应往烧瓶中投入几粒无釉瓷片，以便在瓶中液体加热至沸腾时能形成许多细小的空气泡，保证液体均匀沸腾，不致发生突沸。

④ 对于含水量多的油品，蒸馏时，不能加热太快。否则，可能产生强烈的沸腾现象，造成油冲，引起火灾。

⑤ 当试样水分超过 10% 时，可酌情减少试样的称出量，要求蒸出的水分不超过 10mL。但也要注意到试样称量太少时，会降低试样的代表性，影响测定结果的准确性。黏度小的试样可以用量筒量取 100mL，注入圆底烧瓶中，再用这只未经洗涤的量筒量出 100mL 的溶剂。圆底烧瓶中的试样质量，等于试样的密度乘 100 所得之积。

⑥ 可以在冷凝管的上端，外接一个干燥管，以免空气中的水蒸气进入冷凝管凝结。

⑦ 停止加热后，如果冷凝管内壁仍沾有水滴，应从冷凝管上端倒入所规定的溶剂，把水滴冲进接受器。如果溶剂冲洗依然无效，就用金属丝或细玻璃棒带有橡胶或塑料头的一端，把冷凝器内壁的水滴刮进接受器中。

⑧ 试验结束后，当接受器中的溶剂呈现浑浊，而且管底收集的水不超过 0.3mL 时，将接受器放入热水中浸 20 ～ 30min，使溶剂澄清，再将接受器冷却到室温，读出管底收集水的体积。

（7）精密度（允差）

测定柴油中水分含量，精密度（允差）的要求：在两次测定中，收集水的体积差，不应超过接受器的一个刻度。满足允差要求，可取两次测定结果的算术平均值，作为试样的水分。试样的水分少于 0.03%，认为是痕迹。在仪器拆卸后接受器中没有水存在，认为试样无水。

1.5.4 润滑油闪点和燃点的测定

常见润滑油有三大类：内燃机油（E 类）、齿轮用油（C 类）和液压系统用油（H 类）。其中内燃机油应用最广，分为汽油机油、柴油机油和通用内燃机油。此处以汽油机油为例说明润滑油闪点和燃点的测定。

（1）方法概要

将试样装入试验杯至规定的刻度线，先迅速升高试样的温度，当接近闪点时再缓慢地以恒定速率加热。在规定的温度间隔，用一个小火焰扫过试样杯，试验火焰引起试样蒸气闪火的最低温度即为闪点。继续加热直到引起试样液面着火并至少维持燃烧 5s 的最低温度即为燃点。将闪点和燃点数据修正到 101.3kPa 大气压下，以℃表示。

润滑油闪点的测定按 GB/T 3536—2008《石油产品闪点和燃点的测定 克利夫兰开口杯法》进行。适用于内燃机油等重质油，但不适用于开口闪点低于 79℃的油品，以免发生着火危险。

（2）测定意义

闪点是评价内燃机油质量的重要指标。内燃机油具有较高的闪点，使用时不易着火燃烧，若发现闪点显著降低，则说明内燃机油已受到燃料的稀释，应及时检修发动机或换油。要求单级柴油机油闪点低于 180℃、多级柴油机油闪点低于 160℃时，必须更换新油。

（3）仪器与试剂

① 仪器。克利夫兰开口闪点测定器（如图 1-13 和图 1-14 所示，包括试验杯、加热板、试验点火器和加热器等）；温度计；防护屏（用镀锌铁皮制成，高度 610mm，460mm×460mm，一面开口，屏身内壁涂成黑色）。

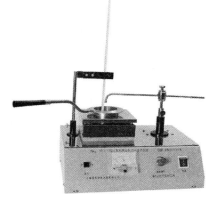

图1-13　SYD-3536 克利夫兰开口闪点测定器

图1-14　SYD-3536A全自动克利夫兰开口闪点测定器

分析检验应用技术

笔记

② 试剂。清洗剂（车用汽油或溶剂油）；润滑油样品；钢丝绒（用来擦除碳沉积物）。

（4）实验步骤

① 准备工作

a. 仪器放置。将仪器放在无空气流的平稳实验台上，在仪器顶部放一个遮光板。

b. 清洗油杯。油杯要用车用汽油或溶剂油洗涤，再用空气吹干。如果油杯留有碳的沉积物，可用钢丝绒擦掉再用溶剂油清洗。使用前需将油杯冷却到试样预期闪点 56℃以下。

c. 安装温度计。将温度计垂直安装在油杯上，距杯底 6mm，并位于油杯中心与油杯边中点和测试火焰扫过弧线相垂直的直径上，且在点火器的对面。

② 测定

a. 试样注入油杯。将试样装入试验杯中，使试样弯液面的顶部恰好到环状标记处。如果试样沾在仪器的外边，倒出试样，清洗后重新装样。油杯中试样表面应该无气泡。

b. 调试火焰。将点火器的灯芯或煤气引火点燃，并将火焰调整到接近球形，其直径为 3.2 ～ 4.8mm。如果仪器安装金属球比较小，则与该小球直径相同。

c. 开始升温。开始加热时，控制升温速度为 14 ～ 17℃ /min，距离预期闪点相差达到 56℃时减慢升温速度，当距离闪点相差达到 23℃ ±5℃时控制升温速度为 5 ～ 6℃ /min。试验过程中避免在附近随意走动或呼吸吹气，以免扰动试样蒸气。

d. 点火试验。从预期闪点 23℃ ±5℃时开始用试验火焰扫划，试样每升高 2℃扫划一次。用平滑、连续的动作扫划，试样火焰每次通过油杯时间为 1s，试验火焰应在与通过温度计的试验杯的直径成直角的位置划过试验杯中心，扫划时沿着半径至少 150mm 圆来进行。试验火焰的中心必须在试验杯上边缘面上 2mm 以内的平面上移动。先向一个方向，下次再向相反方向扫划。如果表面形成一层油膜，应把油膜拨到一边再继续试验。

e. 测定闪点。在试样液面上方最初出现蓝火焰时，立即从温度计读出温度作为闪点的测定结果（注意不要把火焰周围淡蓝色光轮视为闪点）。如果测定闪点与最初点火时温度之差小于 18℃，测定结果无效。应更换试样重新测定，调整最初点火温度，直至得到有效结果，即此结果比最初点火温度高 18℃以上。

f. 燃点测定。继续以每分钟 5 ～ 6℃的速度加热，每隔 2℃划扫一次，直到试样着火并能连续燃烧不小于 5s，此时温度计的温度就是燃点。

（5）数据处理

仔细观察，填写记录表 1-25。温度精确到 0.5℃；大气压力精确至 0.1kPa。

大气压力对闪点影响的修正。标准中规定以 101.3kPa 为闪点测定的基准压力，若有偏离，按式（1-39）进行压力修正，并以整数报结果。

$$T_C = T_0 + 0.25(101.3 - p) \qquad (1\text{-}39)$$

式中　T_C——相当于基准压力（101.3kPa）时的闪点，℃；

　　　T_0——实测闪点，℃；

　　　p——实际大气压力，kPa。

项目 1　工业分析

表1-25　石油产品闪点（开口杯法）测定记录表

试样名称				采样地点			
采样日期	年　月　日			分析时间		年　月　日	
大气压 /kPa				校正值 /℃			
温度计号		校正值 /℃		温度计号		校正值 /℃	
测定次数	1			2			
数据记录	时	分	温度 /℃	时	分	温度 /℃	
视测值 /℃							
校正后结果 /℃							
平均值 /℃							
精密度							

（6）注意事项

① 温度计符合要求并定期校正，读数应进行校正和大气压力修正。

② 液杯用车用汽油清洗并用空气吹干，试样要按规定装到油杯刻度。

③ 水分影响测定，试样含水量多时需提前进行脱水处理。

④ 闪点测定器应放在避风、较暗的地方。

⑤ 按方法规定控制试样和油杯的温度。

⑥ 注意控制加热速度、测定时点火时间的长短和点火火焰的大小。

（7）精密度（允差）

润滑油闪点测定结果可靠性，按下述规定（95% 置信水平），由允差判别精密度是否合格。

① 重复性。由同一操作者，使用同一仪器，用同一方法，测定同一试样，重复测定两个结果之差，对于闪点和燃点均不应超过 8℃。

② 再现性。由不同操作者，使用不同仪器，用同一方法，测定同一试样，重复测定两个结果之差，对于闪点不应超过 17℃，对于燃点不应超过 14℃。

③ 报告。测定结果符合精密度要求，取重复测定两个结果的算术平均值，修约为整数。

项目2
药物检验

📄 基本知识目标

- ◆ 掌握药物基本物理常数测定；
- ◆ 掌握药物杂质的检查；
- ◆ 了解药物检验制定方法；
- ◆ 了解药物检验测定原理、方法；
- ◆ 掌握紫外可见分光光度法对药品的分析；
- ◆ 掌握液相色谱法对药品的分析；
- ◆ 药物检验实验数据处理。

技术技能目标

- ◆ 会对药品的熔点、沸点、旋光度进行测定；
- ◆ 会操作常规药物分析方面的仪器；
- ◆ 会对药品样品进行处理；
- ◆ 会正确进行药物杂质检查及含量测定。

品德品格目标

◆ 具有从事药品生产技术技能工作必备的科学技术知识、思想、方法和精神等科学技术文化素质，了解药品生产技术专业的发展现状和趋势，具有一定的管理知识，能够将知识、思想、方法用于解决技术技能问题；

◆ 具有终生健康理念，热爱体育运动，具有一定的心理调节能力，保持身体和心理健康，能够承受较强的工作负荷及工作、生活中的各种压力；

◆ 具有比较熟练的药品生产技能，能够应用所学知识，运用现代工具，选择适当技术、资源和文献资料，研究分析、识别表达、预测建模、监督管理技术技能问题和活动并给出科学评价；

◆ 提高分析问题能力和实践应用能力，具有理论联系实际的科学精神。

项目 2　药物检验

📝 笔记

任务 2.1
药物检验概述

　　药品是指用于预防、治疗、诊断人的疾病，有目的地调节人的生理机能并规定有适应证或者功能主治、用法和用量的物质。

　　药品通常是由药物经一定的处方和工艺制备而成的制剂产品，是可供临床使用的商品。药物通常比药品表达更广的内涵。

　　《中华人民共和国药品管理法》规定了：药品，包括中药材、中药饮片、中成药、化学原料药及其制剂、抗生素、生化药品、放射性药品、血清、疫苗、血液制品和诊断药品等。

　　药物检验是利用分析测定手段，发展药物的分析方法，研究药物的质量规律，对药物进行全面检验与控制的科学。

2.1.1　药物检验的性质和任务

　　药物检验的性质：药品的真伪、纯度及品质优良度，最终应体现在临床应用中的有效性和安全性。药品具有与人的生命相关性；药品具有严格的质量要求性；药品具有社会公共福利性。

　　药物检验的任务：运用物理学、化学、物理化学和生物学的方法，对各种药物及其制剂进行质量检验，判断其质量是否符合药品质量标准的规定。药物检验工作不仅包括常规的检验，还应包括工艺流程、反应历程、生物体内代谢过程等方面的检测。

　　药品检验工作的基本程序：取样、外观性状观测、鉴别、检查、含量检测、检验记录与报告。

　　（1）取样

　　要求在大量的样品中取出能够代表样品整体质量水平的少量样品进行分析，应考虑取样的科学性、真实性和代表性。

　　（2）外观性状观测

　　对药品的外观、颜色、嗅和味、溶解度等进行观测，检测某些物理常数。

　　（3）鉴别

　　依据药物的化学结构和理化性质进行某些反应，测定某些理化常数或光谱特征，结合性状观测结果对药品的真伪作出鉴别。通常，某一项鉴别试验，如官能团反应、焰色反应，只能表示药物的某一特征，绝不能将其作为判断的唯一依据。

　　（4）检查

　　供试品的性状观测和鉴别结果符合规定后，根据药品质量标准中检查项下规定的检查项目，逐项进行检查，包括杂质检查，固体制剂的含量均匀度检查和溶出度测定。

　　在不影响疗效及人体健康的原则下，可以允许药物生产过程和贮藏过程中引入的微量杂质存在。通常按照药品质量标准的项目进行"限度检查"，以判断药物的纯度是否符合限量规定要求。所以也称为纯度检查。

061

（5）含量检测

药物含量测定就是测定药物中主要有效成分的含量。

供试品通过鉴别、检查符合规定后，根据药品质量标准中规定的含量测定法进行测定。测定方法有化学分析法和仪器分析法。

（6）检验记录与报告

药品检验及其结果必须有完整的原始记录，实验数据必须真实可靠、不得涂改。全部项目检验完毕后，还应写出检验报告。

2.1.2　药品质量与管理规范

为加强药品监督管理，保证药品质量，保障人体用药安全，维护人民身体健康和用药的合法权益，我国政府特制定了《中华人民共和国药品管理法》，简称《药品管理法》。它是专门规范药品研制、生产、经营、使用和监督管理的法律。

国务院药品监督管理部门依据该法制定了相关的管理规范（GLP、GCP、GMP、GSP 和 GAP 等）。这些法规文件对药物的研制、生产、经营、使用和监督管理起到了良好的推动作用。

（1）《药物非临床研究质量管理规范》（Good Laboratory Practice，GLP）

非临床研究，系指为评价药物安全性，在实验室条件下，用实验系统进行的各种毒性试验，包括单次给药的毒性试验、反复给药的毒性试验、生殖毒性试验、遗传毒性试验、致癌试验、局部毒性试验、免疫原性试验、依赖性试验、毒代动力学试验及与评价药物安全性有关的其他试验。实验系统系指用于毒性试验的动物、植物、微生物和细胞等。适用于为申请药品注册而进行的非临床研究。

（2）《药物临床试验质量管理规范》（Good Clinical Pratice，GCP）

临床试验（Clinical Trial），指任何在人体（病人或健康志愿者）进行的药物系统性研究，以证实或揭示试验药物的作用、不良反应和（或）试验药物的吸收、分布、代谢和排泄，目的是确定试验药物的疗效与安全性。

（3）《药品生产质量管理规范》（Good Manufacture Practice，GMP）

《药品生产质量管理规范》是为规范药品生产质量管理而制定。实施 GMP，在药品生产全过程中进行有组织、有计划的监督管理，减少药品生产过程中的污染和交叉污染，确保所生产药品安全有效、质量稳定可控。

（4）《药品经营质量管理规范》（Good Supply Practice，GSP）

《药品经营质量管理规范》是为加强药品经营质量管理，保证人民用药安全有效而制定。

GSP 要求药品经营企业应在药品的购进、储运和销售等环节实行质量管理，适用于中华人民共和国境内经营药品的专营或兼营企业。

GSP 明确规定了药品经营和零售企业的管理职责，并对人员与培训、设施与设备、药品的购进、验收与检验、储运 / 储存、销售与服务等环节的质量管理提出了明确的要求。

（5）《中药材生产质量管理规范（试行）》[Good Agricultural Practice for Chinese Crude Drugs（Interim），GAP]

中药材指药用植物、动物的药用部分采收后经产地初加工形成的原料药材。《中药

项目 2　药物检验

材生产质量管理规范（试行）》是为规范中药材生产，保证中药材质量，促进中药标准
化、现代化而制定。适用于中药材生产企业生产中药材（含植物、动物药）的全过程。

中药材是中药饮片、中成药生产的基础原料。GAP 对中药材生产的产地生态环
境、种质和繁殖材料、栽培与养殖管理、采收与初加工、包装运输与贮藏、人员和
设备等提出了明确的质量管理要求。

2.1.3　药品标准及分类

药品标准（俗称药品质量标准）系根据药物自身的理化与生物学特性，对药品
的质量（限度）、规格及检验方法所作的技术规定。

药品标准的内涵包括：真伪鉴别、纯度检查和品质要求三个方面，药品在这三
方面的综合表现决定了药品的安全性、有效性和质量可控性。

2.1.3.1　药品的质量标准分类

（1）法定药品质量标准

包括《中华人民共和国药典》（简称《中国药典》），国家药品监督管理局颁布的
药品标准，简称"局颁标准"等。

（2）临床研究用药品质量标准

仅在临床试验期间有效，并且仅供研制单位与临床试验单位使用。

（3）暂行或试行药品质量标准

新药经临床试验或使用后，报试生产时，所制定的药品质量标准称为"暂行药
品标准"。

该标准执行两年后，如果药品质量稳定，则药品转为正式生产，此时药品标准
称为"试行药品标准"。如该标准执行两年后，药品的质量仍很稳定，则"试行药品
标准"将经国家市场监督管理总局批准后上升为药品标准。

（4）企业标准

由药品生产企业自己制定并用于控制相应药品质量的标准，称为企业标准。

（5）其他标准

其他标准有：地方药品标准、医院自制药品标准等。

2.1.3.2　药典

《中华人民共和国药典》简称《中国药典》，英文名称为 Pharmacopoeia of the
People's Republic of China；英文简称为 Chinese Pharmacopoeia；英文缩写为 ChP。

中华人民共和国成立以来，我国相继出版了 1953 年版、1963 年版、1977 年版、
1985 年版、1990 年版、1995 年版、2000 年版、2005 年版、2010 年版、2015 年版
和 2020 年版药典，现行版《中国药典》为 2020 年版，为第十一版药典。

《中国药典》（2020 年版）按照第十一届药典委员会成立大会暨全体委员大会审
议通过的药典编制大纲要求，以建立"最严谨的标准"为指导，以提升药品质量，
保障用药安全、服务药品监管为宗旨，在国家药品监督管理局的领导下，在相关药
品检验机构、科研院校的大力支持和国内外药品生产企业及学会协会积极参与下，
国家药典委员会组织完成了《中国药典》2020 年版编制各项工作。2020 年 4 月 9 日，
第十一届药典委员会执行委员会审议通过了《中国药典》2020 年版（草案）。经国家

药品监督管理局会同国家卫生健康委员会审核批准颁布后施行。

《中国药典》（2020 年版）的编制秉承科学性、先进性、实用性和规范性的原则，不断强化《中国药典》在国家药品标准中的核心地位，标准体系更加完善、标准制定更加规范、标准内容更加严谨、与国际标准更加协调，药品标准整体水平得到进一步提升，全面反映出我国医药发展和检测技术应用的现状，在提高我国药品质量，保障公众用药安全，促进医药产业健康发展，提升《中国药典》国际影响力等方面必将发挥重要作用。

《中国药典》（2020 年版）的特点如下：

（1）稳步推进药典品种收载

品种收载以临床应用为导向，不断满足国家基本药物目录和基本医疗保险用药目录收录品种的需求，进一步保障临床用药质量。及时收载新上市药品标准，充分体现我国医药创新研发最新成果。

（2）健全国家药品标准体系

通过完善药典凡例以及相关通用技术要求，进一步体现药品全生命周期管理理念。结合中药、化学药、生物制品各类药品特性，将质量控制关口前移，强化药品生产源头以及全过程的质量管理。逐步形成以保障制剂质量为目标的原料药、药用辅料和药包材标准体系，为推动关联审评审批制度改革提供技术支撑。

（3）扩大成熟分析技术应用

紧跟国际前沿，不断扩大成熟检测技术在药品质量控制中的推广和应用，检测方法的灵敏度、专属性、适用性和可靠性显著提升，药品质量控制手段得到进一步加强。

（4）提高药品安全和有效控制要求

重点围绕涉及安全性和有效性的检测方法和限量开展研究，进一步提高药品质量的可控性。在安全性方面，进一步加强了对药材饮片重金属及有害元素、禁用农药残留、真菌毒素以及内源性有毒成分的控制。加强了对化学药杂质的定性定量研究，对已知杂质和未知杂质分别控制；对注射剂等高风险制剂增订了与安全性相关的质控项目，如渗透压摩尔浓度测定等。加强了生物制品病毒安全性控制、建立了疫苗氢氧化铝佐剂以及重组技术产品相关蛋白的控制。在有效性方面，建立和完善了中药材与饮片专属性鉴别方法，部分产品制定了与临床疗效相关的成分含量控制。结合通过仿制药质量与疗效一致性评价品种的注册标准，修订了药典相关标准的溶出度项目；进一步完善了化学药与有效性相关的质量控制要求。增订人用聚乙二醇化重组蛋白及多肽制品、螨变应原制品和人用基因治疗制品总论等，重组类治疗生物制品增订了相关蛋白检测及限度要求等。

（5）提升辅料标准水平

重点增加制剂生产常用药用辅料标准的收载，完善药用辅料自身安全性和功能性指标，逐步健全药用辅料国家标准体系，促进药用辅料质量提升，进一步保证制剂质量。

（6）加强国际标准协调

加强与国外药典的比对研究，注重国际成熟技术标准的借鉴和转化，不断推进与各国药典标准的协调。

（7）强化药典导向作用

紧跟国际药品标准发展的趋势，兼顾我国药品生产的实际状况，在药品监管念、质量控制要求、检测技术应用、工艺过程控制、产品研发指导等方面不断加强。在检测项目和限量设置方面，既考虑保障药品安全的底线，又充分关注临床用药的可及性，进一步强化药典对药品质量控制的导向作用。

（8）完善药典工作机制

始终坚持公开、公正、公平的原则，不断完善药品标准的形成机制。

《中国药典》（2020年版）分为四部，共收载品种5911种，新增319种，修订3177种，不再收载10种，因品种合并减少6种。

一部收载中药，收载品种2711种，其中新增117种、修订452种。

二部收载化学药品，收载品种2712种。

三部收载生物制品及其相关通用技术要求，收载153种，其中新增20种、修订126种；新增生物制品通则2个、总论4个。

四部收载通用技术要求和药用辅料，收载通用技术要求361个，其中制剂通则38个（修订35个）、检测方法及其他通则281个（新增35个、修订51个）、指导原则42个（新增12个、修订12个）；药用辅料收载335种，其中新增65种、修订212种。

国外药典有美国药典、英国药典、日本药局方、欧洲药典、国际药典等。

药典的颁布实施必将对保障药品质量、维护公众健康、促进医药产业高质量发展发挥重要作用。

2.1.3.3　药品标准制定的原则

药品质量研究与标准的制定，是药物研发的重要基础内容。建立在系统药学研究基础之上的药品标准，以保证药品的生产质量可控，药品的使用安全有效和合理为目的。药品标准一经制定和批准，即具有法律效力。所以，药品标准的制定必须坚持"科学性、先进性、规范性和权威性"的原则。

（1）科学性

国家药品标准适用于对合法生产的药品质量进行控制，保障药品安全、有效和质量可控。所以，药品标准制定首要的原则是确保药品标准的科学性。应充分考虑来源、生产、流通及使用等各个环节影响药品质量的因素，设置科学的检测项目、建立可靠的检测方法、规定合理的判断标准/限度。在确保安全、有效和质量可控的前提下，同时倡导简单实用、经济环保、符合国情。随着科学技术的发展，认识的进步，还应及时修改和提高。

（2）先进性

质量标准应充分反映现阶段国内外药品质量控制的先进水平。对于多企业生产的同一品种，其标准的制定应在科学合理的基础上坚持就高不就低的标准先进性原则。坚持标准发展的国际化原则，注重新技术和新方法的应用，积极采用国际药品标准的先进方法，加快与国际接轨的步伐，促进我国药品标准特别是中药标准的国际化。同时要积极创新，提高我国药品标准中自主创新技术含量，使我国医药领域的自主创新技术通过标准快速转化为生产力，提高我国药品的国际竞争力。

（3）规范性

药品标准制定时，应按照国家药品监督管理部门颁布的法律、规范和指导原则的要求，做到药品标准的体例格式、文字术语、计量单位、数字符号以及通用检测方法等的统一规范。

（4）权威性

国家药品标准具有法律效力。应充分体现科学监管的理念，支持国家药品监督管理的科学发展需要。保护药品的正常生产、流通和使用，打击假冒伪劣，促进我国医药事业的健康发展。

2.1.4 药品标准中的常用术语

供分析检验的药物样品称为供试品。药物质量研究一般需采用试制的多批样品进行，其工艺和质量应稳定。临床前的质量研究工作可采用有一定规模制备的样品（至少三批）进行。临床研究期间，应对中试或工业化生产规模的多批样品进行质量研究工作，进一步考察所拟订质量标准的可行性。工业化生产规模产品与临床前研究样品和临床研究用样品必须具有质量的一致性，必要时在保证药品安全有效的前提下，亦可根据工艺中试研究或工业化生产规模产品质量的变化情况，对质量标准中的项目或限度做适当的调整。

药品标准一般包括药品的性状、鉴别、检查和含量测定等内容，用以检测药品质量是否达到用药要求，并衡量药品质量是否稳定均一。

（1）性状

性状是对药物的外观、嗅味、溶解度以及物理常数等的规定，反映了药物特有的物理性质。

外观性状是对药物的色泽和外表感观的规定。当药物的晶型、细度或溶液的颜色必须要进行严格控制时，在其质量标准的检查项下应另作具体的规定。

溶解度是药物的一种物理性质。各品种项下选用的部分溶剂及其在该溶剂中的溶解性能，可供精制或制备溶液时参考；对在特定溶剂中的溶解性能需作质量控制时，在该品种检查项下另作具体规定。药物的近似溶解度以下列名词术语表示：

极易溶解	系指溶质 1g（mL）能在溶剂（0 ~< 1mL）中溶解；
易溶	系指溶质 1g（mL）能在溶剂（1 ~< 10mL）中溶解；
溶解	系指溶质 1g（mL）能在溶剂（10 ~< 30mL）中溶解；
略溶	系指溶质 1g（mL）能在溶剂（30 ~< 100mL）中溶解；
微溶	系指溶质 1g（mL）能在溶剂（100 ~< 1000mL）中溶解；
极微溶解	系指溶质 1g（mL）能在溶剂（1000 ~< 10000mL）中溶解；
几乎不溶或不溶	系指溶质 1g（mL）在溶剂（10000mL）中不能完全溶解。

溶解度试验法：除另有规定外，称取研成细粉的供试品或量取液体供试品，置于 25℃±2℃ 一定容量的溶剂中，每隔 5min 强力振摇 30s；观察 30min 内的溶解情况，如无目视可见的溶质颗粒或液滴，即视为完全溶解。

物理常数：包括相对密度、馏程、熔点、凝点、比旋度、折射率、黏度、吸收系数、碘值、皂化值和酸值等；其测定结果不仅对药品具有鉴别意义，也可反映药品的纯度，是评价药品质量的主要指标之一。

（2）鉴别

鉴别是根据药物的某些物理、化学或生物学等特性所进行的试验，以判定药物的真伪。包括区分药物类别的一般鉴别试验和证实具体药物的专属鉴别试验两种类型。不完全代表对药品化学结构的确证。对于原料药，还应结合性状项下的外观和物理常数进行确认。

项目 2　药物检验

笔记

（3）检查

检查是对药物的安全性、有效性、均一性和纯度四个方面的状态所进行的试验分析。包括反映药物安全性和有效性的试验方法与限度、反映药物制备工艺的均一性和纯度的要求等内容。

药品标准中规定的各种杂质检查项目，均系指该药品在按既定工艺进行生产和正常贮藏过程中可能含有或产生并需要控制的杂质（如残留溶剂、有关物质等）；改变生产工艺时需另考虑增修订有关项目。

对于生产过程中引入的有机溶剂，应在后续的生产环节予以有效去除。除标准正文中已明确列有"残留溶剂"检查的品种必须依法进行该项检查外，其他未在"残留溶剂"项下明确列出的有机溶剂与未在正文中列有此项检查的各品种，如生产过程中引入或产品中残留有机溶剂，均应按附录"残留溶剂测定法"检查并应符合相应溶剂的限度规定。

供直接分装成注射用无菌粉末的原料药，应按照注射剂项下相应的要求进行检查，并应符合规定。各类制剂，除另有规定外，均应符合各制剂通则项下有关的各项规定。

（4）含量测定

含量测定是指采用规定的试验方法对药品（原料及制剂）中有效成分的含量进行测定。一般可采用化学、仪器或生物测定方法。

（5）类别

药物的类别系按药品的主要作用与主要用途或学科的归属划分，不排除在临床实践的基础上作其他类别药物使用。

（6）制剂的规格

制剂的规格，系指每一支、片或其他每一个单位制剂中含有主药的重量（或效价）、含量（%）或装量，即制剂的标示量。注射液项下，如为"1mL ： 10mg"，系指 1mL 中含有主药 10mg；对于列有处方或标有浓度的制剂，也可同时规定装量规格。

（7）贮藏

药品的质量和有效期限直接受其贮存与保管的环境和条件的影响。贮藏项下的规定，系为避免污染和降解而对药品贮存与保管的基本要求。以下列名词术语表示：

遮光	系指用不透光的容器包装，例如棕色容器或黑纸包裹的无色透明、半透明容器；
密闭	系指将容器密闭，以防止尘土与异物进入；
密封	系指将容器密封以防止风化、吸潮、挥发与异物进入；
熔封或严封	系指将容器熔封或用适宜的材料严封，以防止空气与水分的侵入并防止污染；
阴凉处	系指不超过 20℃；
凉暗处	系指避光并不超过 20℃；
冷处	系指 2 ～ 10℃；
常温	系指 10 ～ 30℃。

除另有规定外，贮藏项下未规定贮藏温度的一般系指常温。

（8）检验方法和限度

药品均应按其标准规定的方法进行检验；如采用其他方法，应将该方法与规定的方法做比较试验，但在仲裁时仍以现行版药典规定的方法为准。

标准中规定的各种纯度和限度数值及制剂的重（装）量差异，系包括上限和下限两个数值本身及中间数值。规定的这些数值不论是百分数还是绝对数字，其最后一位数字都是有效位。

试验结果在运算过程中，可比规定的有效数字多保留一位数，而后根据有效数字的修约规则进舍至规定有效位。计算所得的最后数值或测定读数值均可按修约规则进舍至规定的有效位，取此数值与标准中规定的限度数值比较，以判断是否符合规定的限度。

原料药的含量（%），除另有注明者外，均按重量计。如规定上限为 100% 以上时，系指用现行版药典规定的分析方法测定时可能达到的数值，它为药典规定的限度或允许偏差，并非真实含有量；如未规定上限时，系指不超过 101.0%。

制剂的含量限度，系根据主药含量的多少、测定方法误差、生产过程不可避免偏差和贮存期间可能产生降解的可接受程度而制定的范围。按标示量的百分含量表示时，限度范围一般是 95.0% ～ 105.0%。生产中应按标示量 100% 投料。如已知某一成分在生产或贮存期间含量会降低，在保障质量和安全的前提下，生产时可适当增加投料量，以保证在有效期内含量能符合规定。

（9）标准物质

药品标准物质，是指供药品标准中物理和化学测试及生物方法试验用，具有确定特性量值，用于校准设备、评价测量方法或者给供试药品赋值的物质，包括标准品、对照品、对照药材、参考品。药品标准物质由国家药品监督管理部门指定的单位制备、标定和供应（国家药品监督管理部门的药品检验机构负责标定国家药品标准品、对照品），均应附有使用说明书，标明批号、用途、使用方法、贮藏条件和装量等。

标准物质的建立或变更批号，应与国际标准品、国际对照品或原批号标准品、对照品进行对比，并经过协作标定和一定的工作程序进行技术审定。

标准品系指用于生物检定、抗生素或生化药品中含量或效价测定的标准物质，按效价单位（或 μg）计，以国际标准品进行标定。化学药品标准物质常称为对照品，除另有规定外，均按干燥品（或无水物）进行计算后使用。

对照药材、对照提取物主要为中药检验中使用的标准物质。参考品主要为生物制品检验中使用的标准物质。

（10）计量

① 滴定液和试液的浓度　以 mol/L（摩尔 / 升）表示者，其浓度要求精密标定的滴定液用"XXX 滴定液（YYY mol/L）"表示；作其他用途不需精密标定其浓度时，用"YYY mol/L XXX 溶液"表示，以示区别。

② 温度　温度通常以摄氏度（℃）表示。有关温度描述，一般用以下列名词术语表示：

水浴温度	除另有规定外，均指 98 ～ 100℃；
热水	系指 70 ～ 80℃；
微温或温水	系指 40 ～ 50℃；
室温（常温）	系指 10 ～ 30℃；
冷水	系指 2 ～ 10℃；
冰浴	系指约 0℃；
放冷	系指放冷至室温。

③ 常用比例符号 符号"%"表示百分比，系指重量的比例；但溶液的百分比，除另有规定外，系指溶液100mL中含有溶质若干克；乙醇的百分比，系指在20℃时容量的比例。此外，根据需要可采用下列符号：

%（g/g）	表示溶液100g中含有溶质若干克；
%（mL/mL）	表示溶液100mL中含有溶质若干毫升；
%（mL/g）	表示溶液100g中含有溶质若干毫升；
%（g/mL）	表示溶液100mL中含有溶质若干克。

缩写"ppm"和"ppb"分别表示百万分比和十亿分比，系指重量或体积的比例。

溶液后记示的"（1→10）"等符号，系指固体溶质1.0g或液体溶质1.0mL加溶剂使成10mL的溶液；未指明用何种溶剂时，均系指水溶液；两种或两种以上液体的混合物，名称间用半字线"-"隔开，其后括号内所示的"："符号，系指各液体混合时的体积（重量）比例。

④ 液体的滴 指在20℃时，以1.0mL水为20滴进行换算。

（11）精确度

药品标准中取样量的准确度和试验精密度必须符合现行版药典的规定。

① 称重与量取：试验中供试品与试药等"称重"或"量取"的量，均以阿拉伯数码表示，其精确度可根据数值的有效位数来确定。

例如，称取"0.1g"，系指称取重量可为0.06～0.14g；称取"2g"，系指称取重量可为1.5～2.5g；称取"2.0g"，系指称取重量可为1.95～2.05g；称取"2.00g"，系指称取重量可为1.995～2.005g。即遵循"4舍6入5成双"的原则。

精密称定	系指称取重量应准确至所取重量的千分之一；
称定	系指称取重量应准确至所取重量的百分之一；
精密量取	系指量取体积的准确度应符合国家标准中对该体积移液管的精度要求；
量取	系指可用量筒或按照量取体积的有效位数选用量具。取用量为"约"若干时，系指取用量不得超过规定量的±10%。

② 恒重：恒重，除另有规定外，系指供试品连续两次干燥或炽灼后的重量差异在0.3mg以下的重量；干燥至恒重的第二次及以后各次称重均应在规定条件下继续干燥1h后进行；炽灼至恒重的第二次称重应在继续炽灼30min后进行。

③ 按干燥品（或无水物，或无溶剂）计算：试验中规定"按干燥品（或无水物，或无溶剂）计算"时，除另有规定外，应取未经干燥（或未去水，或未去溶剂）的供试品进行试验，并将计算中的取用量按检查项下测得的干燥失重（或水分，或溶剂）扣除。

④ 空白试验：试验中的"空白试验"，系指在不加供试品或以等量溶剂替代供试液的情况下，按同法操作所得的结果；含量测定中的"并将滴定的结果用空白试验校正"，系指按供试品所耗滴定液的量（mL）与空白试验中所耗滴定液的量（mL）之差进行计算。

⑤ 试验温度：试验时的温度，未注明者，系指在室温下进行；温度高低对试验结果有显著影响者，除另有规定外，应以25℃±2℃为准。

2.1.5 药物检验方法、技术简介

药物检验方法概括为：物理常数测定法、化学分析法、仪器分析法、生物化学法等。

药物检验技术一般包括常规检测技术和现代检测技术。

常规检测技术：基本化学操作技术，如样品取用、称量、加热、溶解、稀释、转移、过滤、萃取等。一般检测仪器技术，如熔点测定仪、旋光仪、黏度计、pH计、崩解仪、脆碎度仪、溶出仪等。

现代检测技术：精密分析仪器技术和现代计算机分析技术，如：电化学检测技术（电位滴定、永停滴定法）、光学检测技术（UV、IR、原子吸收分光光度法和荧光分光光度法）、色谱检测技术（TLC、HPLC、GC）、高端检测技术（核磁共振、质谱、气质联用、液质联用等）。

药物检验技术主要应用在以下几个方面。

（1）药物检验在药物研发中的应用

创新药物的研究和开发（Research and Development）是药学科学的重要任务。从先导化合物（Lead Compound）的发现开始到创新药物的临床验证和上市是一个复杂的高技术的系统工程，涉及药学、化学、生物学、临床医学和行政管理等多个领域。

药物分析是创新药物研究的工具和眼睛。药物分析通过对活性药物单体、原料药和创新药物的结构分析鉴定，进行新药开发，揭示药物的吸收、分布、代谢、排泄特征和机制等。

（2）药物检验在药品生产过程中的应用

药品的质量与其生产过程直接相关，各个环节离不开药物检验。生产药品所需的原料、辅料必须符合药用要求。药品生产的工艺路线必须确定、工艺条件必须稳定。例如，在化学原料药物的生产过程中，需要对起始原料、反应液、中间体、精制纯化和残留溶剂等进行跟踪监测；在中药的生产过程中，需要对原料药材、炮制加工过程、提取物等进行质量分析控制；在水难溶性药物固体制剂的生产过程中，则常常需要对原料药的晶形和粒度的大小进行控制、对制剂处方工艺条件和药物的溶出度进行跟踪考察。对不符合药品质量标准的产品不予出厂。

（3）药物检验在药品经营中的应用

药品均有特定的稳定性特征，受到温度、湿度和光照等环境因素的影响，往往会发生降解而引起质量变化。必须注意严格按照药品规定的条件进行贮运和保存，定期对药品进行必要的分析检验以考察其质量的变化，并在规定的有效期限内销售和使用。

（4）药物检验在药品使用中的应用

药品的质量合格是其临床使用安全与有效的首要保障。患者的生理因素（性别、年龄等）、病理状态（疾病的类型和程度）、基因类型、吸收、代谢及分泌排泄功能等都会影响到药物在体内的经时行为，从而影响药物的疗效和使用的安全。所以，开展临床治疗药物的分析监测，揭示药物进入体内后的动态行为，指导医生合理用药与个体化用药，是保障临床用药安全、有效和合理的重要措施。

（5）药物检验在药品监督管理中的应用

国家对药品的生产、经营和进口均实行行政许可制度，设立有专门机构对药品

项目 2　药物检验

的研制、生产、经营和使用进行质量与安全的指导、监督和管理工作。

国家食品药品监督管理局（SFDA）主管全国药品监督管理工作。各级药品监督管理部门设置或者确定的药品检验机构，承担药品审批和药品质量监督检查、检验工作。药物分析是国家对药品实施监督和管理，维护药品生产和使用正常秩序，打击假冒伪劣的重要技术支撑和工具手段。

任务 2.2
药物基本物理常数测定

物理常数是评价药物质量的重要指标，不同性质、纯度的药物有着不同的物理常数，在分析工作中可以选择测定相关物理常数进行药物的鉴别、检查。一般来说药物物理常数的测定主要包括熔点、沸点、相对密度、pH 值、折射率、旋光度、黏度等的测定。

2.2.1　熔点的测定

（1）熔点定义

熔点是晶体将其物态由固态转变（熔化）为液态的过程中固液共存状态的温度。进行相反动作（即由液态转为固态）的温度，称之为凝固点（也称冰点），晶体的凝固点和熔点相同。一般的，非晶体并没有固定的熔点和凝固点。与沸点不同的是，熔点受压力的影响很小。

下面以乙酰苯胺与未知样的熔点测定和定性分析为例，说明熔点的测定原理和操作技术。

（2）实验仪器和试剂

① 仪器：熔点管；b 形管（提勒管）；带缺口塞子；温度计；酒精灯；铁架台；表面皿；40 ~ 50cm 的玻璃管。

② 试剂：乙酰苯胺（分析纯）；未知样品 1 号和 2 号；液体石蜡。

（3）操作步骤

① 测定乙酰苯胺的熔点

a. 熔点管的制作。取长度约为 15cm，直径为 1 ~ 1.2mm，两端封熔的毛细管，用砂片从中间划一下，并轻轻折断，即制得两支熔点管。

b. 填装样品。取约 0.1g 乙酰苯胺，放入洁净干燥的表面皿中，用玻璃钉或玻璃棒研细，在干燥箱中充分干燥。在表面皿中将其堆成小堆，熔点管开口端插入其中，装入少量粉末后，开口向上，在桌面上蹾几下，并把熔点管竖立放置在桌面的长 40 ~ 50cm 的玻璃管中，从上到下反复掉落几次，最后使装入的试料高度为2 ~ 3mm。

c. 安装仪器。如图 2-1 所示，将提勒管固定在铁架台上，高度以酒精灯火焰可对侧管处加热为准。在提勒管中装入甘油，液面略高于提勒管的上侧支管，使管内液体能够循环。将熔点管用橡胶圈绑在温度计上，使装试料的位置靠在温度计水银球的中部。附有熔点管的温度计安装在提勒管的两侧管中间处。

071

分析检验应用技术

笔记

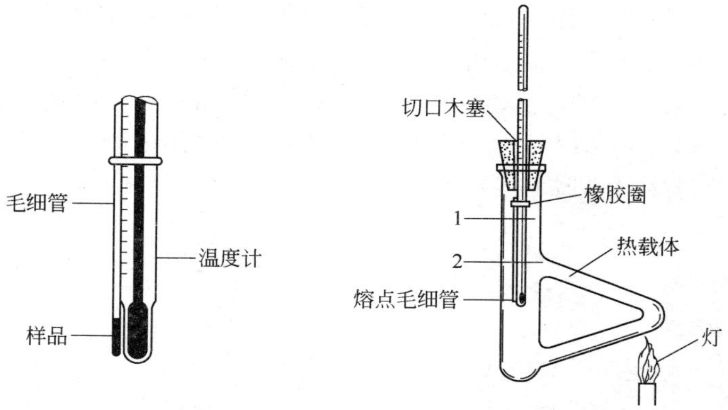

毛细管

温度计

样品

(a) 熔点毛细管的固定

切口木塞

橡胶圈

1

2

熔点毛细管

热载体

灯

(b) 熔点测定装置

图2-1 提勒管法测定熔点示意图

1—200℃时热载体液面位置；2—室温时热载体液面位置

d. 加热测熔点。用酒精灯在侧管底部加热，控制升温速度约为5℃/min，当温度升至试料熔点以下15℃时，移动酒精灯至侧管边缘处缓慢加热，使升温速度减慢至约1℃/min。越接近熔点升温越慢，接近熔点时，升温可按0.2～0.3℃/min控制。注意观察熔点管中样品的变化，记录初熔和全熔的温度。样品全溶后，撤离并熄灭酒精灯。待温度下降10℃以上后，取出温度计，将熔点管弃去，换上另一支盛有样品的熔点管，重复测定一次。

② 测定未知样的熔点。取1号和2号未知样各一份，在洁净干燥的表面皿上研细后，分别填装3支熔点管。待甘油浴的温度降到100℃以下后，按上述方法测定未知样的熔点。先快速升温粗测一次，得到粗略熔点后，再精测两次。

将初步判断为乙酰苯胺的样品与纯的乙酰苯胺混合，成为混合样，填装3支熔点管，先粗测一次，再精测两次。

（4）数据记录和处理

将实验中测得各项数据填入表2-1。查阅文献，乙酰苯胺的熔点为_____℃。

表2-1 乙酰苯胺熔点测定记录表

样　品	测定次数	初熔/℃	全熔/℃
乙酰苯胺	第一次		
	第二次		
未知样1号	第一次		
	第二次		
未知样2号	第一次		
	第二次		
混合样	第一次		
	第二次		

（5）注意事项

毛细管法测定熔点需注意以下事项。

① 熔点管本身要干净，管壁不能太厚，封口要均匀。容易出现的问题是，封口

项目 2 药物检验

一端发生弯曲和封口端壁太厚，所以在毛细管封口时，一端在火焰上加热时要尽量让毛细管接近垂直方向，火焰温度不宜太高，最好用酒精灯，断断续续地加热，封口要圆滑，以不漏气为原则。

② 升温速度不宜太快，特别是当温度将要接近该样品的熔点时，升温速度更不能快。一般情况是，开始升温时速度可稍快些（5℃/min），但接近该样品熔点时，升温速度要慢（0.2～0.3℃/min），对未知物熔点的测定，第一次可快速升温，测定化合物的大概熔点。

③ 熔点温度范围（熔程、熔点、熔距）的观察和记录，注意观察，样品开始萎缩（塌落）并非熔化开始的指示信号，实际的熔化开始于能看到第一滴液体时，记下此时的温度，到所有晶体完全消失呈透明液体时再记下这时的温度，这两个温度即为该样品的熔点范围。

④ 熔点的测定至少要有两次重复的数据，每一次测定都必须用新的熔点管，装新样品。进行第二次测定时，要等浴温冷至其熔点以下 30℃左右再进行。

⑤ 测定工作结束，一定要等浴液冷却后方可将热载体倒回瓶中。温度计也要等冷却后，用废纸擦去液体方可用水冲洗，否则温度计极易炸裂。

⑥ 试料要充分干燥，否则测到的熔点范围大，熔点低。试料要充分研磨，在熔点管中装填得结实均匀。如果研磨不细，孔隙变大，传热不好，易使熔程变大。

⑦ 纯有机物的熔程一般不超过 1～2℃。含有杂质时，物质熔程变大，熔点下降。有些有机物没有熔点，只有分解温度。

2.2.2 折射率的测定

（1）折射率

折射率是有机化合物最重要的物理常数之一，可被精确而方便地测定，并作为液体物质纯度的标准，它比沸点更为可靠。折射率也用于确定液体混合物的组成。

光在两个不同介质中的传播速度不同，光线从一个介质进入另一个介质，光线的传播方向发生改变，这种现象称为光的折射现象。见图 2-2（a）。

某种介质的折射率 n，定义为当光从真空中射入此介质中时，入射角正弦值与折射角正弦值之比，其数值等于光在真空的传播速度 c 与介质中传播速度 v 的比值。以 α 表示入射角（入射光线与法线的夹角），β 为折射角（折射光线与法线的夹角），有下式：

$$n = \frac{\sin\alpha}{\sin\beta} = \frac{c}{v}$$ （2-1）

其中，c 大于 v，α 大于 β，所以 n 总是大于 1。

折射定律：当光线从介质 1 进入介质 2（折射率分别为 n、N），光的折射符合定律：

$$\frac{N}{n} = \frac{\sin\alpha}{\sin\beta}$$ （2-2）

当 $n < N$，入射角 α=90º 时，此时的折射角最大（β_0），称为临界角，见图 2-2（b）。若入射角从 0º 到 90º 都有入射的单色光，那么折射角从 0º 到临界角 β_0 都有折射光，所以观察折射光时可见明暗两区，从明暗两区分界线的位置就可以测出临界角 β_0。

笔记

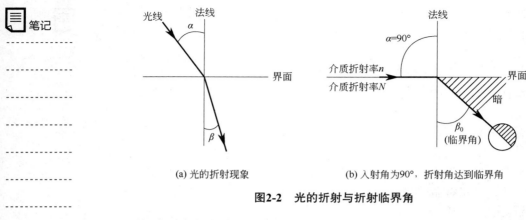

图2-2 光的折射与折射临界角

测定某介质的折射率原理：调整入射光 $\alpha=90°$，此时 $n=N\sin\beta_0$，如果测定了临界角 β_0，并已知 N，就可以求得介质的折射率 n。折射率常用 n_D^t 表示，D 是以钠灯的 D 线作光源，t 是与折射率相对应的温度。例如 n_D^{20} 表示 20℃时，该介质对钠灯 D 线的折射率。物质的折射率因温度或光线波长的不同而改变，透光物质的温度升高，折射率变小；光线的波长越短，折射率越大。

通常用阿贝（Abbe）折光仪测定物质的折射率。折光仪中将待测液体涂在玻璃棱镜上，在液膜和棱镜之间发生折射，通过测定临界角，结合玻璃棱镜的折射率，即可得到待测液体的折射率，由折光仪直接读数。

下面以未知物质折射率的测定和定性分析实验为例，说明折射率的测定原理和操作步骤。

（2）实验仪器和试剂

① 仪器：阿贝折光仪（如图 2-3 所示），超级恒温水浴槽。

② 试剂：无水乙醇（分析纯）；二次蒸馏水；有机化合物样品。

（3）操作步骤

① 将阿贝折光仪置于靠窗口的桌上或白炽灯前，但要避免阳光直射，用超级恒温水浴槽通入所需温度的恒温水于两棱镜夹套中，棱镜上的温度计应指示所需温度，否则应重新调节恒温槽的温度。

② 松开锁钮，打开棱镜，滴 1~2 滴丙酮在玻璃面上，合上两个棱镜，待镜面全部被丙酮湿润后再打开，用擦镜纸轻擦干净。

③ 校正。用重蒸蒸馏水较正，打开棱镜，滴 1 滴蒸馏水于下面镜面上，在保持下面镜面水平情况下关闭棱镜，转动刻度盘罩外手柄（棱镜被转动），使刻度盘上的读数等于蒸馏水的折射率（$n_D^{20} = 1.3330$，$n_D^{25} = 1.3325$）调节反射镜使入射光进入棱镜组，并从测量镜中观察，使视场最明亮，调节测量镜（目镜），使视场十字线交点最清晰。转动消色调节器，消除色散，得到清晰的明暗界线（图 2-4），然后用仪器附带的小旋棒旋动位于镜筒外壁中部的调节螺丝，使明暗线对准十字线交点，校正即完毕。

④ 测定。用丙酮清洗镜面后，滴加 1~2 滴样品于毛玻璃面上，闭合两个棱镜，旋紧锁钮。如样品很易挥发，可用滴管从棱镜间小槽中滴入。转动刻度盘罩外手柄，使刻度盘上的读数为最小，调节反射镜使光进入棱镜组，并从测量镜中观察，使视场最明亮，再调节目镜，使视场十字线交点最清晰。再次转动罩外手柄，使刻度盘

上的读数逐渐增大，直到观察到视场中出现半明半暗现象，并在交界处有彩色光带，这时转动消色散手柄，使彩色光带消失，得到清晰的明暗界线，继续转动罩外手柄使明暗界线正好与目镜中的十字线交点重合。从刻度盘上直接读取折射率。

图2-3　阿贝折光仪

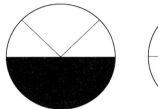

图2-4　折射仪镜筒中的视野图

（4）数据记录和处理

对未知物质进行定性分析：测定已知几种物质的折射率，再测定未知物质的折射率，通过对比折射率来定性未知物质。每种物质的折射率测定重复3次，取平均值。填写表2-2和表2-3。

表2-2　已知物质的折射率测定记录表

物质名称	折射率			平均值
	1	2	3	

表2-3　未知物质折射率测定记录表

未知物质编号	折射率			平均值	确定未知物质名称
	1	2	3		
1					
2					
3					
4					

结论：未知物质溶液分别为，1号____、2号____、3号____、4号____。

（5）注意事项

① 要特别注意保护棱镜镜面，滴加液体时防止滴管口划镜面。

② 每次擦拭镜面时，只许用擦镜头纸轻擦，测试完毕，也要用丙酮洗净镜面，待干燥后才能合拢棱镜。

③ 不能测量有酸性、碱性或腐蚀性的液体。

④ 测量完毕，拆下连接恒温槽的胶皮管，棱镜夹套内的水要排尽。

⑤ 最好在 20℃下测定折射率。若无恒温槽，所得数据要加以修正，通常温度升高 1℃，液态化合物折射率降低 $3.5 \times 10^{-4} \sim 5.5 \times 10^{-4}$。

2.2.3 旋光度的测定

（1）旋光度和比旋光度

旋光现象：一些光学活性的化合物液体或溶液，当有平面偏振光通过时，能使光的振动方向发生改变，即光的振动面旋转一定的角度，称为旋光现象。如果将偏振光的平面向左旋转，即按逆时针方向转动称为左旋，用"−"表示；使偏振光的平面向右旋转，即按顺时针方向转动称为右旋，用"+"表示。物质的这种使平面偏振光偏振面旋转的性质称为旋光性。

旋光物质：具有旋光性的物质称为旋光物质，或称为光学活性物质。

旋光度：偏振面被旋转的角度，又称旋光度。

旋光性物质的旋光度和旋光方向可用旋光仪进行测定。旋光度以及旋光方向，与物质的结构有关，并与测定条件有关。因为旋光现象是偏振光透过旋光性物质的分子时所造成的，透过的分子愈多，偏振光旋转的角度愈大。因此，旋光度与被测溶液的浓度，以及盛放样品的管子（旋光管）的长度等密切相关。

旋光度的测定：如图 2-5 所示。由单色光源（一般用钠光灯）发出的光，通过起偏棱镜（尼可尔棱镜）后，转变为平面偏振光（简称偏振光）。当偏振光通过样品管中具有旋光性的物质时，振动平面旋转一定角度。通过旋转附有刻度的检偏镜（也是一个尼可尔棱镜），使偏振光通过，读出检偏镜所旋转的度数，即可得样品的旋光度 α。

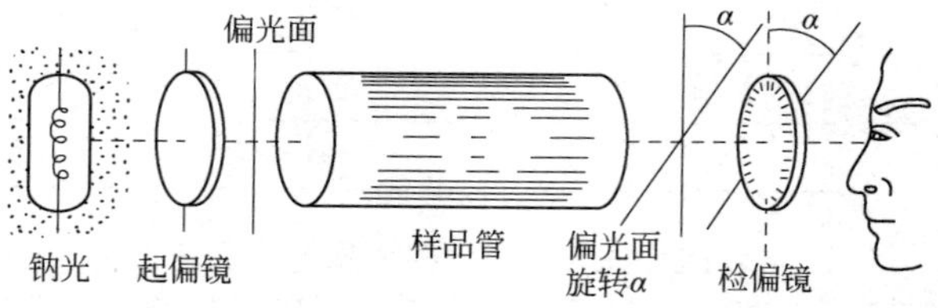

图2-5 测定样品旋光度的原理示意图

旋光度 α 决定于被测分子的立体结构，以及受环境和参数条件影响——例如：待测液的浓度、偏振光通过溶液的厚度（即样品管长度）、温度、光源的波长、所用溶剂等因素的影响。

比旋光度：通常，规定旋光管的长度为 1dm，待测物质溶液的浓度为 1g/mL，在此条件下测得的旋光度叫作该物质的比旋光度，用 $[\alpha]$ 表示。比旋光度仅决定于物质的结构，它是物质特有的物理常数。例如：25℃下，用波长为 589.3nm 的钠灯（D 线）作光源，测定某样品的旋光度为右旋 38°，则比旋光度记作 $[\alpha]_D^{25} = +38°$。

比旋光度和旋光度的关系：

对于纯液体：比旋光度

$$[\alpha]_\lambda^t = \frac{\alpha}{dl} \qquad （2-3）$$

对于溶液：比旋光度 $\qquad [\alpha]_\lambda^t = \dfrac{\alpha}{cl}$ （2-4）

式中 $[\alpha]_\lambda^t$——旋光性物质在温度为 t℃、光源的波长为 λ 时的比旋光度；
α——旋光仪所测得的旋光度；
l——液层厚度，dm；
d——纯液体的密度，g/mL；
c——溶液的浓度，g/mL；
t——测定时的温度，℃；
λ——测定用光源的波长，nm。

测定比旋光度，可以鉴定物质的纯度，测定溶液的浓度、密度和鉴别光学异构体。

判断物质的旋光方向：对观察者来说，偏振光的振动平面若是顺时针旋转，则为右旋（+），这样测得的 $+\alpha$，也可以代表 $\alpha \pm (n \times 180)°$ 的所有值。因此，在测定未知物的旋光度时，至少要做一次改变浓度或者液层厚度的测定。

① 改变液层厚度判断左旋、右旋，设长旋光管读数为 α_1，短旋光管读数为 α_2。

若 $\alpha_1 > \alpha_2$，说明物质右旋，旋光度 = 读数；

若 $\alpha_1 < \alpha_2$，说明物质左旋，旋光度 = 读数 - 180°。

② 改变浓度判断左旋、右旋，设高浓度时读数为 α_1，低浓度时读数为 α_2。

若 $\alpha_1 > \alpha_2$，说明物质右旋，旋光度 = 读数；

若 $\alpha_1 < \alpha_2$，说明物质左旋，旋光度 = 读数 - 180°。

例如：测定观察值为 +38°，在稀释五倍后，所得读数为 +7.6°，则此未知物的旋光度 α 应该为 38°，也即是 +7.6° × 5 = +38°。

下面以葡萄糖溶液的旋光度测定和定量分析实验为例，说明旋光度的测定原理和操作步骤。

（2）实验仪器和试剂

① 仪器：天平、移液管、容量瓶、旋光仪（图 2-6）等。

② 试剂：蒸馏水、5% 葡萄糖溶液、未知浓度葡萄糖溶液。

（3）操作步骤

① 配制标准溶液和样品溶液：准确称取葡萄糖试剂，在容量瓶中配成浓度为 5% 的标准溶液，并准备好样品溶液。通常可以选用水、乙醇、氯仿作溶剂。若用纯液体样品直接测试，则测定前只需确定其相对密度即可。

图2-6 WXG-4圆盘旋光仪

注意葡萄糖溶液具有变旋光现象，所以待测葡萄糖溶液应该提前 24h 配好，以消除变旋光现象，否则测定过程中会出现读数不稳定的现象。

② 预热：打开旋光仪电源开关，预热 5～10min，待完全发出钠黄光后方可观察使用。

③ 旋光仪的校正：在测定样品前，需要先校正旋光仪的零点。

分析检验应用技术

笔记

a. 将放样管洗好，左手拿住管子把它竖立，装上蒸馏水，使液面凸出管口。

b. 将玻璃盖沿管口边缘轻轻平推盖好，不能带入气泡，旋上螺丝帽盖，旋紧（随手旋紧，至不漏水为止，旋得太紧，玻片容易产生应力而引起视场亮度发生变化，影响测定准确度）。

c. 将样品管擦干，放入旋光仪内，合上盖子。开启钠光灯，将标示盘调至零点左右。此时可能会出现大于或小于零度视场的情况，如图 2-7 中（a）或（c）所示。

旋转粗动、微动手轮，使视场内三部分的亮度均一，即零度视场，如图 2-7（b）所示。记下读数。

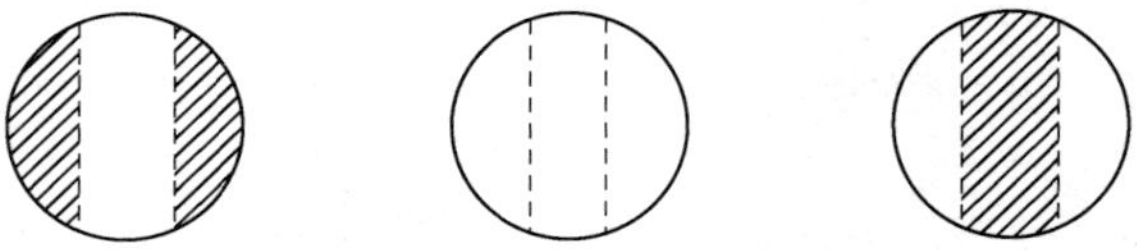

(a) 大于或小于零度视场　　(b) 零度视场　　(c) 小于或大于零度视场

图2-7　视场中可能出现的不同情况

d. 重复操作至少 3 次，取平均值。若平均值不为零而存在偏差值，应在测量读数中将其减去。

④ 旋光度的测定：依上法分别测定葡萄糖溶液和样品溶液的旋光度。每次测定之前样品管必须先用蒸馏水清洗 1～2 遍，再用少量待测液润洗 2～3 遍，以免受污物的影响，然后装上样品进行测定。每次所得读数与零点读数的差值即为所测溶液的旋光度。

⑤ 检查葡萄糖的旋光方向：将 5% 的葡萄糖溶液稀释一倍后测定旋光度，或者更换短管的样品管进行检测，根据数据判断葡萄糖的旋光方向。

（4）数据记录和处理

将数据填入表 2-4 中。

表2-4　旋光度测定记录表

样品的温度 =_____℃，样品管长度 =_____。

项　目	1	2	3
零点值			
零点平均值			
5%（或 5g/100mL）葡萄糖旋光度			
旋光度平均值			
差值*			
比旋光度			
未知浓度葡萄糖的旋光度			
旋光度平均值			
差值*			
未知葡萄糖溶液浓度 /（g/100mL）			

* 差值 = 旋光度平均值 - 零点平均值

项目 2　药物检验

检查葡萄糖的旋光方向：葡萄糖溶液稀释一倍或者更换短管的样品管进行测定，得到的旋光度____（填增大或减小），判断葡萄糖溶液的旋光方向为_____。

（5）注意事项

① 仪器应放在空气流通和温度适宜的地方，并不宜低放，以免光学零部件、偏振片受潮发霉及性能衰退。

② 镜片不能用不洁或硬质布、纸去擦，以免镜片表面产生划痕等。

③ 仪器不用时，应将仪器放入箱内或用塑料罩罩上，以防灰尘侵入。

④ 仪器、钠光灯管、试管等装箱时，应按规定位置放置，以免压碎。

任务 2.3
药物一般杂质的检查

2.3.1　杂质定义

杂质是指药物中存在的无治疗作用或影响药物的稳定性和疗效，甚至对人体健康有害的物质。

2.3.2　杂质检查的意义

药物的纯度，是指药物的纯净程度。在药物的研究、生产、供应和临床使用等方面，必须保证药物的纯度，才能保证药物的有效和安全。通常可从药物的结构、外观性状、理化常数、杂质检查和含量测定等方面作为一个有联系的整体来表明和评定药物的纯度，所以在药物的质量标准中就规定了药物的纯度要求。药物中含有杂质是影响纯度的主要因素，如药物中含有超过限量的杂质，就有可能使理化常数变动，外观性状产生变异，并影响药物的稳定性；杂质增多也使药物含量明显偏低或活性降低，毒副作用显著增加。因此，药物的杂质检查是控制药物纯度的一个非常重要的方面，所以药物的杂质检查也可称为纯度检查。

一般化学试剂不考虑杂质的生理作用，其杂质限量只是从可能引起的化学变化上的影响来规定。故一般情况下不能与临床用药的纯度互相代替。随着分离检测技术的提高，通过对药物纯度的考察，能进一步发现药物中存在的某些杂质对疗效的影响或其具有的毒副作用。且随着生产原料的改变及生产方法与工艺的改进，对于药物中杂质检查项目或限量要求也就有相应的改变或提高。

对于一些保持药物稳定性的保存剂或稳定剂，不认为是杂质，但需检查是否在允许范围内。在药典检查项下除杂质检查外，还包括有效性、安全性、均匀性几个方面。有效性试验是指针对某些药物的药效需进行的特定的项目检查，如药物的制酸力、吸着力、疏松度、凝冻度、粒度、结晶度等。安全试验是指某些药物需进行异常毒性、热原、降压物质和无菌等项目的检查。均匀性是指制剂中药物与辅料的混合均匀程度等，如含量均匀度、溶出度、重量差异等。

2.3.3 杂质的来源

杂质的来源，主要有两个：一是由生产过程中引入；二是在贮藏过程中受外界条件的影响，引起药物理化性质发生变化而产生。由于所用原料不纯或所用原料中有一部分未反应完全，以及反应中间产物与反应副产物的存在，在精制时未能完全除去，都会使产品中存在杂质。在贮藏过程中在温度、湿度、日光、空气等外界条件影响下，或因微生物的作用，引起药物发生水解、氧化、分解、异构化、晶型转变、聚合、潮解和发霉等变化，使药物中产生有关的杂质。不仅使药物的外观性状发生改变，更重要的是降低了药物的稳定性和质量，甚至失去疗效或对人体产生毒害。

2.3.4 杂质分类

药物中的杂质按来源可分为一般杂质和特殊杂质。

一般杂质是指在自然界中分布较广，在多种药物的生产和贮藏过程中容易引入的杂质。《中国药典》附录和正文中列举的一般杂质检查项目有：氯化物、硫酸盐、铁盐、重金属、砷盐、硫化物、硒盐、炽灼残渣、水分、溶液颜色、易炭化物、溶液澄清度和酸度等。

特殊杂质是指在个别药物的生产和贮藏过程中引入的杂质。按照特殊杂质与主药的关系，可以将特殊杂质归纳为有关物质、其他甾体、其他生物碱、酮体等。

药物中所含杂质按其结构又可分为无机杂质和有机杂质。按其性质还可分为信号杂质和有害杂质，信号杂质本身一般无害，但其含量的多少可反映出药物的纯度水平，有害杂质伤害身体健康，在质量标准中要加以严格控制。

药典中规定的各种杂质，系指该药品在按既定工艺进行生产和正常贮藏过程中可能含有或产生并需要控制的杂质。凡药典未规定检查的杂质，一般不需要检查。对危害人体健康、影响药物稳定性的杂质，必须严格控制其限量。

2.3.5 杂质检查方法

由于杂质不可能完全除尽，所以在不影响疗效和不发生毒性的原则下，既保证药物质量，又便于制造、贮藏和生产制剂，对于药物中可能存在的杂质，允许有一定限量存在。通常不要求测定其准确含量。杂质检查方法一般分三种。

① 对照法：又叫限量（或限度）检查。《中国药典》中规定的杂质检查均为限量检查法，系指取限量的待检杂质的纯品或对照品配成对照液，另取一定量供试品配成供试品溶液，在相同条件下处理，比较反应结果（比色或比浊）。杂质限量是指药物中所含杂质的最大容许量。对危害人体健康、影响药物稳定性的杂质，必须严格控制其限量。通常杂质限量用百分之几（%）或百万分之几（ppm，parts per million）来表示。

$$杂质限量L = \frac{杂质最大允许量}{供试品量} \times 100\%$$

$$= \frac{标准溶液体积V \times 标准溶液浓度c}{供试品量S} \times 100\%$$

② 灵敏度法：系指在供试品溶液中加入试剂，在一定反应条件下，不得有正反应出现，从而判断供试品中所含杂质是否符合限量规定。

③ 比较法：系指取供试品一定量依法检查，测得待检杂质的吸收度等与规定的限量比较，不得更大。

2.3.6 一般杂质检查原理和操作规程

下面以葡萄糖粉剂中一般杂质检查为例，说明药物的一般杂质检查原理和操作步骤。

葡萄糖是用淀粉以无机酸水解或在酶催化下经过水解得稀葡萄糖液，再经脱色、浓缩结晶制得。根据葡萄糖生产工艺特点，应进行氯化物、重金属、砷盐等一般杂质检查。

（1）酸度测定

测定原理：在供试品溶液中滴加碱溶液，以酚酞作指示剂，观察溶液应显示粉红色。如果不显示粉红色，则表示供试品的酸度较强。

步骤：取本品 2.0g，加水 20mL 溶解后，加酚酞指示液 3 滴与氢氧化钠滴定液（0.02mol/L）0.20mL，应显粉红色。

（2）溶液的澄清度与颜色

测定原理：用作注射剂的原料药需检查澄清度，取一定浓度的标准浊度溶液与供试品溶液对比，样品浊度应更小，即为符合要求。检查供试品溶液的色度深浅，采用一定浓度的标准色度溶液与其对比，供试品溶液色度应更小。

步骤：取本品 5g，加热水溶解后，放冷，用水稀释至 10mL，溶液应澄清无色；如显浑浊，与 1 号浊度标准液（参照 JJG 880—2006《浊度计》国家计量检定规程）比较，不得更浓；如显色，与对照液（取比色用氯化钴液 3mL、比色用重铬酸钾液 3mL 与比色用硫酸铜液 6mL，加水稀释成 50mL）1.0mL 加水稀释至 10mL 比较，不得更深。

浊度标准液的制备：由 1.0% 硫酸肼溶液与 10% 乌洛托品溶液等量混合，配制浊度标准储备液，再稀释为浊度标准原液，并将其继续稀释为浊度标准液（5 个级号）。配制原理是利用乌洛托品在偏酸性条件下水解产生甲醛，甲醛与肼缩合生成甲醛腙，不溶于水，形成白色浑浊。

（3）乙醇溶液的澄清度

测定原理：供试品中某些杂质在热乙醇溶液中溶解，溶液显示澄清。

步骤：取本品 1.0g，加 90% 乙醇 20mL，置水浴上加热回流约 40min，溶液应澄清。

（4）氯化物的检查

测定原理：药物中的氯化物在硝酸溶液中与 $AgNO_3$ 作用，生成 AgCl 白色浑浊液，其浑浊程度与一定量的标准 NaCl 溶液和硝酸银在同样条件下所生成的 AgCl 浑浊相比较，浊度应更小，判断供试品中氯化物含量未超一定限度。

步骤：取本品 0.6g，加水溶解至 25mL，再加稀硝酸 10mL；溶液如不澄清，应过滤后置 50mL 纳氏比色管中，加水至约 40mL，摇匀，即得供试溶液。另取标准氯化钠溶液（10μg/mL）6.0mL，置 50mL 纳氏比色管中，加稀硝酸 10mL，加水至 40mL，摇匀，即得对照溶液。向供试溶液与对照溶液中，分别加入硝酸银试液（0.1mol/L）1.0mL，用水稀释至 50mL，摇匀，在暗处放置 5min，同置黑色背景上，从比色管上方向下观察、比较。供试溶液所显浑浊度不得比对照液更浓（0.01%）。

稀硝酸：取 105mL 硝酸加水稀释至 1000mL，即得。

标准氯化钠溶液的制备：精密称取干燥至恒重的氯化钠 0.165g，置 1000mL 容量瓶中，加水适量使溶解，并稀释至刻度，摇匀，作为储备液。临用前，精密量取储备液 10mL，置 100mL 容量瓶中，加水稀释至刻度，摇匀，即得每 1mL 相当于 10μg Cl 的标准溶液。

干扰的排除：供试溶液如带颜色，可取供试溶液两份，分置 50mL 纳氏比色管中，一份中加硝酸银试液 1.0mL，摇匀，放置 10min，如显浑浊，可反复过滤，至滤液完全澄清，再加规定量的标准氯化钠溶液与适量水至 50mL，摇匀，在暗处放置 5min，作为对照溶液；另一份中加硝酸银试液 1.0mL 与适量水至 50mL，摇匀，在暗处放置 5min，按上述方法与对照溶液比较，即得。用滤纸过滤时，应预先用含有硝酸的水洗净滤纸中的氯化物后再过滤。

（5）硫酸盐的检查

测定原理：药物供试品中的微量硫酸盐与 $BaCl_2$ 在酸性溶液中生成 $BaSO_4$ 沉淀，溶液显示白色浑浊，用一定量的标准 K_2SO_4 溶液与 $BaCl_2$ 在同样条件下生成的浑浊相比较，供试品浑浊度应更小，判断供试品中硫酸盐含量未超一定限度。

步骤：取本品 2.0g，加水溶解至约 40mL（溶液如不澄清，应过滤），置 50mL 纳氏比色管中，加稀盐酸 2mL，摇匀，即得供试溶液。另取标准硫酸钾溶液 2.0mL，置 50mL 纳氏比色管中，加水至约 40mL，加稀盐酸 2mL，摇匀，即得对照溶液。于供试溶液与对照溶液中，分别加入 25% 氯化钡溶液 5mL，用水稀释至 50mL，充分摇匀，放置 10min，同置黑色背景上，从比色管上方向下观察、比较。供试溶液所显浑浊度不得比对照液更浓（0.01%）。

稀盐酸溶液：取 234mL 盐酸加水稀释至 1000mL，即得。

标准硫酸钾溶液的制备（每 1mL 相当于 100μg 的 SO_4^{2-}）：精密称取干燥至恒重的硫酸钾 0.181g，置 1000mL 容量瓶中，加水适量使溶解并稀释至刻度，摇匀，即得每 1mL 相当于 100μg SO_4^{2-} 的标准溶液。

干扰的排除：供试溶液如带颜色，可取供试溶液两份，分置 50mL 纳氏比色管中，一份中加 25% 氯化钡溶液 5mL，摇匀，放置 10min，如显浑浊，可反复过滤，至滤液完全澄清，再加规定量的标准硫酸钾溶液与适量水至 50mL，摇匀，放置 10min，作为对照溶液；另一份中加 25% 氯化钡溶液 5mL 与适量水至 50mL，摇匀，放置 10min，按上述方法与对照溶液比较，即得。

（6）亚硫酸盐与可溶性淀粉的检查

测定原理：供试品中如果有亚硫酸盐与可溶性淀粉，加入碘试液时，亚硫酸盐的还原性，使碘褪色，不显黄色；如果有可溶性淀粉，则遇碘液显蓝色。供试品中如果不含亚硫酸盐与可溶性淀粉，加碘试液时显黄色。

步骤：取本品 1.0g，加水 10mL 溶解后，加碘试液 1 滴，应立即显黄色。

（7）干燥失重

测定原理：干燥失重是指药品在规定的条件下，经干燥后所减失的质量，以百分率表示。干燥失重的量应恒重。由干燥至恒重的第二次及以后各次称重均应在规

项目 2　药物检验

定的条件下继续干燥 1h 后进行。

步骤：取本品，在 105℃ 干燥至恒重，减失质量为 7.5% ～ 9.5%。

（8）炽灼残渣

测定原理：检查有机药物中混入的各种无机杂质，将有机药物经高温加热分解或挥发后遗留下不挥发的无机物，加硫酸处理，并于高温炽灼，生成金属氧化物或其硫酸盐，称为炽灼残渣。再称重计算即可判定结果。

步骤：将坩埚置于 700 ～ 800℃ 下的高温电炉内炽灼至恒重，称重 m_1。用坩埚称取供试品 1.0 ～ 2.0g，精密称定。放于电炉上炽灼至供试品全部炭化呈黑色。冷却后，滴加硫酸 0.5 ～ 1.0mL，使炭化物全部湿润，继续在电炉上低温加热至硫酸蒸气除尽，白烟完全消失。将坩埚置于 700 ～ 800℃ 高温电炉内炽灼直至恒重，称重 m_2。计算炽灼残渣（%）=（$m_2 - m_1$）/ 供试品质量，不得超过 0.1%。

（9）铁盐

测定原理：将供试品中的铁离子氧化为 Fe^{3+}，加入硫氰酸铵溶液。Fe^{3+} 与硫氰酸根离子生成红色配位化合物，其颜色深浅度与标准铁溶液对照管的颜色相比，供试品溶液显色更浅。

步骤：取本品 2.0g，于 50mL 烧杯中，加水 20mL 溶解后，加硝酸 3 滴，缓缓煮沸 5min，放冷，定量移入 50mL 比色管中，加水稀释使成 45mL，加硫氰酸铵溶液（30 → 100）3mL，摇匀，如显色，与标准铁溶液 2.0mL 用同一方法制成的对照液比较，不得更深（0.001%）。

标准铁溶液（每 1mL 相当于 10μg 的 Fe）的制备：称取硫酸铁铵［$FeNH_4(SO_4)_2 \cdot 12H_2O$］0.863g，置 1000mL 容量瓶中，加水溶解后，加硫酸 2.5mL，用水稀释至刻度，摇匀，作为储备液。临用前，精密量取储备液 10mL，置 100mL 容量瓶中，加水稀释至刻度，摇匀，即得。

（10）重金属

测定原理：重金属是指在实验室条件下与 S^{2-} 作用显色的金属杂质，如银、铅、汞、铜、镉、锡、锑、铋等，由于药品生产过程中遇到铅的机会比较多，铅在体内易积蓄中毒，故检查时以铅作为代表。测定时，控制供试品溶液 pH 为 3.5，加入硫代乙酰胺试液，Pb^{2+} 与硫代乙酰胺分解产生的 H_2S 反应，生成 PbS，使溶液显色。颜色的深浅度与一定量标准铅溶液在相同条件下产生的颜色相比，不得更深。

步骤（硫代乙酰胺法）：取 25mL 纳氏比色管两支，甲管中加标准铅溶液（10mg/mL Pb^{2+}）2mL 与醋酸盐缓冲液（pH3.5）2mL，加水稀释成 25mL。取本品 4.0g，置乙管中，加水溶解后，加醋酸盐缓冲液（pH3.5）2mL，稀释至 25mL；若供试液带颜色，可在甲管中滴加少量的稀焦糖溶液或其他无干扰的有色溶液，使之与乙管颜色一致。再在甲乙两管中分别加硫代乙酰胺试液各 2mL，摇匀，放置 2min，同置白纸上，自上向下透视，乙管中显出的颜色与甲管比较，不得更深，含重金属不得超过 5ppm。

醋酸盐缓冲液（pH = 3.5）：取醋酸铵 25g，加水 25mL 溶解后，加 7mol/L 盐酸溶液 38mL，用 2mol/L 盐酸溶液或 5mol/L 氨溶液准确调节 pH 至 3.5（电位法指示），用水稀释至 100mL 即得。

硫代乙酰胺试液配制：取硫代乙酰胺 4g，加水使溶解成 100mL，置于冰箱中保存。临用前取混合液［由氢氧化钠液（1mol/L）15mL，水 5.0mL 及甘油 20mL 组成］

5.0mL，加上述硫代乙酰胺溶液 1.0mL，置水浴上加热 20s，冷却，立即使用。

标准铅溶液的制备：精密称取干燥至恒重的硝酸铅 0.160g，置 1000mL 容量瓶中，加硝酸 5mL 与水 50mL 溶解后，用水稀释至刻度，摇匀，作为储备液。临用前，精密量取储备液 10mL，置 100mL 容量瓶中，加水稀释至刻度，摇匀，即得（每 1mL 相当于 10μg 的 Pb）。

干扰的排除：若供试液带颜色，可在标准管中滴加少量的稀焦糖溶液或其他无干扰的有色溶液，使之与样品管颜色一致。如在标准管中滴加稀焦糖溶液仍不能使颜色一致时，可取该药品项下规定的二倍量的供试品和试液，加水或该药品项下规定的溶剂至 30mL，将溶液分成甲乙二等份，乙管中加水或该药品项下规定的溶剂稀释成 25mL；甲管中加入硫代乙酰胺试液 2mL，摇匀，放置 2min，经滤膜（孔径 3mm）过滤，然后甲管中加入一定量标准铅溶液，加水或该药品项下规定的溶剂至 25mL；再分别在乙管中加硫代乙酰胺试液 2mL，甲管中加水 2mL，依法比较，即得。配制与贮存用的玻璃容器均不得含铅。

（11）砷盐

测定原理：采用古蔡氏法测定。①在酸性介质，药物中微量砷盐由 As^{5+} 还原为 As^{3+}，再被金属锌与酸作用产生的新生态氢还原为挥发性的砷化氢；②砷化氢遇溴化汞试纸，产生黄色至棕色的砷斑，与一定量标准砷溶液所生成的砷斑比较，颜色不得更深。以此来判断供试品中砷盐是否超过限量。

$$As^{3+} + 3Zn + 3H^+ \longrightarrow 3Zn^{2+} + AsH_3 \uparrow$$

$$AsO_3^{3-} + 3Zn + 9H^+ \longrightarrow 3Zn^{2+} + 3H_2O + AsH_3 \uparrow$$

$$AsH_3 + 3HgBr_2 \longrightarrow 3HBr + As(HgBr)_3 （黄色）$$

$$2As(HgBr)_3 + AsH_3 \longrightarrow 3AsH(HgBr)_2 （棕色）$$

$$As(HgBr)_3 + AsH_3 \longrightarrow 3HBr + As_2Hg_3 （棕黑色）$$

仪器装置：如图 2-8 所示。测试时，于定砷管中装入醋酸铅棉花 60mg（装填高度 60～80mm，吸收 H_2S 用），再于定砷管上端管口和定砷管帽之间夹放一片溴化汞试纸（试纸大小以能覆盖孔径而不露出平面外为宜），盖上定砷管帽并旋紧。

步骤：取本品 2.0g，置测砷瓶中（图 2-8），加水 5mL 溶解后，加稀盐酸 5mL 与溴化钾-溴试液 0.5mL，置水浴上加热约 20min，使保持稍过量的溴存在，必要时，再补加溴化钾-溴试液适量，并随时补充蒸散的水分，放冷，加盐酸 5mL 与水适量使成 28mL，作为供试溶液。另精密量取标准砷溶液 2mL，置另一测砷瓶中，加盐酸 5mL 与水 21mL，作为标准液。取供试溶液和标准液分别进行以下操作：加碘化钾试液 5mL 与酸性氯化亚锡试液 5 滴，在室温放置 10min 后，加锌粒 2g，立即将装妥的导气管密塞于测砷瓶上，并将测砷瓶置 25～40℃水浴中，反应 45min，取出溴化

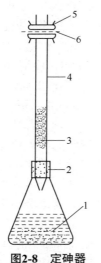

图2-8 定砷器
1—测砷瓶；2—磨口；
3—乙酸铅脱脂棉球；4—定砷管；
5—定砷管帽；6—溴化汞试纸

项目 2　药物检验

汞试纸，比较。供试溶液生成的砷斑与标准砷斑比较，不得更深（0.0001%）。

标准砷溶液的制备：精密称取干燥至恒重的三氧化二砷 0.132g，置 1000mL 容量瓶中，加 20% 氢氧化钠溶液 5mL 溶解后，用适量的稀硫酸中和，再加稀硫酸 10mL，用水稀释至刻度，摇匀，作为储备液。临用前，精密量取储备液 10mL，置 1000mL 容量瓶中，加稀硫酸 10mL，用水稀释至刻度，摇匀，即得（每 1mL 相当于 1μg 的 As）。

溴化钾 - 溴试液的制备：取溴 30g，与溴化钾 30g，加水使溶解成 100mL。

酸性氯化亚锡试液：取氯化亚锡 1.5g，加水 10mL 与少量的盐酸使其溶解，即得。本液应临用新配。

2.3.7　数据记录和处理

填写表 2-5。

表2-5　操作报告单

试样名称				实验地点			
取样时间	年　月　日		分析时间	日　　时		试验温度 /℃	
实验项目			现象			结论	
酸度							
溶液的澄清度与颜色							
乙醇溶液澄清度与颜色							
氯化物							
硫酸盐							
亚硫酸盐和可溶性淀粉							
干燥失重							
灼烧残渣							
铁盐							
重金属							
砷盐							
检验人		复核人			审核人		

任务 2.4
紫外可见分光光度法对药品的分析

紫外可见分光光度法是研究物质在紫外、可见光区的分子吸收光谱法，利用某些物质分子吸收 200 ～ 780nm 光来进行分析测定。广泛用于无机和有机物质的定性、

085

定量测定。

可见分光光度法：利用物质对 400 ~ 780nm 可见光的吸收来测定。有色溶液可采用可见分光光度法进行测定，无色溶液经过显色后也可以采用可见分光光度法测定。

紫外分光光度法：利用物质对 200 ~ 400nm 紫外光的吸收来测定。能在紫外光区产生吸收的有机化合物是不饱和且具有共轭体系的物质。

2.4.1 可见分光光度法的显色反应

2.4.1.1 显色剂的选择

与待测组分形成有色化合物的试剂叫作显色剂。显色反应主要有配位反应和氧化还原反应，其中配位反应用得最多。显色剂可分为无机显色剂和有机显色剂两大类。

（1）无机显色剂

有些无机试剂能与金属离子发生显色反应。多数无机有色配合物组成不恒定，也不稳定，光度分析的灵敏度不高，选择性较差。目前尚有实用价值的主要有硫氰酸盐（测定 Fe、Mo、W、Nb 等）、钼酸铵（测定 Si、P、W 等）及过氧化氢（测定 Ti、V 等）。

（2）有机显色剂

许多有机显色剂能与金属离子生成稳定的螯合物，得到了广泛的应用。例如，1，10-邻二氮杂菲可与 Fe^{2+} 生成稳定的橙红色配合物；双硫腙（二苯基硫代卡巴腙）与一些重金属离子（Cu^{2+}、Pb^{2+}、Zn^{2+}、Cd^{2+}、Hg^{2+}）的显色反应很灵敏。另外应用两种试剂与待测物质可形成三元配合物的显色反应，选择性与灵敏度都好。

2.4.1.2 显色反应条件

（1）显色剂用量

显色反应是可逆的。一般需要加入过量的显色剂，使反应完全。但并非显色剂越多越好，有些情况下显色剂太多会引起副反应。

显色剂的适宜用量可通过实验来确定，其方法是将待测组分浓度及其他条件固定，分别加入不同量的显色剂，测定吸光度，绘制吸光度与显色剂浓度的关系曲线（如图 2-9 所示），选择曲线平直区段的显色剂用量，吸光度稳定。

（2）溶液的酸度

酸度对显色反应的影响是多方面的。它不仅影响显色剂的平衡浓度和溶液的颜色，而且影响被测金属离子的存在状态及形成配合物的组成。

显色反应的适宜酸度一般通过实验来确定，其方法是固定待测组分及显色剂浓度，改变溶液的pH，分别测定吸光度，作出吸光度与pH关系曲线（如图 2-10 所示）。选择曲线的平坦部分对应的 pH 作为测定条件。通常加入适当的酸碱缓冲溶液控制酸度。

（3）温度和显色时间

显色反应速率有快有慢。多数显色反应在室温下几分钟即可完成，颜色深度很快达到稳定状态。有些显色反应速率较慢，需经较长时间颜色才能稳定，这种情况下可适当加热。例如，以硅钼蓝法测定硅时，在室温显色需要 15～30min，而在沸水浴中显色只需 30s 即可完成。

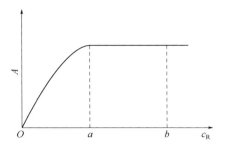

图2-9 吸光度与显色剂浓度的关系

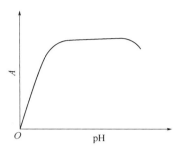

图2-10 吸光度与pH的关系

（4）溶剂

显色反应所用溶剂影响有色化合物的稳定性、溶解度和测定的灵敏度。

多数显色反应可在水溶液中进行。但有些有色化合物在水中溶解度较小，离解度大；而在某种有机溶剂中溶解度大，可提高测定的灵敏度。

（5）干扰及消除

试液中除了待测组分外，往往含有其他共存离子。若其他离子本身有色或能与显色剂作用生成有色化合物，都将干扰测定。一般可采用下列方法消除其他共存离子的干扰。

① 控制酸度：如同酸效应对 EDTA 滴定金属离子的影响那样，提高溶液的酸度可使一些干扰离子不与弱酸型显色剂作用。如在 pH 为 5～6 时，二甲酚橙能与许多金属离子显色，但在 pH＜1 时，就只能与 Zr^{4+} 等少数离子显色，大大提高了选择性。

② 掩蔽：加入掩蔽剂使干扰离子生成无色离子或配合物。如用 NH_4SCN 作显色剂测定 Co^{2+} 时，共存离子 Fe^{3+} 有干扰。这时可加入 NaF 使 Fe^{3+} 生成无色的 FeF_6^{3-}，这种配离子很稳定，对测定无干扰。

③ 改变干扰离子的价态：例如，用铬天青 S 作显色剂测定 Al^{3+} 时，Fe^{3+} 有干扰。加入抗坏血酸使 Fe^{3+} 还原为 Fe^{2+}，即可消除其干扰。

2.4.2 紫外可见分光光度计

2.4.2.1 基本组成

在紫外及可见光区用于测定溶液吸光度的分析仪器称为紫外可见分光光度计。目前，紫外可见分光光度计型号较多，但它们的基本构造相似，都是由光源、单色器、样品室、检测器和显示器等五大部分组成，其组成图见图 2-11。

光源——单色器——样品室——检测器——显示器

图2-11 分光光度计组成图

（1）光源

对于可见分光光度计，用的光源是钨丝白炽灯。它可以发射连续光谱，波长范围在 320 ～ 2500nm。它的缺点是寿命短，由于采用低电压大电流供电，钨丝的发热量很大，容易烧断。

对于紫外可见分光光度计，除了由钨丝白炽灯提供可见光外，还可用氢灯或氘灯提供辐射波长范围 200 ～ 400nm 紫外光源。它们是氢气的辉光放电灯，氘灯的发光强度比氢灯要高 2 ～ 3 倍，寿命也比较长。

（2）单色器

作用是将光源发射的复合光分解成单色光，并从中选出某波长单色光照射吸收池。

单色器是由色散元件、狭缝和透镜系统组成的。衡量单色器性能的指标是所取单色光的谱带宽度、波长的重复性等，显色谱带宽度越窄越好，波长的重复性误差越小越好。

棱镜单色器：光源发出的光经透镜聚焦在入射狭缝上，进入单色器后由棱镜分光，再由平面反射镜反射至出射狭缝。棱镜由玻璃或石英制成，玻璃棱镜只适用于可见光范围，紫外区必须用石英棱镜。

光栅单色器：光栅是在玻璃表面刻上等宽度等间隔的平行条痕，每毫米的刻痕多达上千条。一束平行光照射到光栅上，由于光栅的衍射作用，反射出来的光就按波长顺序分开了。刻痕越多，对光的分辨率越高，现在可达到 ±0.2nm。有的分光光度计用两个或三个光栅进行分光。

（3）样品室

样品室主要含吸收池（比色皿）和相应的池架附件。吸收池的材质对通过的光是完全透明，即不吸收或很少吸收。吸收池有石英池和玻璃池两种，在可见区一般用玻璃池，紫外区必须采用石英池。因为普通玻璃吸收紫外线，千万不要混淆。

吸收池有不同的规格，即不同的光程：0.5cm、1.0cm、2.0cm、3.0cm 和 5.0cm 五种。根据被测溶液颜色深浅选择吸收池，尽量把吸光度调整到 0.2 ～ 0.6。

（4）检测器

利用光电效应，将光信号转变成电信号。常用的有光电池、光电管或光电倍增管。光电池是一种光电转换元件，它不需外加电源而能直接把光能转换为电能。光电管是一个真空二极管，其阳极为金属丝，阴极为半导体材料，当光线照射到阴极上时，放出电子，在两极间的直流电压作用下流向阳极形成光电流。光电倍增管相当于一个多阴极的光电管，光电流具有倍增效应，灵敏度很高。

2.4.2.2 分光光度计的类型

紫外可见分光光度计的种类很多，可归纳为三种类型，即单光束分光光度计、双光束分光光度计和双波长分光光度计。这三类仪器的工作原理如图 2-12 所示。

（1）单光束分光光度计

单光束分光光度计是经单色器分光后的一束平行光，先后通过参比溶液和样品溶液，然后分别测定吸光度。这种分光光度计结构简单，操作方便，维修容易，适于在给定波长处测量吸光度或透光度，一般不能作全波段光谱扫描，缺点是由于光源不稳会带来测定误差，因此要求光源和检测器具有很高的稳定性。

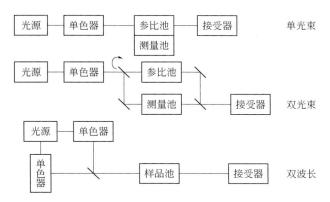

图2-12 分光光度计原理示意图

（2）双光束分光光度计

双光束分光光度计是将一束光经单色器分光后分成强度相等的两束光，一束通过参比池，一束通过样品池。光度计能自动比较两束光的强度，此比值即为试样的透射比，经对数变换将它转换成吸光度并作为波长的函数记录下来。双光束分光光度计一般都具有自动记录、快速全波段扫描功能。由于两束光同时分别通过参比池和样品池，可消除光源强度不稳定、检测器灵敏度变化等因素的影响，特别适合于结构分析。但仪器复杂，价格较高。

（3）双波长分光光度计

它把光源发出的光用两个单色器调制成两束不同波长的光（λ_1 和 λ_2），利用切光器使两束光交替通过样品溶液，再由接收器分别接收，通过电子系统可直接显示两个波长处的吸光度差值 ΔA（$\Delta A = A_{\lambda_1} - A_{\lambda_2}$）。它的优点是消除了由于人工配制的空白溶液和样品溶液本底之间的差别而引起的测量误差，无需参比池。对于多组分混合物、混浊试样（如生物组织液）分析，以及存在背景干扰或共存组分吸收干扰的情况下，利用双波长分光光度法，往往能提高方法的灵敏度和选择性。如岛津公司UV-3000型即是双光束双波长的紫外可见分光光度计。

2.4.3 定量分析方法

（1）目视比色法

目视比色法是用眼睛观察溶液颜色深浅来测定物质含量的方法。这种方法以白光为光源，用白光照射吸光物质溶液时，溶液中吸光物质浓度越大，对某种色光的吸光度越大，透过的互补色光就越突出，人们观察到的溶液颜色就越深。当待测试液与标准溶液的液层厚度相等、颜色深度相同时，说明二者吸光度相等，吸光物质浓度相同。

目视比色法所用的仪器是一组以同样材料制成的、形状大小相同的平底玻璃管，称为比色管。将已知浓度的标准溶液以不同体积依次放入各比色管中，分别加入等量的显色剂及其他试剂，然后稀释至同一刻度，即形成颜色逐渐加深的标准色阶。测定试样时，在相同条件下处理后与标准色阶对比。若试液与某一标准溶液的颜色深度一致，则它们的浓度相等。

目视比色法多用于限界分析。限界分析要求确定试样中杂质含量是否在规定的限界以下。这种情况只需配制一种限界浓度的标准溶液。测定时，在相同条件下与待测溶液比较，如果显色试液比标准溶液颜色浅，说明是在允许限界内；否则，杂质含量为不合格。

目视比色法的主要缺点是准确度不高，因为人的眼睛对不同颜色及其深度的分辨率不同，会产生较大的主观误差。但由于这种方法仪器简单、操作方便，目前仍应用于准确度要求不很高的例常分析中。

本应无色透明的液态化工产品有时带有淡棕黄色。为了测定其色度，规定以一定浓度的铂-钴溶液作为标准来比较。液体色度的单位是黑曾（Hazen），一个黑曾单位是每升含有 1mg 以氯铂酸形式存在的铂和 2mg 六水合氯化钴配成的铂-钴溶液的色度。按一定比例将氯铂酸钾、氯化钴和盐酸配制成一系列铂-钴色度标准液，试液直接与标准液比较，用目视比色法判断确定与试液色度相同的标准液色号，即为试液的色度。

（2）标准曲线法

根据光吸收定律，当波长一定的入射光通过液层厚度一定的吸光物质溶液时，吸光度与溶液中吸光物质的浓度成正比。若以吸光度对浓度作图，应得到一条直线。为测绘这种直线关系，需要配制一组不同浓度的吸光物质的标准溶液，用同样的吸收池分别测量其吸光度。在坐标纸上，以浓度为横坐标，相应的吸光度为纵坐标作图，得到一条直线。该直线称为校准曲线或标准曲线，见图 2-13 中的实线。

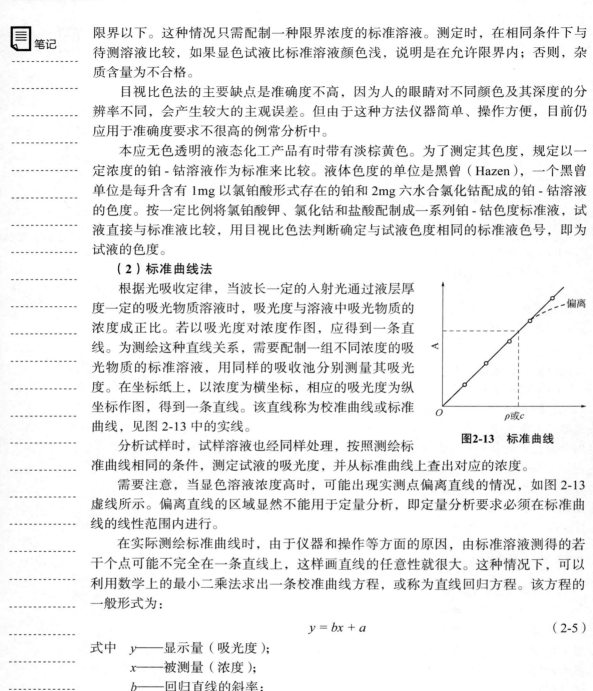

图2-13 标准曲线

分析试样时，试样溶液也经同样处理，按照测绘标准曲线相同的条件，测定试液的吸光度，并从标准曲线上查出对应的浓度。

需要注意，当显色溶液浓度高时，可能出现实测点偏离直线的情况，如图 2-13 虚线所示。偏离直线的区域显然不能用于定量分析，即定量分析要求必须在标准曲线的线性范围内进行。

在实际测绘标准曲线时，由于仪器和操作等方面的原因，由标准溶液测得的若干个点可能不完全在一条直线上，这样画直线的任意性就很大。这种情况下，可以利用数学上的最小二乘法求出一条校准曲线方程，或称为直线回归方程。该方程的一般形式为：

$$y = bx + a \tag{2-5}$$

式中 y——显示量（吸光度）；

x——被测量（浓度）；

b——回归直线的斜率；

a——截距。

设 x 的取值分别为 x_1、x_2、…、x_i，y 的对应值分别为 y_1、y_2、…、y_i，则 a、b 值按下列公式求出：

$$a = \frac{\sum x_i^2 \sum y_i - \sum x_i \sum x_i y_i}{n \sum x_i^2 - (\sum x_i)^2} \tag{2-6}$$

項目 2　药物检验

$$b = \frac{n\sum x_i y_i - \sum x_i \sum y_i}{n\sum x_i^2 - (\sum x_i)^2} \quad (2\text{-}7)$$

求出 a、b 值后代入式（2-5），便得到直线回归方程。每次测定试样时，只要将测得的 y 值代入回归方程，即可计算出被测量 x 值。

[例 2-1]　用分光光度法测定某显色配合物的标准溶液，得到下列一组数据。求这组数据的直线回归方程。

标液 ρ/（mg/L）	1.00	2.00	3.00	4.00	6.00	8.00
吸光度 A	0.114	0.212	0.335	0.434	0.670	0.868

解：设直线回归方程为 $y=bx+a$。为了计算方便，列出 $y=10A$，$x=\rho$ 的回归方程。由实验数据得到：

$$\sum x_i = 24.00 、\sum x_i^2 = 130.00 、\sum y_i = 26.33 、\sum x_i y_i = 142.43$$

代入式（2-6）和式（2-7）计算 a、b 值：

$$a = \frac{130.00 \times 26.33 - 24.00 \times 142.43}{6 \times 130.00 - (24.00)^2} = 0.02245$$

$$b = \frac{6 \times 142.43 - 24.00 \times 26.33}{6 \times 130.00 - (24.00)^2} = 1.09147$$

于是得到直线回归方程：　$y = 1.09147x + 0.02245$

故：　　　　　　　　$10A = 1.09147\rho + 0.02245$

$$\rho = 9.1620A - 0.0206$$

（3）标准对照法

标准对照法又称比较法，其实质是一种简化的标准曲线法。

配制一份组分浓度已知的标准溶液，与试液在同一实验条件下分别测定其吸光度。

设 c_s、A_s 为标准溶液的浓度和吸光度；c_x、A_x 为试样溶液的浓度和吸光度。

根据光吸收定律，得：$A_s = \varepsilon b c_s$ 及 $A_x = \varepsilon b c_x$。由于吸收池厚度相同，又是同一种吸光物质，

故有：
$$\frac{A_s}{A_x} = \frac{c_s}{c_x} \quad (2\text{-}8)$$

所以：
$$c_x = \frac{A_x}{A_s} \cdot c_s \quad (2\text{-}9)$$

由此可计算出试样溶液的浓度 c_x。此法简化了绘制标准曲线的步骤，适用于个别样品的测定。操作时应注意，配制标准溶液的浓度要接近被测试液的浓度，以减小测量误差。

[例 2-2]　浓度为 1.00×10^{-4} mol/L 的 Fe^{3+} 标准溶液，显色后在一定波长下用 1cm 吸收池测得吸光度为 0.304。有一含 Fe^{3+} 的试样水，按同样方法处理测得的吸光度为 0.510。求试样水中 Fe^{3+} 的浓度。

笔记

091

解：已知 $c_s=1.00 \times 10^{-4}$ mol/L，$A_s=0.304$，$A_x=0.510$

代入关系式得：$c_x = \dfrac{0.510 \times 1.00 \times 10^{-4}}{0.304} = 1.68 \times 10^{-4}$ (mol/L)

2.4.4 检验原理和操作规程

采用紫外分光光度法对维生素 C 片进行定量分析。

（1）方法概要

维生素 C（抗坏血酸）对于肌肤、骨骼、血管、压力等都有很强的功效，服用维生素 C 可以改善身体状况，从代谢到疾病的预防和治疗，都有相当大的帮助。它的功能可绝不仅仅是治疗感冒、美化肌肤，它还能帮助身体功能运作，治疗疾病，是维持生命不可缺少的营养素。

维生素 C 属水溶性维生素，分子结构中具有二烯醇结构，它易溶于水，微溶于乙醇，不溶于氯仿或乙醚。分子中的二烯醇基具有极强的还原性，性质活泼，易被氧化为二酮基而成为脱氢抗坏血酸。维生素 C 分子结构中有共轭双键，所以在紫外光区有较强的吸收。在稀酸溶液中，维生素 C 对紫外光的吸收比较稳定。吸收值 A 的大小与维生素 C 的浓度 c 成正比，符合朗伯 - 比尔定律。

（2）仪器和试剂

① 仪器：TU1810 型紫外分光光度计。电子天平 1 台，研钵 1 个，50mL 容量瓶 7 只和 500mL 容量瓶 2 只，10mL 吸量管 2 支，100mL 烧杯 2 只、1000mL 烧杯 2 只。

② 试剂：维生素 C 标准品（抗坏血酸），市售维生素 C 含片（100mg/ 片），硫酸溶液（pH 约为 6）。

（3）操作步骤

① 标准曲线与工作曲线的绘制。制备维生素 C 标准溶液，精密称取维生素 C 标准品 0.050g，溶于 100mL 硫酸溶液，定量转移至 500mL 容量瓶中，以水稀释定容，摇匀。再分取不同量维生素 C 标准溶液至几只 100mL 容量瓶中，用硫酸溶液稀释成一系列不同浓度的溶液（0 ～ 14μg/mL），分别测定吸光度。以维生素 C 的质量为横坐标，以相应的吸光度为纵坐标绘制标准曲线，得曲线方程。

② 药品测定。取维生素 C 片 20 片，研细，精密称出 0.1g（或称取含有维生素 C 约 50mg 的样品），加入 100mL 硫酸溶液溶解，定量转移至 500mL 容量瓶中，加水稀释至刻度，摇匀，过滤。精密量取续滤液 4mL，置于 100mL 容量瓶中，加硫酸溶液稀释至刻度，测出其吸光度。由标准曲线查出样品中抗坏血酸的质量，并计算维生素 C 片中维 C 含量。

（4）注意事项

① 维生素 C 的还原能力强而易被氧化，特别是在碱性溶液中易被氧化。另外在碱性溶液或强酸性溶液中还能进一步发生水解。因此，选择硫酸溶液应稀释至弱酸性。

② 测定时溶液 pH 的选择：维生素 C 的紫外最大吸收波长与溶液的 pH 值有着密切关系。在 pH=2.0 时，溶液的最大吸收波长在 245nm；在 pH=12 时，溶液的最大吸收波长在 300nm；在 pH=5 ～ 10 范围时，溶液的最大吸收波长在 267nm；况且在 pH=6.0 时吸收度值最大。所以，选择测定溶液的 pH=6.0。

2.4.5 数据记录和处理

填写表2-6。

表2-6 维生素C片中维C含量测定记录表

试样名称				实验地点			
取样时间	年 月 日		分析时间	日 时		试验温度 /℃	
称取维生素C药品质量 /g							
实验项目	1		2		3		4
药物中维生素C的含量 ω/%							
平均值 $\bar{\omega}$ /%							
结论							
检验人:			复核人:			审核人:	

任务 2.5 薄层色谱法对药品的分析

2.5.1 薄层色谱分离原理

薄层色谱法（TLC）和纸色谱法（PC）都属于平面色谱法。薄层色谱法是用载板，如玻璃、金属或塑料薄片，上涂布或烧结一薄层物质作为固定相的液相色谱法。采用不同的固定相，可以进行吸附、分配、离子交换和分子排列色谱分离。应用最多的是以硅胶为固定相的吸附薄层色谱法。纸色谱法是以纸作为载体的色谱法，分离机制是分配色谱法。

薄层色谱与纸色谱相比，分析时间较短（一般为 10～60 min），分离能力较强，检出灵敏度较高，20 世纪 60 年代以来已取代了部分纸色谱的工作。又由于薄层色谱实现了仪器化，自动化程度较高，测定精度及灵敏度都有很大的提高，至今仍被广泛应用。

薄层色谱的操作方法是取一块涂布有固定相（例如硅胶）的细颗粒层（厚约 0.25 mm）的薄层板。把样品溶液点在薄层的一端离边缘一定高度处，将板置于层析缸中，使点有试样的一端浸入展开剂（流动相）中，由于薄层的毛细管作用，展开剂沿着薄层渐渐上升，试样中的各组分沿着薄层在固定相和流动相之间不断发生溶解、吸附、再溶解、再吸附过程。由于分配系数不同，各组分在薄层上移动的距离不同，从而达到分离。展开剂上升到一定距离时，将薄层板从层析缸中取出。如果组分是有色的，就可以看到各个色斑，如果组分无色，要用物理或化学的方法显色，得到一个薄层色谱图。图 2-14 是单个组分的薄层色谱示意图。

图中原点是滴加试样的中心点，斑点是组分在展开和显色后呈现的近似圆形或椭圆形的色区。原点至溶质斑点中心之间的距离（d_s）称为溶质迁移距离；原点至流动相前沿之间的距离（d_m）称为流动相迁移距离，用比移值（R_f）表示斑点的位置。

比移值（R_f）为溶质迁移距离与流动相迁移距离的比值：

$$R_f = \frac{d_s}{d_m} \quad (2\text{-}10)$$

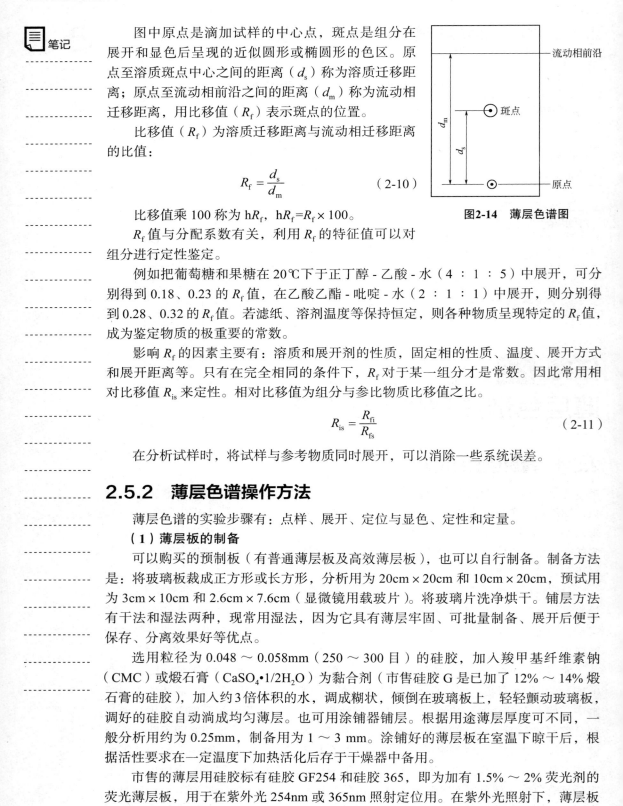

图2-14　薄层色谱图

比移值乘100 称为 hR_f，$hR_f = R_f \times 100$。

R_f 值与分配系数有关，利用 R_f 的特征值可以对组分进行定性鉴定。

例如把葡萄糖和果糖在 20℃下于正丁醇-乙酸-水（4:1:5）中展开，可分别得到 0.18、0.23 的 R_f 值，在乙酸乙酯-吡啶-水（2:1:1）中展开，则分别得到 0.28、0.32 的 R_f 值。若滤纸、溶剂温度等保持恒定，则各种物质呈现特定的 R_f 值，成为鉴定物质的极重要的常数。

影响 R_f 的因素主要有：溶质和展开剂的性质，固定相的性质、温度、展开方式和展开距离等。只有在完全相同的条件下，R_f 对于某一组分才是常数。因此常用相对比移值 R_{is} 来定性。相对比移值为组分与参比物质比移值之比。

$$R_{is} = \frac{R_{fi}}{R_{fs}} \quad (2\text{-}11)$$

在分析试样时，将试样与参考物质同时展开，可以消除一些系统误差。

2.5.2　薄层色谱操作方法

薄层色谱的实验步骤有：点样、展开、定位与显色、定性和定量。

（1）薄层板的制备

可以购买的预制板（有普通薄层板及高效薄层板），也可以自行制备。制备方法是：将玻璃板裁成正方形或长方形，分析用为 20cm×20cm 和 10cm×20cm，预试用为 3cm×10cm 和 2.6cm×7.6cm（显微镜用载玻片）。将玻璃片洗净烘干。铺层方法有干法和湿法两种，现常用湿法，因为它具有薄层牢固、可批量制备、展开后便于保存、分离效果好等优点。

选用粒径为 0.048～0.058mm（250～300目）的硅胶，加入羧甲基纤维素钠（CMC）或煅石膏（$CaSO_4 \cdot 1/2H_2O$）为黏合剂（市售硅胶 G 是已加了 12%～14% 煅石膏的硅胶），加入约 3 倍体积的水，调成糊状，倾倒在玻璃板上，轻轻颤动玻璃板，调好的硅胶自动淌成均匀薄层。也可用涂铺器铺层。根据用途薄层厚度可不同，一般分析用约为 0.25mm，制备用为 1～3 mm。涂铺好的薄层板在室温下晾干后，根据活性要求在一定温度下加热活化后存于干燥器中备用。

市售的薄层用硅胶标有硅胶 GF254 和硅胶 365，即为加有 1.5%～2% 荧光剂的荧光薄层板，用于在紫外光 254nm 或 365nm 照射定位用。在紫外光照射下，薄层板显荧光，样品斑点处不显荧光。

（2）点样

将样品制成溶液（溶剂最好选择与展开剂极性相似且易于挥发的有机溶剂），浓度约 0.5～2mg/mL。点样量为 0.5～5μL，在距底边 1～2cm 处点样，原点直径在 3～4mm。手工点样用毛细管或微量注射器，如用点样仪点样，样量精确，形状整齐一致，能提高定量分析的准确度。

点样量与薄层性能、厚度及显色灵敏度有关，可根据需要来具体确定。点样量太小，斑点不能显示，点样量太大，影响比移值和斑点形状。

（3）展开

首先是选择展开剂，合适的分离体系是分离成功的关键，选择原则与经典柱色谱相同。合适的展开剂使组分展开后斑点清晰、集中、不拖尾，待测组分的 R_f 值最好为 0.4～0.5。如待测组分较多，R_f 值也可在 0.25～0.75。可借鉴手册和文献及展开剂选择最佳化方法通过实验选择。

展开的实验操作是将点样后的薄层板置于密闭的层析槽中，下端浸入展开剂，高度不应超过 0.5cm。展开距离一般为 10～15cm。根据溶剂移动的方向分为上行展开和下行展开。图 2-15（a）是一种近水平上行展开槽。图 2-15（b）是一种双底展开槽，节省溶剂且可方便地在另一底层中放展开剂或其他试剂，其蒸气可预饱和薄层板。

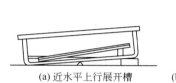

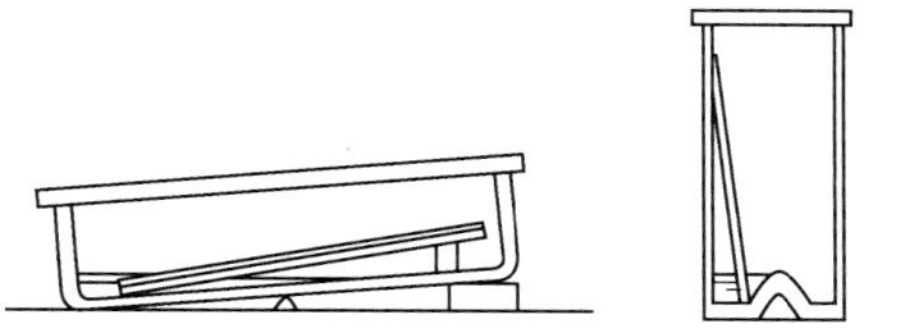

(a) 近水平上行展开槽　　(b) 双底展开槽

图 2-15　薄层展开图

另外，还可利用多次展开、双向展开等方法得到不同层析结果。

（4）定位与显色

确定被分离组分的位置称为定位。展开后的薄层板自槽中取出，室温下挥发去溶剂。若被分离组分本身有颜色，它们的位置可根据有色的斑点确定。无色的化合物可采用物理检出法、化学检出法、酶与生物检出法和放射检出法来定位。

① 物理检出法　物理检出法属于非破坏性检出法，常用的有：

a. 紫外光。有的化合物能吸收紫外光同时发出更长波长的光即荧光，可用此荧光定位。另一种方法是荧光消退技术，用有荧光剂的薄层板进行展开，于 254nm 或 365nm 荧光灯下观察，在波长 230～390nm 有吸收的化合物，会在绿色的荧光背景上显暗紫色斑点。如化合物的紫外吸收较弱则检出不灵敏。

b. 碘。多数有机化合物能吸附碘，使斑点呈淡黄色或褐色。此反应一般可逆，碘挥发后，组分又回到原来的状态。此法可在密闭容器中放几粒碘晶体或喷雾 0.5% 碘的三氯甲烷溶液。

c. 水。憎水化合物在硅胶薄层展开后，可用水喷雾，对光观察显示白色不透明的斑点。

② 化学检出法　化学检出法是一种或数种化学试剂与被检出物质反应，生成有色化合物而定位。这种试剂叫显色剂。显色剂分为通用显色剂和专属显色剂。表 2-7 列出了部分通用显色剂，显色方式有喷雾法和浸渍法（必须硬板）。

（5）定性

① 与已知的标准品在同一块薄层板上进行对照，若 R_f 值相同，可能为同一化合物。还需用几个薄层层析系统比较，组分与标准品的 R_f 值均一致，一般可认为是同

一化合物。

表2-7 部分通用显色剂

试剂	制法	用法	特征
硫酸	硫酸-水（1+1）； 硫酸-甲醇（或乙醇）（1+1）； 1.5mol/L 硫酸	喷后 100～120℃加热数分钟	有机物斑点呈棕色到黑色
磷钼酸	5% 磷钼酸乙醇溶液	喷后 120℃加热 5～20min	还原性物质显蓝色，再用氨气熏，背景为无色
高锰酸钾	中性 0.05% 高锰酸钾溶液； 碱性高锰酸钾溶液（1% 高锰酸钾溶液与 5% 碳酸钠溶液等量混合）； 酸性 1.6% 高锰酸钾-浓硫酸溶液	喷后薄层于 180℃加热 15～20min（用于含还原性基团的羟基、氨基、醛等）	还原性物质在淡红色背景上显黄色

② 试样斑点与标准品的显色特性相同可帮助鉴定。

③ 斑点用光密度计原位扫描，得到吸收光谱或荧光光谱可用于定性。

④ 收集斑点，洗脱组分，用紫外光谱、红外光谱、质谱、核磁共振等方法鉴定。

（6）定量

样品组分经薄层分离后，可用以下两种方法定量：

① 洗脱法。把组分斑点位置的吸附剂取出，用溶剂洗脱后用其他方法测定，如分光光度法、荧光法等方法测定。此法操作复杂，效率较低。

② 原位法。即在薄层上的组分斑点位置上进行沉淀。又可分为目测法、测面积法和薄层扫描仪扫描定量法。

目测法是用肉眼观察斑点的大小和颜色的深浅，与一系列不同浓度的标准品斑点相比较。此法可用于粗略定量和限界分析。用测面积仪可画下斑点面积进行定量分析。这两种方法都是较粗略的定量方法。薄层扫描定量法是采用仪器方法，直接测定薄层上斑点的吸光度或其他性质，绘制薄层色谱图，给出组分的峰面积，进行定量分析。

薄层色谱用于定量分析时，最好采用高效薄层色谱法，即采用分离效率高，展开距离短，灵敏度高的高效薄层板。且点样、展开、显色、定量均使用仪器。高效薄层色谱法的应用大大提高了薄层分析的重现性和准确度。

2.5.3 检验原理和操作规程

以阿莫西林的定性分析实验为例，说明薄层色谱法的操作步骤。

（1）薄层板制备

将 1 份固定相和 3 份水在研钵中向一个方向研磨混合，去除表面的泡后，倒入涂布器中，在玻璃板上平稳地移动涂布器进行涂布（厚度为 0.2～0.3mm），取下涂好薄层的玻璃板，置水平台上于室温下晾干，后在 110℃烘 30min。即置有干燥剂的干燥箱中备用。使用前检查其均匀度（可通过透射光和反射光检视）。

（2）试样制备

取供试品适量（约相当于阿莫西林 0.125g），用 4.6% 碳酸氢钠溶液溶解并稀释制成每 1mL 中约含阿莫西林 10mg 的溶液，作为供试品溶液；取阿莫西林对照品适

项目 2　药物检验

量，用 4.6% 碳酸氢钠溶液溶解并稀释制成每 1mL 中约含阿莫西林 10mg 的溶液，作为对照品溶液。

（3）点样

吸取上述溶液分别点于同一块硅胶 GF254 薄层板上，用点样器点样于薄层板上，样点一般为圆点，点样基线距底边 2.0cm，点样直径为 2 ～ 4mm，点间距离为 1.5 ～ 2.0cm，点间距离可视斑点扩散情况以不影响检出为宜。点样时必须注意勿损伤薄层表面。

（4）展开

展开室如需预先用展开剂饱和，可在室中加入足够量的展开剂，盖上展开室顶盖约 20min，使系统平衡。将点好样品的薄层板放入展开室的展开剂中，浸入展开剂的深度为距薄层板底边 0.5 ～ 1.0cm（切勿将样点浸入展开剂中），盖上展开室顶盖，等展开至规定距离（一般为 10 ～ 15cm），取出薄层板，晾干，置于紫外灯 254nm 下检视，与标准品对照，进行定性。供试品，只有得到分离度和重现性好的薄层色谱，才能获得满意的结果。

2.5.4　数据记录和处理

填写表 2-8。

表2-8　阿莫西林定性分析记录表

试样名称			实验地点		
取样时间	年 月 日	分析时间	日 时	试验温度 /℃	
阿莫西林标准品浓度					
实验项目	1	2	3	4	
与标准品斑点对比					
定性结论					
结论					
检验人：		复核人：		审核人：	

任务 2.6
对乙酰氨基酚片溶出度检查

2.6.1　实验原理

溶出度系指药物从片剂或胶囊剂等固体制剂在规定溶剂中溶出的速度和程度。凡检查溶出度的制剂，不再进行崩解时限检查。药物只有固体制剂中的活性成分溶解之后，才能为机体吸收。溶出度试验能有效地区分同一药物的生物利用度的差异，是控制固体制剂内在的重要指标之一。对乙酰氨基酚的溶解度大小、辅料的亲水性程度和制片工艺都会影响制剂的溶出度，对乙酰氨基酚溶出度测定采用转篮法。

分析检验应用技术

笔记

对乙酰氨基酚，通常为白色结晶性粉末，分子式 $C_8H_9NO_2$，分子量 151.16，密度 1.293g/cm³，熔点 168～172℃，能溶于乙醇、丙酮和热水，冷水中溶解度为 14g/L，不溶于石油醚及苯。无气味，味苦。由于对乙酰氨基酚在水中溶解度较低，因此《中国药典》中规定其片剂需做溶出度检测。

对乙酰氨基酚制备要经过对氨基酚乙酰化过程，如果乙酰化过程不完全或产品贮存过程中发生水解，产品中均会产生对氨基酚。该成分对人体有毒害性，并且会使产品颜色加深，影响产品外观，因此要严格控制其限量。

2.6.2　仪器和药品

（1）仪器

电子分析天平、容量瓶、量筒、烧杯等以及 78X-6A 溶出度测定仪、SY-8100 液相色谱仪。色谱条件见表 2-9。

表2-9　色谱条件表

流动相	甲醇＋水（25：75）	流量	1.00mL/min
色谱柱	C18 反相色谱柱，250mm×4.6mm，5μm	柱温	40℃
检测器	紫外分光检测器	检测波长	254nm
进样量	20μL		

（2）药品

无水甲醇（色谱纯）；超纯过滤水；盐酸（分析纯）；对乙酰氨基酚（基准试剂）；对氨基酚（基准试剂）；对乙酰氨基酚片剂。

2.6.3　实验步骤

（1）试液的准备

① 溶出介质的配制：取稀盐酸（3mol/L）24mL 加水至 1000mL，脱气 10～15min。同样再配制 5 份。

② 醇溶剂：用量筒分别量取 400mL 甲醇与 600mL 水于 1000mL 试剂瓶中混匀。

③ 对照品溶液（标液）的配制：精确称取对氨基酚 10～15mg、对乙酰氨基酚 10～15mg，用甲醇-水（4：6）溶液溶解，定容至 250mL。

（2）色谱仪准备

① 开机：将输液泵 A 泵的输液管置于已脱气的甲醇中，B 泵的输液管置于已脱气的水中。打开色谱仪电源，启动色谱工作站。

② 设置仪器条件：设置柱箱温度为 40℃，检测器波长为 254nm。

③ 更换流动相：在色谱工作站中选择输液泵控制模式为"双泵独立运行"，设置"A 泵"流量为 1.00mL/min，"B 泵"流量为 0.00mL/min，启动泵。待基线平直（为 10～15min）后，终止泵运行，将"A 泵"流量设置为 0.60mL/min，"B 泵"流量为 0.40mL/min，再次启动泵。待基线平直（为 10～15min）后，终止泵运行，将"A 泵"流量设置为 0.25mL/min，"B 泵"流量为 0.75mL/min，再次启动泵。待基线平直（为 10～15min）后，即可进入测试溶液准备。

项目2 药物检验

（3）试样的溶出

① 调节好 78X-6A 溶出度测定仪的转篮与取样管口的位置（转篮下沿至溶出杯 25mm ± 2mm 处，取样管管口位于转篮上沿至溶出介质液面中间位置），做好标记，将转篮、取样管提起。

② 开启溶出仪电源，设置搅拌速度为 100r/min、浴液温度为 37℃，浴液升温。

③ 将 6 份经过脱气的 1000mL 溶出介质分别放入溶出仪的各个溶出杯内，加热。

④ 待溶出介质温度达到（37.0 ± 0.5）℃时，取 6 片供试药片分别放入溶出仪的转篮中，将转篮与搅拌轴固定好，翻转盖板，将转篮放入溶出杯内。要求操作平稳，药片上不得附有气泡。同时计时。

⑤ 溶出进行 30min 时，用 50mL 注射器快速吸取溶出介质 30 ～ 50mL（要求 30s 内完成）并转移至干燥的 100mL 烧杯中，分别将此溶出介质用 0.45μm 的微孔过滤膜过滤，准确移取续滤液 10.00mL，以甲醇 - 水（4 ∶ 6）溶液为溶剂稀释至 100mL，制得测试液。

（4）试样的分析测定

① 分析方法的建立。分析标液，填写表 2-10。

表2-10　标液分析数据

组分名称	称样量 m_0/g	配制体积 V_s/mL	标液浓度 c_s/（g/L）	峰面积 A_s	校正因子 f
对乙酰氨基酚					
对氨基酚					

建立组分表：根据标液的分析结果建立组分表，建立本次实验的分析方法，并以"班级 + 小组"为分析方法命名。

② 试样的分析。填写表 2-11。

表2-11　试样分析数据

试片	组分名称	校正因子 f	峰面积 A_x	试液浓度 c_x/（g/L）	试样含量 m/（g/ 片）
1	对氨基酚				
	对乙酰氨基酚				
2	对氨基酚				
	对乙酰氨基酚				
3	对氨基酚				
	对乙酰氨基酚				
4	对氨基酚				
	对乙酰氨基酚				
5	对氨基酚				
	对乙酰氨基酚				
6	对氨基酚				
	对乙酰氨基酚				

笔记

分析检验应用技术

③ 实验结束工作。清理溶出度测定仪。含甲醇试液回收至指定容器，其他剩余试液废弃，清洗本次实验所用的玻璃仪器，清理实验台。

将色谱仪"B 泵"输液管移回水中，设置"A 泵"流量为 0.60mL/min、"B 泵"流量为 0.40mL/min，运行至基线平直之后，再次设置"A 泵"流量为 1.00mL/min、"B 泵"流量为 0.00mL/min，运行至基线平直之后关闭色谱仪。实验结束。

2.6.4 数据处理

（1）分析数据的处理

根据以下公式完成组分含量的数据计算。

① 对照组分浓度（g/L）：$c_s = \dfrac{m_0 \times 1000}{V_s}$

② 对照组分校正因子：$f = \dfrac{c_s}{A_s}$

③ 测试液组分浓度（g/L）：$c_x = f A_x$

④ 供试品中组分含量（g）：$m = \dfrac{c_x \times 100}{10.00} \times 1.0$

（2）对乙酰氨基酚溶出度的计算和判定

① 计算和记录表：填写表 2-12。

$$溶出度 Q = \frac{试片中对乙酰氨基酚含量}{试片中对乙酰氨基酚标示量} \times 100\%$$

表2-12　对乙酰氨基酚溶出度记录表

试片	试样中对乙酰氨基酚含量 /（g/ 片）	溶出度 Q/%
1		
2		
3		
4		
5		
6		
平均溶出度 $\overline{Q}$		

② 溶出度的判定：《中国药典》（2020 版）规定，对乙酰氨基酚片剂中主成分对乙酰氨基酚溶出限度是不小于标示量的 80%（Q）。

根据溶出度的测定结果得出判定结论：

a. 如果 6 片药品中每片的溶出量，按标示含量计算，均不低于规定限度（Q），则该药品的溶出度符合规定。

b. 如果 6 片药片中有 1～2 片低于规定限度 Q，但不低于（Q-10%），且其平均溶出量不低于规定限度，仍可判为符合规定。

c. 如果 6 片药中有 1～2 片低于规定限度 Q，其中仅有 1 片低于（Q-10%），

100

但不低于（Q-20%），且其平均溶出量不低于 Q 时，应另取 6 片复试；在初、复试的 12 片中若有 1～3 片低于 Q，其中仅有 1 片低于（Q-10%），但不低于（Q-20%），且其平均溶出量不低于 Q，亦可判为符合规定。

（3）杂质含量的判定

① 计算和记录表：填写表 2-13。

$$杂质含量（\%）=\frac{试片中对氨基酚含量}{试片中对乙酰氨基酚标示量}×100\%$$

表2-13 对氨基酚含量记录表

试片	试样中对氨基酚含量 /（g/ 片）	对氨基酚杂质的含量 /%
1		
2		
3		
4		
5		
6		

② 杂质含量的判定：在《中国药典》（2020 版）中规定，对乙酰氨基酚片中的对氨基酚杂质含量要求不超过对乙酰氨基酚标示量的 0.1%，据此判断供试品中此杂质含量是否合格。

（4）实验结论

根据实验所得，经过计算判定 ×× 药厂出厂批号为 ×× 的对乙酰氨基酚片中主成分对乙酰氨基酚的溶出度为＿＿＿＿＿＿＿＿＿＿。杂质含量为＿＿＿＿＿＿＿＿＿＿。

项目3 环境监测

基本知识目标

- ◆ 掌握环境监测方法和原理；
- ◆ 了解环境标准和环境评价知识；
- ◆ 了解监测方案的制定方法；
- ◆ 了解大气环境污染物来源和分布特性；
- ◆ 掌握大气环境监测采样仪器操作和使用方法；
- ◆ 了解水质指标和水质标准的含义，水质分析的意义；
- ◆ 掌握水的物理指标测定的原理；
- ◆ 掌握水中金属化合物、非金属无机化合物及有机物的测定原理；
- ◆ 环境监测数据处理。

技术技能目标

- ◆ 会判断气体环境污染因子和确定监测项目；
- ◆ 会区分各种监测方法的适用情况；
- ◆ 会操作常规监测仪器；
- ◆ 会正确采集大气环境样品；
- ◆ 会正确进行大气中的颗粒物和气态物质的含量测定；
- ◆ 能够对化验室产生的废弃物进行适当的处理；
- ◆ 能正确采集水样和进行预处理；
- ◆ 能熟练进行水中主要监测项目操作；
- ◆ 能正确测定水中金属化合物、非金属化合物及有机物的含量。

品德品格目标

- ◆ 具有环境保护的社会责任感和职业精神，理解并遵守职业道德和规范；
- ◆ 具有安全、健康、环保和质量服务意识，有应对危机与突发事件的基本能力；
- ◆ 通过气体和水质样品的监测训练，使学生增强交流和协作能力；
- ◆ 提高分析问题能力和实践应用能力，具有理论联系实际的科学精神。

项目 3　环境监测

任务 3.1
环境监测概述

3.1.1　环境监测基础知识

环境监测是对能反应环境质量的各种环境因素、污染因素进行正确的测定和分析，从而对环境质量作出评价的全部过程。

（1）环境监测的分类

按监测介质对象，可分为水质监测、空气监测、土壤监测、固体废物监测、生物监测、噪声和振动监测、电磁辐射监测、放射性监测、热监测、光监测、卫生（病源体、病毒、寄生虫等）监测等。

（2）环境监测的一般过程

环境监测的一般过程为：现场调查——监测方案设计——优化布点——样品采集——运送保存——分析测试——数据处理——综合评价等。

（3）环境优先污染物和优先监测

世界上已知的化学品有 700 万种之多，而进入环境的化学物质已达 10 万种。人们只能有重点、对环境中出现频率高的污染物作监控。经过优先选择监控的污染物称为环境优先污染物，简称优先污染物，包括难降解、在环境中有一定残留水平、出现频率较高、具有生物积累性、"三致"物质、毒性较大以及现代已有检出方法的物质。中国环境优先监测研究中提出了"中国环境优先污染物黑名单"，包括 14 种化学类别共 68 种有毒化学物质。

3.1.2　环境监测方案的制定

制定环境监测方案包括以下内容：

①明确监测目标和任务。明确监测目的，分析并分解监测任务。

②调查资料。包括污染源分布及排放情况、气象资料、地形资料、土地利用和功能分区情况、人口分布及人群健康情况等资料。

③确定监测指标项目。根据监测项目要求、被保护目标的特性和污染状况等因素，确定监测指标项目。

④监测站点布设与采样时间和频率确定。根据监测区域环境和污染资料确定采样点位置，并确定采样时间和频率，保障取得有代表性的样品。

⑤确定采样方法、分析方法。选择合适的采样仪器和保存方法，减少样品的偶然性和被污染的可能；根据污染物浓度范围和各种分析方法的适用条件，选择适合的分析方法。

3.1.3　环境标准和环境质量评价

3.1.3.1　环境标准

环境标准是依据环境保护法和有关政策，规定对环境中有害成分含量及其排放

103

分析检验应用技术

笔记

源的限量阈值和技术规范。

我国环境标准分为六类、两级。我国六类环境标准为：环境质量标准、污染物排放标准（或污染控制标准）、环境基础标准、环境方法标准、标准物质标准和环保仪器设备标准六类。两级环境标准为国家标准和地方标准，其中环境基础标准、环境方法标准和标准物质标准等只有国家标准，并尽可能与国际标准接轨。

关于水质标准和大气标准，简介如下。

（1）水质标准简介

水环境质量及相关标准：《地表水环境质量标准》（GB 3838—2002）；《海水水质标准》（GB 3097—1997）；《农田灌溉水质标准》（GB 5084—2021）；《生活饮用水卫生标准》（GB 5749—2006）；《渔业水质标准》（GB 11607—1989）等。

排放标准：《污水综合排放标准》（GB 8978—1996）；《城镇污水处理厂污染物排放标准》（GB 18918—2002）；《医疗机构水污染物排放标准》（GB 18466—2005）；一批工业水污染物排放标准，例如：《制浆造纸工业水污染物排放标准》（GB 3544—2008），《钢铁工业水污染物排放标准》（GB 13456—2012）等。

①《地表水环境质量标准》（GB 3838—2002）：该标准适用于全国江河、湖泊、运河、渠道、水库等具有使用功能的地表水水域。依据地表水水域环境功能和保护目标，按功能高低依次划分为五类：

Ⅰ类：主要适用于源头水、国家自然保护区。

Ⅱ类：主要适用于集中式生活饮用水地表水源地一级保护区、珍稀水生生物栖息地、鱼虾类产卵场、子稚幼鱼的索饵场等。

Ⅲ类：主要适用于集中式生活饮用水地表水源地二级保护区、鱼虾类越冬场、洄游通道、水产养殖区等渔业水域及游泳区。

Ⅳ类：主要适用于一般工业用水区及人体非直接接触的娱乐用水区。

Ⅴ类：主要适用于农业用水区及一般景观要求水域。

同一水域兼有多类使用功能的，执行最高功能类别对应的标准值。地表水环境质量标准基本项目标准限值见表3-1。在 GB 3838—2002 中，还规定了集中式生活饮用水地表水源地补充项目和特定项目的标准限值。

表3-1　地表水环境质量标准基本项目标准限值　　　　　单位：mg/L

序号	分类 项目		Ⅰ类	Ⅱ类	Ⅲ类	Ⅳ类	Ⅴ类
1	水温 /℃		人为造成的环境水温变化应限制在： 周平均最大温升≤1 周平均最大温降≤2				
2	pH 值（无量纲）		6～9				
3	溶解氧	≥	饱和率90% （或7.5）	6	5	3	2
4	高锰酸盐指数	≤	2	4	6	10	15
5	化学需氧量（COD）	≤	15	15	20	30	40
6	五日生化需氧量（BOD_5）≤		3	3	4	6	10
7	氨氮（NH_3-N）	≤	0.15	0.5	1.0	1.5	2.0

项目 3 环境监测

续表

序号	分类 / 项目		Ⅰ类	Ⅱ类	Ⅲ类	Ⅳ类	Ⅴ类
8	总磷（以 P 计）	≤	0.02（湖、库 0.01）	0.1（湖、库 0.025）	0.2（湖、库 0.05）	0.3（湖、库 0.1）	0.4（湖、库 0.2）
9	总氮（湖、库，以 N 计）	≤	0.2	0.5	1.0	1.5	2.0
10	铜	≤	0.01	1.0	1.0	1.0	1.0
11	锌	≤	0.05	1.0	1.0	2.0	2.0
12	氟化物（以 F⁻ 计）	≤	1.0	1.0	1.0	1.5	1.5
13	硒	≤	0.01	0.01	0.01	0.02	0.02
14	砷	≤	0.05	0.05	0.05	0.1	0.1
15	汞	≤	0.00005	0.00005	0.0001	0.001	0.001
16	镉	≤	0.001	0.005	0.005	0.005	0.01
17	铬（六价）	≤	0.01	0.05	0.05	0.05	0.1
18	铅	≤	0.01	0.01	0.05	0.05	0.1
19	氰化物	≤	0.005	0.05	0.2	0.2	0.2
20	挥发酚	≤	0.002	0.002	0.005	0.01	0.1
21	石油类	≤	0.05	0.05	0.05	0.5	1.0
22	阴离子表面活性剂	≤	0.2	0.2	0.2	0.3	0.3
23	硫化物	≤	0.05	0.1	0.2	0.5	1.0
24	粪大肠菌群 /（个 /L）	≤	200	2000	10000	20000	40000

②《污水综合排放标准》（GB 8978—1996）：本标准适用于排放污水和废水的一切企、事业单位。按地表水域的使用功能要求和污水排放去向，对地表水水域和城市下水道排放的污水分别执行一、二、三级标准。

特殊保护的水域，指《地表水环境质量标准》（GB 3838—2002）Ⅰ、Ⅱ类水域和 GB 3097—1997《海水水质标准》中的一类海域，不得新建排污口，包括城镇集中式生活饮用水地表水源地一级保护区、国家划定的重点风景名胜区水体、珍稀水生生物保护区及其他有特殊经济文化价值的水体保护区，以及海水浴场和水产养殖场等水体。现有的排污单位由环保部门从严控制，以保护受纳水体水质符合标准。

重点保护水域，指 GB 3838—2002 中的Ⅲ类水域（划定的保护区和游泳区除外）和 GB 3097—1997 中的二类海域，如城镇集中式生活饮用水地表水源地二级保护区、一般经济渔业水域、重点风景游览区等，对排入本区水域的污水执行一级标准。

一般保护水域，指 GB 3838—2002 的Ⅳ、Ⅴ类水域和 GB 3097—1997 中的三类海域，如一般工业用水区、景观用水区及农业用水区、港口和海洋开发作业区，排入本区水域的污水执行二级标准。

对排入设置了二级污水处理厂的城镇排水系统的污水，执行三级标准。对排入未设置二级污水处理厂的城镇排水系统的污水，必须根据受纳水域功能要求分别执行一级或二级标准。

《污水综合排放标准》（GB 8978—1996）中，将污染物按其性质和控制方式分为两类，分别规定标准限值。

分析检验应用技术

笔记

第一类污染物：指能在环境或动植物内蓄积，对人体健康产生长远不良影响的污染物。含此类有害物质的污水，不分行业和污水排放方式，也不分受纳水体的功能类别，一律在车间或车间处理设施排放口取样，其最高允许排放浓度必须符合表3-2的规定。

第二类污染物：指长远影响小于第一类的污染物质，在排污单位排放口取样，其最高允许排放浓度，按照排污单位建设日期（分别是1997年12月31日前和1998年1月1日后）进行分类划分，分别规定。表3-3为1998年1月1日后建设单位排放的污水中第二类污染物质的最高允许排放浓度限值（部分）。

表3-2 第一类污染物最高允许排放浓度   单位：mg/L

序号	污染物	最高允许排放浓度
1	总汞	0.05
2	烷基汞	不得检出
3	总镉	0.1
4	总铬	1.5
5	六价铬	0.5
6	总砷	0.5
7	总铅	1
8	总镍	1
9	苯并（a）芘	0.00003
10	总铍	0.005
11	总银	0.5
12	总 α 放射性	1Bq/L
13	总 β 放射性	10Bq/L

表3-3 第二类污染物最高允许排放浓度（部分）
（1998年1月1日后建设的单位）   单位：mg/L

序号	污染物	适用范围	一级标准	二级标准	三级标准
1	pH	一切排污单位	6～9	6～9	6～9
2	色度（稀释倍数）	一切排污单位	50	80	—
3	悬浮物（SS）	采矿、选矿、选煤工业	70	300	—
		脉金选矿	70	400	—
		边远地区砂金选矿	70	800	—
		城镇二级污水处理厂	20	30	—
		其他排污单位	70	150	400
4	五日生化需氧量（BOD_5）	甘蔗制糖、苎麻脱胶、湿法纤维板、染料、洗毛工业	20	60	600
		甜菜制糖、酒精、味精、皮革、化纤浆粕工业	20	100	600
		城镇二级污水处理厂	20	30	—
		其他排污单位	20	30	300

106

续表

序号	污染物	适用范围	一级标准	二级标准	三级标准
5	化学需氧量（COD）	甜菜制糖、合成脂肪酸、湿法纤维板、染料、洗毛、有机磷农药工业	100	200	1000
		味精、酒精、医药原料药、生物制药、苎麻脱胶、皮革、化纤浆粕工业	100	300	1000
		石油化工工业（包括石油炼制）	60	120	500
		城镇二级污水处理厂	60	120	—
		其他排污单位	100	150	500
6	石油类	一切排污单位	5	10	20
7	动植物油	一切排污单位	10	15	100
8	挥发酚	一切排污单位	0.5	0.5	2
9	总氰化合物	一切排污单位	0.5	0.5	1
10	硫化物	一切排污单位	1	1	1
11	氨氮	医药原料药、染料、石油化工工业	15	50	
		其他排污单位	15	25	—
12	氟化物	黄磷工业	10	15	20
		低氟地区（水体含氟量 <0.5mg/L）	10	20	30
		其他排污单位	10	10	20
13	磷酸盐（以P计）	一切排污单位	0.5	1	—
14	甲醛	一切排污单位	1	2	5
15	苯胺类	一切排污单位	1	2	5
16	硝基苯类	一切排污单位	2	3	5
17	阴离子表面活性剂（LAS）	一切排污单位	5	10	20
18	总铜	一切排污单位	0.5	1	2
19	总锌	一切排污单位	2	5	5
20	总锰	合成脂肪酸工业	2	5	5
		其他排污单位	2	2	5

（2）大气标准简介

空气环境质量及相关标准：《环境空气质量标准》（GB 3095—2012）；《室内空气质量标准》（GB/T 18883—2002）；《室内环境空气质量监测技术规范》（HJ/T 167—2004）；《环境空气质量监测点位布设技术规范（试行）》（HJ 664—2013）；《环境空气质量数值预报技术规范》（HJ 1130—2020）等。

排放标准：《大气污染物综合排放标准》（GB 16297—1996）；《锅炉大气污染物排放标准》（GB 13271—2014）；《工业炉窑大气污染物排放标准》（GB 9078—1996）和一些行业排放标准中有关气体污染物排放限值。

① 环境空气质量标准（GB 3095—2012）：根据地区的地理、气候、生态、政治、

经济和大气污染程度，环境空气功能区可分为两类。

一类区：自然保护区、风景名胜区和其他需要特殊保护的区域。

二类区：居民区、商业交通居民混合区、文化区、工业区和农村地区。

② 锅炉大气污染物排放标准（GB 13271—2001）：锅炉烟尘是我国大气污染的重要原因，为了控制锅炉烟尘污染、改善大气质量、保护人民健康，有关部门制定了适用于生产用、采暖用、生活用锅炉（不适用于电站锅炉）的锅炉烟尘排放标准。

3.1.3.2 环境质量评价

环境质量评价，按地域范围可分为局地的、区域的（如城市的）、海洋的和全球的环境质量评价；按环境要素可分为大气质量评价、水质评价、土壤质量评价等。

对某一环境要素的质量进行评价，称为单要素评价，对各环境要素进行综合评价，称为综合质量评价。环境要素的影响不同，常用权系数分别表示各种污染物所产生的环境效应。各级权系数的确定是一项重要的内容。

3.1.4 大气污染监测

3.1.4.1 污染物主要来源

（1）工业企业排放的废气

排放量最大的是以煤和石油为燃料，在燃烧过程中排放的粉尘、SO、NO、CO_2、CO 等，其次是工业生产过程中排放的多种有机和无机污染物质。

（2）家庭炉灶与取暖设备排放的废气

这类污染源数量大，分布广，排放高度低，排放的气体不易扩散，含有主要污染物是烟尘、SO_2、CO_2、CO 等。

（3）汽车排放的废气

在交通运输工具中，汽车数量最大，排放的污染物最多，主要污染物质有碳氢化合物、氮氧化物、铅等。

3.1.4.2 大气污染监测项目

大气中的污染物质，按照粒子存在状态分为分子状态和粒子状态两种。按照产生的顺序，分为一次污染物（直接从各种污染源排放）和二次污染物（一次污染物相互作用或与大气组分反应产生的新污染物）。

《环境空气质量监测规范（试行）》（国家环保总局公告 2007 年第 4 号）中规定，国家环境空气质量监测网的必测项目有 SO_2、NO_2、可吸入颗粒物（PM10）、一氧化碳（CO）、臭氧（O_3）；选测项目有总悬浮颗粒物 TSP（粒径在 100μm 以下的微粒）、铅（Pb）、氟化物（F）、苯并 [a] 芘。

2021 年，国家生态环境监测方案（征求意见稿）的环境空气质量监测中，对于城市空气质量监测，确定了 339 个地级及以上城市，共计 1734 个国家城市环境空气质量监测点位，以及京津冀及周边地区县（市）国控点位 279 个。详见《"十四五"国家城市环境空气质量监测网点位设置方案》（环办监测 [2020]3 号）。对于区域（农村）空气质量监测，对 31 个省（区、市）各设置 1～5 个点位，共计 92 个点位。

2021 年，对于城市空气质量监测和大部分区域（农村）空气质量监测，设置的监测项目有：二氧化硫（SO_2）、氮氧化物（NO-NO_2-NO_x）、可吸入颗粒物（PM_{10}）、细颗粒物（PM$_{2.5}$）、一氧化碳（CO）、臭氧（O$_3$）、气象五参数（温度、湿度、气压、风向、风速）、能见度。

3.1.4.3 大气污染的采样技术

（1）采样布点的一般方法

① 扇形布点法：扇形布点法适用于孤立的高架点源，且主导风向明显的地区（见图 3-1）。

② 放射式（同心圆）布点法：这种方法主要用于多个污染源构成污染群，且大污染源较集中的地区。先找出污染群的中心，以此为圆心在地面上画若干个同心圆，再从圆心作若干条放射线，将放射线与圆周的交点作为采样点（见图 3-2）。

③ 功能区布点法：功能区布点法多用于区域性常规监测。先将监测区域划分为工业区、商业区、居住区、工业和居住混合区、交通稠密区、清洁区等，再根据具体污染情况和人力、物力条件，在各功能区设置一定数量的采样点。

④ 网格布点法：这种布点法是将监测区域地面划分成若干均匀网状方格，采样点设在两条直线的交点处或方格中心（见图 3-3）。网格大小视污染源强度、人口分布及人力、物力条件等确定。

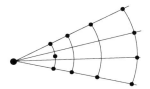 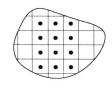

图3-1　扇形布点法　　图3-2　同心圆布点法　　图3-3　网格布点法

以上 4 种采样布点方法，可以单独使用，也可以综合使用，目的就是要求有代表性地反映污染物浓度，为大气环境监测提供可靠的样品。

（2）采样法

采集大气（空气）样品的方法可归纳为直接采样法和富集（浓缩）采样法两类。

① 直接采样法。当大气中的被测组分浓度较高，或者监测方法灵敏度高时，直接采集少量气样即可满足分析要求。其测定结果是瞬时浓度或短时间内的平均浓度，能较快地测知结果。常用的采样容器有注射器、塑料袋、球胆、真空瓶（管）等，见图 3-4、图 3-5。图 3-6 为塑料袋采样和球胆采样示例。

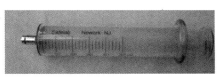  

图3-4　注射器、塑料袋、球胆

② 富集（浓缩）采样法。大气中的污染物质浓度一般都比较低，直接采样法往往不能满足分析方法检测限的要求，故需要用富集采样法对大气中的污染物进行浓缩。富集采样时间一般比较长，测得结果代表采样时段的平均浓度，更能反映大气

污染的真实情况。

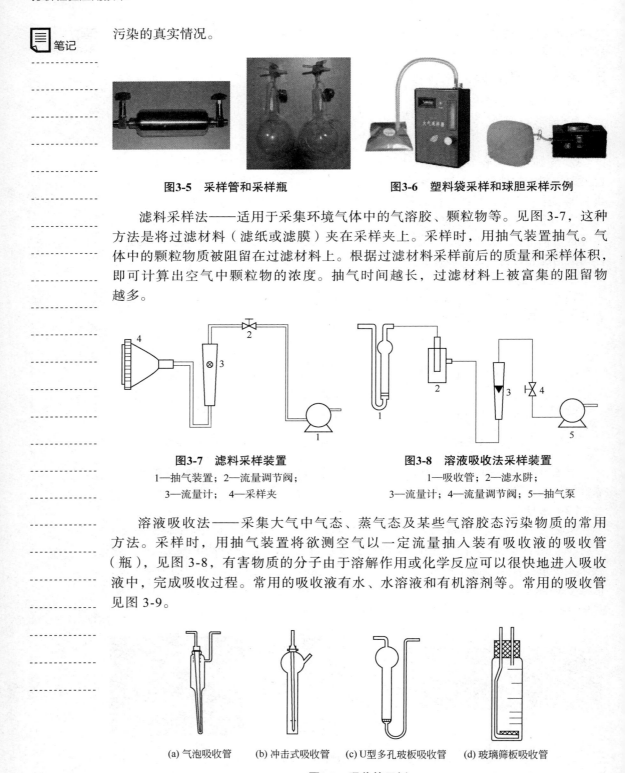

图3-5 采样管和采样瓶　　　　图3-6 塑料袋采样和球胆采样示例

滤料采样法——适用于采集环境气体中的气溶胶、颗粒物等。见图3-7，这种方法是将过滤材料（滤纸或滤膜）夹在采样夹上。采样时，用抽气装置抽气。气体中的颗粒物质被阻留在过滤材料上。根据过滤材料采样前后的质量和采样体积，即可计算出空气中颗粒物的浓度。抽气时间越长，过滤材料上被富集的阻留物越多。

图3-7 滤料采样装置
1—抽气装置；2—流量调节阀；
3—流量计； 4—采样夹

图3-8 溶液吸收法采样装置
1—吸收管；2—滤水阱；
3—流量计；4—流量调节阀；5—抽气泵

溶液吸收法——采集大气中气态、蒸气态及某些气溶胶态污染物质的常用方法。采样时，用抽气装置将欲测空气以一定流量抽入装有吸收液的吸收管（瓶），见图3-8，有害物质的分子由于溶解作用或化学反应可以很快地进入吸收液中，完成吸收过程。常用的吸收液有水、水溶液和有机溶剂等。常用的吸收管见图3-9。

(a) 气泡吸收管　(b) 冲击式吸收管　(c) U型多孔玻板吸收管　(d) 玻璃筛板吸收管

图3-9 吸收管示例

富集采样法除了滤料采样法、溶液吸收法以外，还有填充柱阻留法、低温冷凝法、自然积集法等。

3.1.4.4 大气环境监测指标和测定方法

大气环境监测指标的常用测定方法有化学分析法、仪器分析法和生物监测法。

测定颗粒物含量，如 TSP、可吸入颗粒物（PM_{10}）等，采用重量法；测定气态物质含量，如二氧化硫、氮氧化物、甲苯、二甲苯、苯乙烯等，采用光谱法和气相色谱法等。

例如：《环境空气总悬浮物的测定重量法》（GB/T 15432—1995）；《环境空气降尘的测定重量法》（GB/T 15265—1994）；《环境空气 二氧化硫的测定 甲醛吸收 - 副玫瑰苯胺分光光度法》（HJ 482—2009）；《环境空气 氮氧化物（一氧化氮和二氧化氮）的测定 盐酸萘乙二胺分光光度法》（HJ 479—2009）；《空气质量 甲苯、二甲苯、苯乙烯的测定 气相色谱法》（GB/T 14677—93）等。

3.1.5 水污染的监测

3.1.5.1 污染物主要来源和分类

水环境中的污染物质主要来自酸雨和大气中有害物质沉降、农田施用肥料和杀虫剂、固体废物渗滤液及生产生活排放的各类废水（生产废水和生活废水）。

按照污染性质，可分为化学型污染、物理型污染和生物型污染三种主要类型。

化学型污染是由随废水及其他废弃物排入水体的酸、碱、有机和无机污染物造成的。

物理型污染主要有色度污染、浊度污染、悬浮固体污染、热污染和放射性污染。

生物型污染是由于将生活污水、医院污水等排入水体，随之引入某些病原微生物造成的。

3.1.5.2 水污染监测项目

水质监测的对象：可分为环境水体监测和水污染源监测。环境水体包括地表水（江、河、湖、库、海水）和地下水；水污染源包括工业废水、生活污水、医院污水及各种废水。

水质监测的项目主要分为物理、化学和生物等 3 个方面的监测指标。我国《地表水和污水监测技术规范》（HJ/T 91—2002）中规定了地表水监测的项目和监测方法。

（1）地表水监测项目

地表水监测项目见表 3-4。

表 3-4 地表水监测项目①

| 河流 | 水温、pH、溶解氧、高锰酸盐指数、化学需氧量、BOD_5、氨氮、总氮、总磷、铜、锌、氟化物、硒、砷、汞、镉、铬（六价）、铅、氰化物、挥发酚、石油类、阴离子表面活性剂、硫化物和粪大肠菌群 | 总有机碳、甲基汞，其他项目参照工业废水监测项目表，根据纳污情况由各级相关环境保护主管部门确定 |

续表

集中式饮用水源地	水温、pH、溶解氧、悬浮物②、高锰酸盐指数、化学需氧量、BOD₅、氨氮、总磷、总氮、铜、锌、氟化物、铁、锰、硒、砷、汞、镉、铬（六价）、铅、氰化物、挥发酚、石油类、阴离子表面活性剂、硫化物、硫酸盐、氯化物、硝酸盐和粪大肠菌群	三氯甲烷、四氯化碳、三溴甲烷、二氯甲烷、1,2-二氯乙烷、环氧氯丙烷、氯乙烯、1,1-二氯乙烯、1,2-二氯乙烯、三氯乙烯、四氯乙烯、氯丁二烯、六氯丁二烯、苯乙烯、甲醛、乙醛、丙烯醛、三氯乙醛、苯、甲苯、乙苯、二甲苯③、异丙苯、氯苯、1,2-二氯苯、1,4-二氯苯、三氯苯④、四氯苯⑤、六氯苯、硝基苯、二硝基苯⑥、2,4-二硝基甲苯、2,4,6-三硝基甲苯、硝基氯苯⑦、2,4-二硝基氯苯、2,4-二氯苯酚、2,4,6-三氯苯酚、五氯酚、苯胺、联苯胺、丙烯酰胺、丙烯腈、邻苯二甲酸二丁酯、邻苯二甲酸二（2-乙基己基）酯、水合肼、四乙基铅、吡啶、松节油、苦味酸、丁基黄原酸、活性氯、滴滴涕、林丹、环氧七氯、对硫磷、甲基对硫磷、马拉硫磷、乐果、敌敌畏、敌百虫、内吸磷、百菌清、甲萘威、溴氰菊酯、阿特拉津、苯并（a）芘、甲基汞、多氯联苯⑧、微囊藻毒素-LR、黄磷、钼、钴、铍、硼、锑、镍、钡、钒、钛、铊
湖泊水库	水温、pH、溶解氧、高锰酸盐指数、化学需氧量、BOD₅、氨氮、总磷、总氮、铜、锌、氟化物、硒、砷、汞、镉、铬（六价）、铅、氰化物、挥发酚、石油类、阴离子表面活性剂、硫化物和粪大肠菌群	总有机碳、甲基汞、硝酸盐、亚硝酸盐，其他项目参照工业废水监测项目表，根据纳污情况由各级相关环境保护主管部门确定
排污河（渠）	根据纳污情况，参照工业废水监测项目表中的监测项目	

①监测项目中，有的项目监测结果低于检出限，并确认没有新的污染源增加时可减少监测频次。根据各地经济发展情况不同，在有监测能力（配置 GC/MS）的地区每年应监测 1 次选测项目。

②悬浮物在 5mg/L 以下时，测定浊度。

③二甲苯指邻二甲苯、间二甲苯和对二甲苯。

④三氯苯指 1,2,3-三氯苯、1,2,4-三氯苯和 1,3,5-三氯苯。

⑤四氯苯指 1,2,3,4-四氯苯、1,2,3,5-四氯苯和 1,2,4,5-四氯苯。

⑥二硝基苯指邻二硝基苯、间二硝基苯和对二硝基苯。

⑦硝基氯苯指邻硝基氯苯、间硝基氯苯和对硝基氯苯。

⑧多氯联苯指 PCB-1016、PCB-1221、PCB-1232、PCB-1242、PCB-1248、PCB-1254 和 PCB-1260。

（2）污水监测项目

《污水监测技术规范》（HJ 91.1—2019）中规定了污水监测的项目和监测方法。根据污水的性质和特点不同，监测项目有所差异。

工业废水监测项目，主要有 pH、化学需氧量 COD、五日生化需氧量 BOD₅、总有机碳 TOC、重金属、挥发酚、悬浮物及其他各种有机和无机的化学污染物等。

生活污水监测，必测项目有 pH、COD、BOD₅、悬浮物、氨氮、挥发酚、油类、总氮、总磷、重金属。

医院污水监测，必测项目有 pH、COD、BOD₅、悬浮物、油类、挥发酚、总氮、总磷、汞、砷、粪大肠菌群、细菌总数。

项目 3　环境监测

3.1.5.3　水质监测采样技术

（1）采样容器

通常使用的容器有聚乙烯塑料容器和硬质玻璃容器。塑料容器常用于金属和无机物的监测项目；玻璃容器常用于有机物和生物等的监测项目；惰性材料常用于特殊监测项目。要先用采样水荡洗采样器与水样容器 2～3 次，然后再将水样采入容器中，并按要求立即加入相应的试剂固定，贴好标签。

（2）环境水体监测的采样断面和采样点

监测断面即为采样断面，一般分为 4 种类型，即对照断面、控制断面和消减断面、背景断面。对于地表水的监测来说，并非所有的水体都必须设置四种断面。

① 对照断面：判断水体污染程度的参比和对照作用或提供本底值的断面，设在河流进入城市或工业区以前的地方，避开废水、污水流入或回流处。一个河段只设一个对照断面。

② 控制断面：为评价、监测河段两岸污染源对水体水质的影响而设置，应设在污水与河水基本混匀处。一般设在排污口下游 500～1000m 处。它的数目应根据城市工业布局和排污口分布情况而定。对于水系的较大支流汇入前的河口处，以及湖泊、水库、主要河流的出、入口，出入国境河流交界处都应设置监测断面。

③ 消减断面：是指河流受纳废水和污水后，经稀释扩散和自净作用，使污染物浓度显著下降。对于河段有足够长度的（至少 10km），应设消减断面。

④ 背景断面：评价一个完整水体时需要设置背景断面，设置在河流上游不受污染的河段处或接近河流源头处。对于一条河流的局部河段，只设对照断面而不设背景断面。

在设置监测断面后，应先根据水面宽度确定断面上的采样垂线，然后再根据采样垂线的深度确定采样点数目和位置。

在采样断面上设置采样垂线，垂线数量决定于水面宽度。设置应符合表 3-5。

表3-5　采样垂线数量的设置

水面宽	垂线数	说明
< 50m	一条（中泓）	① 垂线布设应避开污染带，要测污染带应另加垂线。
50～100m	二条（近左、右岸有明显水流处）	② 确能证明该断面水质均匀时，可仅设中泓垂线。
> 100m	三条（左、中、右）	③ 凡在该断面要计算污染物通量时，必须按本表设置垂线

在采样垂线上设置采样点，采样点数量决定于垂线深度。采样点设置应符合表3-6。

表3-6　采样垂线上的采样点设置

水深	采样点数	说明
< 5m	上层一点	① 上层指水面下 0.5m 处，水深不到 0.5m 时，在水深 1/2 处。
5～10m	上、下层两点	② 下层指河底以上 0.5m 处。 ③ 中层指 1/2 水深处。
> 10m	上、中、下三层三点	④ 封冻时在冰下 0.5m 处采样，水深不到 0.5m 时，在水深 1/2 处采样。 ⑤ 凡在该断面要计算污染物通量时，必须按本表设置采样点

对于监测湖（库）的采样垂线上设置采样点，查阅《地表水和污水监测技术规范》

113

（HJ/T 91—2002）中的相关规定。

监测断面和采样点位置确定后，应立即设立标志物。每次采样时以标志物为准，在同一位置上采样，以保证样品的代表性。

（3）水污染源的采样点的确定

① 第一类污染物的采样点位一律设在车间或车间处理设施的排口或专门处理此类污染物设施的排口。

② 第二类污染物的采样点位一律设在排污单位的外排口。

③ 在污水处理厂的污水进、出口处设点采样。

④ 在污水泵站的进水和安全溢流口处布点采样。

⑤ 在市政排污管线的进水处布点采样。

（4）采样仪器

对于水体采样，常用仪器有：

① 单层采样器。其结构如图 3-10 所示。将一个玻璃采样瓶装在金属框内，用绳子吊起，框底有铅锤增加质量，瓶口橡胶塞以软绳系牢，绳上标有高度。采样时，沉至所需深度（从提绳的标度确定），上提提绳打开瓶塞即可。

② 急流采样器。急流采样器适用于采集水流急、流量较大的水样，如图 3-11 所示。将一根长钢管固定在铁框上，管内装一根橡胶管，橡胶管上部用夹子夹紧，下部与瓶塞上的短玻璃管相连，瓶塞上另有一长玻璃管通至采样瓶近底处。采样时，沉至需要深度后，打开上部橡胶管夹，水样即沿长玻璃管流入样品瓶中。

③ 双层采样器。双层采样器适用于采集溶解性气体的水样，其结构如图 3-12 所示。采样时，将采样器沉至要求的水深处，打开上部的橡胶管夹，水样进入小瓶并将空气驱入大瓶，从连接大瓶短玻璃管排出，直到大瓶中充满水样。

此外，还有直立式采水器、塑料手摇采样器、电动采样器及自动采样器等。对于排放管线取样等小区域范围，则只需要用瓶子和长柄勺子等即可。

3.1.5.4　水样的预处理

水样进行预处理，目的是将待测组分处理为适于测定要求的形态、浓度，并消除共存组分干扰。

（1）水样的消解

测定无机元素时，常需消解处理。处理目的是破坏有机物和溶解悬浮性固体，将待测元素氧化成单一价态或易于分离的无机化合物。消解后的水样应清澈、透明、无沉淀。

① 湿式消解法。常用的是酸消解法，在水样中加入强酸并加热，有时配合加入适量氧化剂和催化剂。常用的有硝酸、硫酸、磷酸、高氯酸，或多种酸混合使用。

当用酸体系消解水样造成易挥发组分损失时，可改用碱消解法，即在水样中加入氢氧化钠和过氧化氢溶液，或者氨水和过氧化氢溶液，加热煮沸至近干，用水或稀碱液温热溶解。

② 干式灰化法。又称高温分解法。其处理过程是：取适量水样于白瓷或石英蒸发皿中，置于水浴上蒸干，移入马弗炉内，于 450 ～ 550℃灼烧到残渣呈灰白色，使有机物完全分解除去。取出蒸发皿，冷却，用适量 2%HNO$_3$（或 HCl）溶解样品灰分，过滤，滤液定容后供测定。

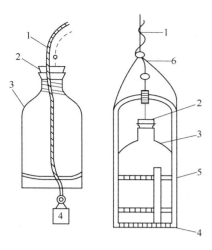 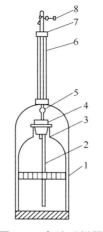 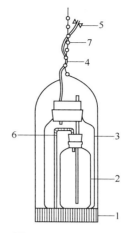

图3-10 单层采样器	图3-11 急流采样器	图3-12 双层采样器
1—绳子；2—带有软绳的橡胶塞；3—采样瓶；4—铅锤；5—铁框；6—挂钩	1—铁框；2—长玻璃管；3—采样瓶；4—橡胶塞；5—短玻璃管；6—钢管；7—橡胶管；8—夹子	1—带重锤的铁框；2—小瓶；3—大瓶；4—橡胶管；5—夹子；6—塑料管；7—绳子

本方法不适用于处理测定易挥发组分（如砷、汞、镉、硒、锡等）的水样。

（2）水样的富集和分离

当水样中的欲测组分含量低于分析方法的检测限时，就必须进行富集或浓缩；当有共存干扰组分时，就必须采取分离或掩蔽措施。富集和分离往往是不可分割、同时进行的。

常用的方法有过滤、挥发、蒸馏、溶剂萃取、离子交换、吸附、共沉淀、层析、低温浓缩等，要结合具体情况选择使用。

3.1.5.5 水环境监测指标和测定方法

水体水质的优劣主要是通过物理、化学和生物3大类指标来评价的。

（1）物理指标

物理指标主要包括水温、色度、悬浮物、浊度、电导率、透明度等项目。对某些特殊水体（如工业污水、生活污水等），需附加测定嗅味、残渣、矿化度（地下水）、氧化还原电位等项目。

色度常用目视比色法测定。浊度采用浊度仪测定。悬浮物采用重量法测定。透明度常用铅字法、塞氏盘法、十字法等测定。

（2）金属化合物的测定

水体中的金属元素有些是人体健康必需的常量元素和微量元素，有些是有害于人体健康的，如汞、镉、铬、铅、铜、锌、镍、钡、钒、砷等。有害金属毒性大小与金属种类、理化性质、浓度及存在的价态和形态有关。汞、铅、砷、锡等金属的有机化合物比相应的无机化合物毒性要强得多；可溶性金属要比颗粒态金属毒性大；六价铬比三价铬毒性大等。

金属的测定方法有化学分析法、分光光度法、原子吸收法。

（3）非金属化合物的测定

水体中存在的对环境和人类危害较大的非金属无机污染物主要有酸、碱、砷化物、氰化物、硫化物、氟化物、含氮化合物等。常用化学分析法、电化学法和分光光度法等检测。

① pH值。我国规定，河流水体pH应在6.5～9之间。常用玻璃电极法测定，原理：以饱和甘汞电极为参比电极，玻璃电极为指示电极组成电池，在仪器上可直接读出溶液的pH。温度差可以通过仪器上的补偿装置进行校正。测定方法：用邻苯二甲酸氢钾、磷酸二氢钾、磷酸氢二钠和四硼酸钠标准缓冲溶液依次对仪器进行校正；在现场取一定水样测定或将电极插入水体直接测定pH值。

② 溶解氧。指溶解于水中分子状态的氧，即水中的O_2，以DO表示。当水体受到有机物质、无机还原物质污染时，会使溶解氧含量降低，甚至趋于零，此时厌氧细菌繁殖活跃，水质恶化。测定水中溶解氧的方法有碘量法及其修正法、膜电极法。

③ 氨氮的测定。水中氨氮主要来源于生活污水中含氮有机物受微生物作用的分解产物，焦化、合成氨等工业废水，以及农田排水等。测定水中氨氮的方法有纳氏试剂分光光度法、水杨酸-次氯酸盐分光光度法、电极法和滴定法。

④ 磷的测定。水体中磷含量过多可造成藻类过度生长，产生水体富营养化。磷的污染主要来自化肥、冶炼、合成洗涤剂等行业以及生活污水排放。水中磷的测定通常按其存在的形式，分别测定总磷、溶解性正磷酸盐和总溶解性磷。正磷酸盐的测定，可采用钼锑抗分光光度法、氯化亚锡还原钼蓝法和离子色谱法。

⑤ 砷的测定。砷的化合物均有剧毒，并容易在人体内积累，造成急性或慢性中毒。砷污染主要来源于采矿、冶金、化工、化学制药、农药生产、玻璃、制革等工业废水。测定水体中砷的方法有新银盐分光光度法、二乙氨基二硫代甲酸银分光光度法和原子吸收分光光度法等。

（4）有机化合物的测定

有机污染物主要指以碳水化合物、蛋白质、脂肪、氨基酸等形式存在的天然有机物质及某些可生物降解人工合成的有机物质。

水中所含有机物种类繁多，难以一一分别测定各种组分的定量数值，目前多测定与水中有机物相当的需氧量来间接表征有机物的总量（如COD、BOD等），称为综合指标。根据需要测定有机污染物单项指标，如酚类、油类、苯系物、有机磷农药等。

① 化学需氧量（COD_{Cr}）：是指水样在一定条件下，氧化1L水样中还原性物质所消耗的氧化剂的量，以mg/L表示。它反映了水中受还原性物质污染的程度。

原理：在强酸性溶液中，用重铬酸钾氧化水样中还原性物质，过量重铬酸钾以试铁灵作指示剂，用硫酸亚铁铵标准溶液回滴，根据其用量计算水样中还原性物质消耗氧的量。

② 高锰酸盐指数（COD_{Mn}）：以高锰酸钾溶液为氧化剂测得的化学需氧量，在我国环境水质标准中，称为高锰酸盐指数，而将酸性重铬酸钾法测得的值称为化学需氧量。此值适用于评估较清洁或污染不甚严重水体中有机污染物含量，如测定地表水、饮用水等。

③ 五日生化需氧量（BOD_5）：生化需氧量是指在有溶解氧的条件下，好氧微生物在分解水中有机物的生物化学氧化过程中所消耗的溶解氧量，简称BOD。

水体要发生生物化学过程必须具备3个条件：a.好氧微生物；b.足够的溶解氧；c.能被微生物利用的营养物质。有机物在微生物作用下，好氧分解过程分两个阶段。

项目 3　环境监测

第一阶段称为含碳物质氧化阶段，主要是含碳有机物氧化为二氧化碳和水；第二阶段称为硝化阶段，主要是含氮有机化合物在硝化菌作用下分解为亚硝酸盐和硝酸盐。对生活污水及性质与其接近的工业废水，硝化阶段在 5 ～ 7 天，甚至 10 天以后才显著进行，故目前国内外广泛采用 20 ℃五日培养法（BOD_5 法）测定，其中不包括硝化阶段。

BOD_5 是反映水体被有机物污染程度的综合指标，也是研究废水的可生化降解性和生化处理效果，以及生化处理废水工艺设计和动力学研究中的重要参数。有机物含量越高，排放到水体中消耗的溶解氧越多，BOD_5 值愈高，水质愈差。

生化需氧量的经典测量方法是稀释接种法，即五日培养法（20 ℃）。测定原理是水样经稀释后，在（20 ± 1）℃条件下培养五天，求出培养前后水样中溶解氧含量，二者的差值为 BOD_5。如果水样五日生化需氧量未超过 7mg/L，则不必进行稀释，可直接测定。

④ 总有机碳（TOC）的测定：总有机碳是以碳的含量表示水体中有机物质总量的综合指标。由于 TOC 的测定采用燃烧法，因此能将有机物全部氧化，它比 BOD_5 或 COD 更能反映有机物的总量。

目前广泛应用的测定 TOC 的方法是燃烧氧化 - 非色散红外吸收法。原理：将一定量水样注入高温炉内的石英管，在 900 ～ 950 ℃温度下，以铂和三氧化钴或三氧化二铬为催化剂，使有机物燃烧裂解转化为二氧化碳，然后用红外线气体分析仪测定 CO_2 含量，从而确定水样中碳的含量。

⑤ 挥发酚类的测定：酚属高毒物质，主要污染源是炼油、焦化、煤气发生站、木材防腐及某些化工（如酚醛树脂）等工业废水。分为挥发酚与不挥发酚。通常认为沸点在 230 ℃以下的为挥发酚（属一元酚），而沸点在 230 ℃以上的为不挥发酚。测定普遍采用的是 4- 氨基安替吡啉分光光度法，高浓度含酚废水可采用溴化容量法。

⑥ 矿物油的测定：水中的矿物油来自原油开采、加工及各种炼制油产生的工业废水和生活污水。测定矿物油的方法有重量法、非色散红外法、紫外分光光度法、荧光法、比浊法等。

任务 3.2
大气中NO₂含量测定

3.2.1　污染指标概述和标准要求

大气中的氮氧化物主要以一氧化氮（NO）和二氧化氮（NO_2）形式存在。它们主要来源于石化燃料高温燃烧和硝酸、化肥等生产排放的废气，以及汽车尾气。

一氧化氮为无色、无臭、微溶于水的气体，在大气中易被氧化为 NO_2。NO_2 为棕红色气体，具有强刺激性臭味，是引起支气管炎等呼吸道疾病的有害物质。

根据环境空气质量标准 GB 3095—2012，对 NO_2 的含量限制见表 3-7。

分析检验应用技术

表3-7　大气中NO₂的含量限值　　　　　　　　　　　　　单位：μg/m³

污染物项目	平均时间	浓度限值	
		一级	二级
二氧化氮（NO₂）	年平均	40	40
	24小时平均	80	80
	1小时平均	200	200

3.2.2　检验原理和操作规程（盐酸萘乙二胺分光光度法）

（1）测定原理

大气中的 NO_2 常用测定方法有盐酸萘乙二胺分光光度法、化学发光法及恒电流库仑滴定法等。

二氧化氮被吸收在溶液中形成亚硝酸，与氨基苯磺酸起重氮反应，再与盐酸萘乙二胺偶合，生成玫瑰红色偶氮染料，在波长540nm处测定溶液吸光度，吸光度与亚硝酸含量成正比。因为过程中存在 $NO_2 \longrightarrow NO_2^-$ 的转换，因此在计算时需除以换算系数。

大气中氮氧化物包括一氧化氮和二氧化氮，如果要测定一氧化氮浓度，先用酸性高锰酸钾溶液将一氧化氮氧化为二氧化氮，即可被吸收液吸收测定。二者的分别测定方法，可查阅《环境空气　氮氧化物（一氧化氮和二氧化氮）的测定　盐酸萘乙二胺分光光度法》（HJ 479—2009）。

本方法的检出限为0.12μg/10mL溶液，当吸收液总体积为10mL，采样体积为24L时，空气中 NO_2 最低检出浓度为0.005mg/m³。

（2）仪器和试剂

① 主要仪器

a. 多孔玻板吸收管（可装10mL、25mL或50mL吸收液，液柱高度不低于80mm）。使用棕色吸收管或外罩黑色避光罩。新的多孔玻板吸收管或使用后的多孔玻板吸收管，应用（1+1）HCl浸泡24h以上，再洗净。

b. 大气采样器，流量范围0～1L/min。

c. 分光光度计和比色皿。

② 实验试剂：所有试剂为分析纯及以上纯度，并用不含有亚硝酸盐的重蒸水、去离子水或相当纯度的水配制溶液。必要时，实验用水可在全玻璃蒸馏器中以每升水加入0.5g高锰酸钾（ $KMnO_4$ ）和0.5g氢氧化钡 [$Ba(OH)_2$] 重蒸。配制如下试剂溶液。

a.N-（1-萘基）乙二胺盐酸盐储备液，ρ [$C_{10}H_7NH(CH_2)_2NH_2 \cdot 2HCl$] =1.00g/L：称取0.50gN-（1-萘基）乙二胺盐酸盐于500mL容量瓶中，用水溶解稀释至刻度。此溶液贮于密闭的棕色瓶中，在冰箱中冷藏，可稳定保存三个月。

b. 显色液：称取5.0g对氨基苯磺酸（ $NH_2C_6H_4SO_3H$ ）溶解于约200mL40～50℃热水中，将溶液冷却至室温，全部移入1000mL容量瓶中，加入50mLN-（1-萘基）乙二胺盐酸盐储备溶液和50mL冰乙酸，用水稀释至刻度。此溶液贮于密闭的棕色瓶中，在25℃以下暗处存放可稳定三个月。若溶液呈现淡红色，应弃之重配。

c. 吸收液：使用时将显色液和水按4∶1（体积分数）比例混合，即为吸收液。

118

吸收液的吸光度应小于等于 0.005。

d. 亚硝酸盐标准储备液，$\rho(NO_2^-)$=250μg/mL：准确称取 0.3750g 亚硝酸钠（$NaNO_2$，优级纯，使用前在 105℃±5℃干燥恒重）溶于水，移入 1000mL 容量瓶中，用水稀释至标线。此溶液贮于密闭棕色瓶中于暗处存放，可稳定保存 3 个月。

e. 亚硝酸盐标准使用液（或标准工作液），$\rho(NO_2^-)$=2.5μg/mL：准确吸取亚硝酸盐标准储备液 1.00mL 于 100mL 容量瓶中，用水稀释至标线。临用现配。

（3）分析步骤

① 校准曲线的绘制：取 6 支 10mL 具塞比色管，按表 3-8 配制亚硝酸盐标准溶液系列。各管摇匀，于暗处放置 20min（当室温低于 20℃时放置 40min 以上），用 1cm 比色皿，于波长 540nm 处，以水为参比，测定吸光度。扣除 0 号管的吸光度，计算校正吸光度，对应 NO_2^- 质量浓度作标准曲线。

表3-8 亚硝酸钠标准溶液系列的配制表

管号	0	1	2	3	4	5
亚硝酸钠标准溶液 /mL	0.00	0.40	0.80	1.20	1.60	2.00
水 /mL	200	1.60	1.20	0.80	0.40	0.00
显色液 /mL	8.00	8.00	8.00	8.00	8.00	8.00
NO_2^- 质量浓度 /（μg/mL）	0.00	0.10	0.20	0.30	0.40	0.50

用最小二乘法计算校准曲线的回归方程式：

$$Y = a + bX \tag{3-1}$$

式中 Y —— 校正吸光度（$A-A_0$），标准溶液吸光度（A）与试剂空白液吸光度（A_0）之差；

X —— NO_2^- 的质量浓度，μg/mL；

b —— 回归方程式的斜率，吸光度·mL/μg；

a —— 回归方程式的截距。

标准曲线的斜率控制在 0.960～0.978 吸光度·mL/μg，截距控制在 0.000～0.005 之间（以 5mL 的体积绘制标准曲线时，斜率控制在 0.180～0.195 吸光度·mL/μg，截距控制在 ±0.003 之间）。

② 样品采集：用一个内装 10.0mL 吸收液的多孔玻板吸收管，安装到大气采样器装置上，以 0.4L/min 流量采气 4～24L。

③ 样品测定：采样后放置 20min（室温低于 20℃时放置 40min 以上），将吸收液移入比色皿中，用 1cm 比色皿，于波长 540nm 处，以水为参比，测定吸光度。同时测定空白样品的吸光度。查阅标准曲线，代入公式计算得出大气中 NO_2^- 浓度。

若样品的吸光度超过标准曲线的上限，应用实验室空白试液稀释，再测定其吸光度，但稀释倍数不得大于 6。

3.2.3 数据记录和处理

实验数据列表表示如下。

（1）标准曲线绘制

标准曲线绘制记录见表 3-9。

分析检验应用技术

表3-9 标准曲线绘制记录表

编号	0	1	2	3	4	5
NO_2^- 浓度 / (μg/mL)						
吸光度 A						
校正吸光度（$A-A_0$）						

回归方程：_____ ，相关系数：$r=$_____

（2）样品测定

样品测定结果见表 3-10。

表3-10 样品测定结果记录表

<table>
<tr><td rowspan="3">采样条件</td><td colspan="6">流量 $F/$ (L·min^{-1}) =　　　　　　　　　　　时间 $t/$ min =</td></tr>
<tr><td colspan="6">室温 T/K=　　　　　　　　　　　　　　　大气压强 $p/$ Pa =</td></tr>
<tr><td colspan="6">体积 V/L=　　　　　　　　　　　　　　　$V_0/$ L =</td></tr>
<tr><td rowspan="4">测量结果</td><td>编号</td><td>1</td><td>2</td><td>3</td><td colspan="2">平均值（NO_2, mg/L）</td></tr>
<tr><td>吸光度 A_1</td><td></td><td></td><td></td><td colspan="2">—</td></tr>
<tr><td>空白吸光度 A_0</td><td></td><td></td><td></td><td colspan="2">—</td></tr>
<tr><td>二氧化氮浓度 / (mg·m^{-3})</td><td></td><td></td><td></td><td colspan="2"></td></tr>
</table>

① 将采样体积换算成标准状态下的体积：

$$V_0 = V_t \times \frac{T_0}{273+t} \times \frac{p}{p_0} \tag{3-2}$$

式中　V_0——换算成标准状况下的采样体积，L；

　　　V_t——采样体积，L；

　　　T_0——标准状况下的热力学温度，273K；

　　　t——采样时采样点的温度，℃；

　　　p_0——标准状况下的大气压力，101.325kPa；

　　　p——采样时采样点的大气压力，kPa。

② 空气中二氧化氮的质量浓度 ρ_{NO_2}（mg/m^3）为：

$$\rho_{NO_2} = \frac{(A_1 - A_0 - a)VD}{bfV_0} \tag{3-3}$$

式中　ρ_{NO_2}——空气中二氧化氮的质量浓度，mg/m^3；

　　　A_1——吸收管中样品溶液的吸光度；

　　　A_0——空白试验的吸光度；

　　　a——标准曲线的截距；

　　　b——标准曲线的斜率，吸光度·mL/μg；

　　　V——采样用吸收液的体积，mL；

　　　D——样品的稀释倍数；

　　　f——Saltzman 实验系数，0.88（当空气中 NO_2 浓度高于 0.72mg/m^3 时，f 取值 0.77）；

项目 3　环境监测

V_0——换算为标准状态（101.325kPa，273K）下的采样体积，L。

笔记

3.2.4　注意事项

① 配制吸收液时，应避免溶液在空气中长时间暴露，以防吸收空气中的氮氧化物。白光照射能使吸收液显色，因此，在采样、运输及存放过程中，都应采取避光措施。

② 氧化管适于在相对湿度为 30% ～ 70% 时使用，当空气相对湿度大于 70% 时，应换氧化管；当空气相对湿度小于 30% 时，则在使用前，用经过水面的潮湿空气通过氧化管平衡 1h。

任务 3.3
水中溶解氧含量测定

3.3.1　污染指标概述和标准要求

天然水的溶解氧含量取决于水体与大气中氧的平衡。清洁地表水的溶解氧一般接近饱和。水体受有机、无机还原性物质污染时，耗氧性物质增多，溶解氧含量降低。当大气中的氧来不及补充时，水中溶解氧含量逐渐降低，以至趋近于零，此时厌氧菌繁殖，水质恶化，导致鱼虾死亡。因此溶解氧是评价水质的重要指标之一。

根据地表水环境质量标准 GB 3838—2002，对溶解氧的含量限值见表 3-11：

表3-11　地表水中溶解氧的含量限值

项目	Ⅰ类	Ⅱ类	Ⅲ类	Ⅳ类	Ⅴ类
溶解氧 /（mg/L）　≥	饱和率90%（或7.5）	6	5	3	2

3.3.2　检验原理和操作规程（碘量法）

（1）测定原理

碘量法测定水中溶解氧，是基于溶解氧的氧化性能。当水样中加入硫酸锰和碱性 KI 溶液时，立即生成 $Mn(OH)_2$ 沉淀。$Mn(OH)_2$ 极不稳定，迅速与水中溶解氧化合生成四价锰的氢氧化物棕色沉淀。在加入硫酸酸化后，氢氧化物沉淀溶解，四价锰离子将 KI 氧化并释放出与溶解氧量相当的游离碘。然后用硫代硫酸钠标准溶液滴定，换算出溶解氧的含量。

此法适用于含少量还原性物质及硝酸氮< 0.1mg/L、铁不大于 1mg/L，较为清洁的水样。

（2）仪器和试剂

① 主要仪器：300mL 碘量瓶；25mL 酸式滴定管；250mL 锥形瓶；250mL 碘量瓶；100mL 移液管。

121

分析检验应用技术

笔记

② 实验试剂

a. 硫酸锰溶液：称取 480g 硫酸锰（$MnSO_4 \cdot 4H_2O$），溶于蒸馏水中，过滤后稀释至 1000mL。此溶液在酸性时，加入 KI 后，遇淀粉不得产生蓝色。

b. 碱性碘化钾溶液：称取 500gNaOH 溶于 300 ~ 400mL 蒸馏水中，称取 150g 碘化钾（或 135g 碘化钠）溶于 200mL 蒸馏水中，待 NaOH 溶液冷却后，将两种溶液合并，混匀，用蒸馏水稀释至 1000mL。若有沉淀，则放置过夜后，倾出上层清液，贮于棕色瓶中，用橡胶塞塞紧，避光保存。此溶液酸化后，遇淀粉不应呈蓝色。

c.（1+5）硫酸溶液。

d. 浓硫酸。

e. 1% 淀粉溶液：称取 1g 可溶性淀粉，用少量水调成糊状，再用刚煮沸的水冲稀至 100mL。冷却后，加入 0.1g 水杨酸或 0.4g 氯化锌防腐。

f. 0.0250mol/L（$1/6K_2Cr_2O_7$）重铬酸钾标准溶液：称取于 105 ~ 110℃烘干 2h 并冷却的优级纯重铬酸钾 1.2258g，溶于水，移入 1000mL 容量瓶中，用水稀释至标线，摇匀。

g. 硫代硫酸钠溶液：称取 6.2g 硫代硫酸钠（$Na_2S_2O_3 \cdot 5H_2O$）溶于煮沸放冷的水中，加入 0.2g 碳酸钠，用水稀释至 1000mL。贮于棕色瓶中，使用前用 0.0250mol/L 重铬酸钾标准溶液标定。标定方法如下：

于 250mL 碘量瓶中，加入 100mL 水和 1g 碘化钾，加入 10.00mL 0.0250mol/L 重铬酸钾（$1/6K_2Cr_2O_7$）标准溶液、5mL（1+5）硫酸溶液，密塞，摇匀。于暗处静置 5min 后，用待标定的硫代硫酸钠溶液滴定至溶液呈淡黄色，加入 1mL 淀粉溶液，继续滴定至蓝色刚好褪去为止，记录用量。

（3）分析步骤

① 取样。将自来水水龙头接一段乳胶管。打开水龙头，放水 10min 之后，将乳胶管插入溶解氧瓶底部，收集水样，直至水样从瓶口溢流 10min 左右。取样时应注意水的流速不应过大，严禁气泡产生。若为其他水样，应在水样采集后，用虹吸法转移到溶解氧瓶内，同样要求水样从瓶口溢流。

② 样品固定。将移液管插入液面下，依次加入 1mL 硫酸锰溶液及 2mL 的碱性碘化钾溶液，盖好瓶塞，勿使瓶内有气泡，颠倒混合 15 次，静置。待棕色絮状沉淀降到瓶内一半时，再颠倒几次，待沉淀物下降到瓶底。如现场取样，样品固定应在现场完成。

③ 测定。分析时轻轻打开瓶塞，立即将移液管插入液面下，加入 1.5 ~ 2.0mL 浓硫酸，小心盖好瓶塞，颠倒混合摇匀至沉淀物全部溶解为止。若溶解不完全，可继续加入少量浓硫酸，但此时不可溢流出溶液，然后放置暗处 5min。

用移液管吸取 100.0mL 上述溶液，注入 250mL 锥形瓶，用硫代硫酸钠标准溶液滴定到溶液呈微黄色，加入 1mL 淀粉溶液，继续滴定至蓝色恰好褪去，记录硫代硫酸钠溶液用量。

3.3.3 数据记录和处理

实验数据列表如下。

（1）标定硫代硫酸钠标准溶液

硫代硫酸钠溶液标定见表 3-12。

122

项目3　环境监测

表3-12　硫代硫酸钠溶液标定记录表

编号	1	2	3
c（$1/6K_2Cr_2O_7$）/（mol/L）			
V（$1/6K_2Cr_2O_7$）/mL			
消耗滴定液 V（$Na_2S_2O_3$）/mL			
c（$Na_2S_2O_3$）/（mol/L）			
平均浓度 $\bar{c}$（$Na_2S_2O_3$）/（mol/L）			
相对极差/%			

（2）样品测定

水样 DO 测定记录见表 3-13。

表3-13　水样DO测定记录表

编号	1	2	3
c（$Na_2S_2O_3$）/（mol/L）			
V（$Na_2S_2O_3$）/mL			
DO/（mg/L）			
DO 平均值/（mg/L）			
相对平均偏差/%			

计算公式如下：

①硫代硫酸钠标准溶液的标定

$$c\left(Na_2S_2O_3\right) = \frac{c\left(\frac{1}{6}K_2Cr_2O_7\right)V\left(K_2Cr_2O_7\right)}{V\left(Na_2S_2O_3\right)} = \frac{10.00 \times 0.0250}{V\left(Na_2S_2O_3\right)}(mol/L) \quad （3\text{-}4）$$

②计算水中溶解氧浓度

$$DO = \frac{c\left(Na_2S_2O_3\right)V\left(Na_2S_2O_3\right) \times 8 \times 1000}{100.0}(mg/L) \quad （3\text{-}5）$$

3.3.4　注意事项

① 如果水样中含有氧化性物质（如游离氯大于 0.1mg/L 时），应预先于水样中加入硫代硫酸钠去除。即用两个溶解氧瓶各取一瓶水样，在其中一瓶中加入 5mL（1+5）硫酸和 1g 碘化钾，摇匀，此时游离出碘。以淀粉作指示剂，用硫代硫酸钠溶液滴定至蓝色刚褪。记下用量（相当于去除游离氯的用量）。于另一瓶水样中，加入同样量的硫代硫酸钠溶液，摇匀后，按操作步骤测定。

② 如果水样呈强酸性或强碱性，可用氢氧化钠或硫酸溶液调至中性后测定。

123

分析检验应用技术

笔记

任务 3.4

水中氨氮含量测定

3.4.1 污染指标概述和标准要求

氨氮是指水中以游离氨（NH_3）和铵离子（NH_4^+）形式存在的氮，是监测水质是否易于形成富营养化状态的重要指标之一。

生活污水和化肥、食品等工业的废水以及农田排水都含有大量的有机物、氮、磷及其他无机盐类。含氮有机物在水体中，还会分解释放出氨。天然水体在接纳这些氮、磷等营养物质过多的污染废水后，会引起藻类及其他浮游生物迅速繁殖，覆盖大面积水面，水体溶解氧量下降，水质恶化，鱼类及其他生物大量死亡，即造成水体富营养化现象。使整个水生态系统逐渐走向灭亡。

氨氮对水生物的危害有急性和慢性毒性，并可在一定条件下转化成亚硝酸盐，如果人长期饮用，水中的亚硝酸盐将和蛋白质结合形成亚硝胺，这是一种强致癌物质，对人体健康极为不利。

根据地表水环境质量标准 GB 3838—2002，地表水中氨氮的含量限值如表 3-14 所示。

表3-14 地表水中氨氮的含量限值

项目	I 类	II 类	III 类	IV 类	V 类
NH_3-N/（mg/L）	0.15	0.5	1.0	1.5	2.0

根据污水综合排放标准 GB 8978—1996，对于废水排放要求的氨氮含量限制如表 3-15 所示。

表3-15 排放废水中氨氮的含量限值

项目	适用范围	一级标准	二级标准	三级标准
NH_3-N/（mg/L）	医药原料药、染料、石油化工工业	15	50	—
	其他排污单位	15	25	—

3.4.2 检验原理和操作规程（纳氏试剂比色法）

（1）测定原理

碘化汞和碘化钾的碱性溶液与氨反应生成淡红棕色胶态化合物，其色度与氨氮含量成正比，通常可在波长 410 ~ 425nm 范围内测其吸光度，计算其含量。

本法最低检出浓度为 0.025mg/L（光度法），测定上限为 2mg/L。采用目视比色法，最低检出浓度为 0.02mg/L。水样作适当的预处理后，本法可适用于地面水、地下水、工业废水和生活污水。

124

（2）仪器和试剂

① 主要仪器：蒸馏装置；分光光度计；50mL 比色管；250mL 锥形瓶；10mL 移液管；250mL 容量瓶。

② 实验试剂

a. 纳氏试剂（HgI_2-KI-NaOH）：称取 16.0g NaOH，溶于 50mL 水，冷却至室温；称取 7.0g 碘化钾和 10.0g 碘化汞溶于水中，在搅拌下缓慢加到碱液中，定容至 100mL，贮于棕色聚乙烯瓶内，用橡胶塞或聚乙烯盖子盖紧，于暗处存放，可稳定一个月。

b. 氨氮标准储备溶液（1000μg/mL）：称取 3.8190g 氯化铵（NH_4Cl，优级纯，在 100～105℃干燥 2h），溶于无氨水中，移入 1000mL 容量瓶中，稀释至刻度，摇匀。2～5℃可保存 1 个月。

c. 氨氮标准工作溶液（10μg/mL）：吸 10.00mL 氨氮标准储备溶液于 1000mL 容量瓶内，用无氨水稀释至刻度，摇匀。临用前配制。

d. 酒石酸钾钠溶液：称取 50.0g 酒石酸钾钠（$KNaC_4H_4O_6 \cdot 4H_2O$）溶于 100mL 水中，加热煮沸以驱除氨，充分冷却后稀释至 100mL。

e. 硼酸（H_3BO_3）溶液（20g/L）：称取 20g 硼酸溶于水，稀释至 1L。

（3）分析步骤

① 水样的蒸馏预处理：取 250 mL 水样（含氨氮含量较高，可取适量并加水至 250 mL，使氨氮含量不超过 2.5mg），移入凯氏烧瓶中，加数滴溴百里酚蓝指示液，用氢氧化钠溶液和盐酸溶液调节至 pH 为 7 左右。加入 0.25g 轻质氧化镁和数粒玻璃珠，立即连接氮球和冷凝管，导管下端插入吸收液液面下。加热蒸馏至馏出液达 200mL 时，停止蒸馏。定容至 250mL 容量瓶中。

② 标准曲线的绘制

a. 在 8 个 50mL 比色管中，分别加入 0.00mL、0.50mL、1.00mL、2.00mL、3.00mL、5.00mL、7.00mL 和 10.00mL 氨氮标准溶液，再加水至标线。

b. 分别在各管加入 1.0 mL 酒石酸钾钠溶液，混匀。

c. 分别在各管加入 1.0 mL 纳氏试剂，混匀，放置 10min。

d. 在波长 420nm 处，用光程 20mm 比色皿，以水为参比，测定吸光度。由测得吸光度减去零浓度空白管吸光度，得到校正吸光度，绘制氨氮含量（mg）对校正吸光度的标准曲线。

③ 水样的测定：分取适量经蒸馏预处理后的馏出液，加入 50 mL 比色管中，加一定量 1mol/L 氢氧化钠溶液以中和硼酸，稀释至标线。加 1.0mL 酒石酸钾钠溶液，混匀；加 1.0mL 纳氏试剂，混匀。放置 10min 后，同标准曲线步骤测量吸光度。

④ 空白试验。以无氨水代替水样，作全程空白测定。

3.4.3　数据记录和处理

（1）校准曲线的绘制

标准曲线绘制表见表 3-16。

分析检验应用技术

笔记

表3-16 标准曲线绘制表

编号	1	2	3	4	5	6	7	8
氨氮标准溶液体积 /mL								
氨氮质量 /μg								
校正吸光度 A								
绘制校准曲线	回归方程：_____，相关系数：$r=$_____							

（2）水样测定

水样测定记录见表 3-17。

表3-17 水样测定记录表

编号	1	2	3
吸光度 A			
查曲线，对应的氨氮质量 m / μg			
氨氮浓度 c /（mg·L^{-1}）			
氨氮平均浓度 $\bar{c}$ /（mg·L^{-1}）			

计算氨氮浓度公式：由水样测得的吸光度减去空白试验的吸光度后，从标准曲线上查得对应的氨氮含量（μg），代入式（3-6）计算氨氮浓度。

$$c_{氨氮（N,mg/L）}=\frac{m}{V}\times 1000 \qquad （3\text{-}6）$$

式中　m —— 由校准曲线查得的氨氮质量，μg；

　　　V —— 水样体积，mL。

（3）结论

检测水样为_____水，该水样氨氮含量为_____mg/L，查阅标准要求，氨氮浓度要求限值为_____mg/L，_____（填能或不能）符合标准规定。

3.4.4 注意事项

样品中含有悬浮物、余氯、钙镁等金属离子、硫化物和有机物时，对比色有干扰，可采用适当的方法进行预处理。

任务 3.5

水中COD$_{Cr}$含量测定

3.5.1 污染指标概述和标准要求

COD（化学需氧量 Chemical Oxygen Demand，COD）表示以化学方法测量的水样中有机物及其他还原物质的量,是指在一定严格的条件下测定,水中的还原性物质在强氧化剂的作用下被氧化分解时所消耗氧化剂的数量,以氧的质量浓度(mg/L)表示。因常采用重铬酸钾作氧化剂,所以写为COD_{Cr}。

COD_{Cr}反映了水中受还原性物质污染的程度,严格来说,还原性物质也包括亚硝酸盐、亚铁盐、硫化物等无机物,但一般的废水中有机物的数量远远多于无机物质的量,被有机物污染是很普遍的。因此,COD_{Cr}可作为有机物质相对含量的一项综合性指标。

COD_{Cr}值较高,意味着水中含有大量还原性物质,主要是有机污染物,它们可能来源于农药、化工厂、有机肥料等。如果不进行处理,许多有机污染物可被江底的底泥吸附沉积,在今后若干年内,对水生物造成持久的毒害作用。人食用水生物,则会大量吸收生物体内的毒素,常有致癌、致畸形、致突变的危害。另外,若以受污染的江水进行灌溉,则植物、农作物也会受到影响,容易生长不良,而且人也不能取食这些作物。

工业中,大量有机物经过预处理(混凝、澄清和过滤),约可减少50%,但在除盐系统中无法除去,故常通过补给水带入锅炉,有时还可能带入蒸汽系统和凝结水中,使pH降低,造成系统腐蚀。在循环水系统中有机物含量高会促进微生物繁殖。

根据地表水环境质量标准GB 3838—2002,地表水中COD_{Cr}的含量限值如表3-18所示。

表3-18 地表水中COD_{Cr}的含量限值

项目	Ⅰ类	Ⅱ类	Ⅲ类	Ⅳ类	Ⅴ类
化学需氧量/(mg/L) ≤	15	15	20	30	40

根据污水综合排放标准GB 8978—1996,对于废水排放要求的COD_{Cr}含量限制如表3-19所示。

表3-19 排放废水中COD_{Cr}的含量限值

项目	适用范围	一级标准	二级标准	三级标准
化学需氧量/(mg/L)	甜菜制糖、焦化、合成脂肪酸、湿法纤维板、染料、洗毛、有机磷农药工业	100	200	1000
	味精、酒精、医药原料药、生物制药、苎麻脱胶、皮革、化纤浆粕工业	100	300	1000
	石油化工工业(包括石油炼制)	100	150	500
	城镇二级污水处理厂	60	120	—
	其他排污单位	100	150	500

注:适用于1998年1月1日之后建设单位,之前单位需查阅污水排放标准确定。

3.5.2 检验原理和操作规程

(1)测定原理

在硫酸酸性介质中,以重铬酸钾为氧化剂,硫酸银为催化剂,硫酸汞为氯离子的掩蔽剂,加热使消解反应液沸腾,以水冷却回流,加热反应2h。消解液自然冷却后,加水稀释至约140mL,以试亚铁灵为指示剂,以硫酸亚铁铵溶液滴定剩余的重铬酸钾，根据硫酸亚铁铵溶液的消耗量计算水样的 COD_{Cr} 值。

酸性重铬酸钾氧化性很强，可氧化大部分有机物，加入硫酸银作催化剂时，直链脂肪族化合物可完全被氧化，而芳香族有机物却不易被氧化，吡啶不被氧化，挥发性直链脂肪族化合物、苯等有机物存在于蒸气相，不能与氧化剂液体接触，氧化不明显。

氯离子能被重铬酸钾氧化，并且能与硫酸银作用产生沉淀，从而影响测定结果，故在回流前向水样中加入硫酸汞，以消除干扰。氯离子含量高于 1000mg/L 的样品应先作定量稀释，使含量降低至 1000mg/L 以下，再行测定。

当取样体积为 10.0mL 时，本方法的检出限为 4mg/L，测定下限为 16mg/L。未经稀释的水样测定上限为 700mg/L，超过此限时须稀释后测定。

（2）仪器和试剂

① 主要仪器：带 250mL 锥形瓶的全玻璃回流装置（见图 3-13）；电热板或电炉；50mL 酸式滴定管；10mL 和 20mL 移液管；50mL 和 100mL 量筒。

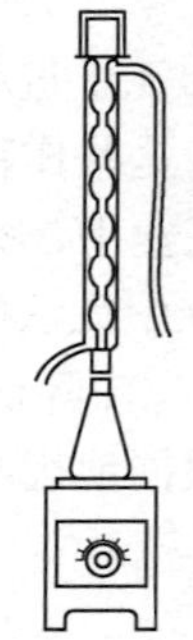

② 实验试剂

a.0.2500mol/L 重铬酸钾标准溶液（$1/6K_2Cr_2O_7$）：称取预先在 120℃烘干 2h 的基准或优级纯重铬酸钾 12.258g 溶于水中，移入 1000mL 容量瓶，稀释至标线，摇匀。

b.试亚铁灵指示剂：称取 1.485g 邻菲啰啉（$C_{12}H_8N_2 \cdot H_2O$，1,10-phenanthroline），0.695g 硫酸亚铁（$FeSO_4 \cdot 7H_2O$）溶于水中，稀释至 100mL，储于棕色瓶中。

图3-13 COD_{Cr}回流装置

c.0.1mol/L 硫酸亚铁铵标准溶液 [$(NH_4)_2Fe(SO_4)_2 \cdot 6H_2O$]：称取 39.5g 硫酸亚铁铵溶于水中，边搅拌边缓慢加入 20mL 浓硫酸，冷却后移入 1000mL 容量瓶中，加水稀释至标线，摇匀。临用前，用重铬酸钾标准溶液标定。

标定方法：准确吸取 10.00mL 重铬酸钾标准溶液于 500mL 锥形瓶中，加水稀释至 110mL 左右，缓慢加入 30mL 浓硫酸，混匀。冷却后，加入 3 滴试亚铁灵指示剂，用硫酸亚铁铵溶液滴定，溶液的颜色由黄色经蓝绿色至红褐色即为终点。浓度计算：

$$c\left[(NH_4)_2Fe(SO_4)_2\right] = \frac{0.2500 \times 10.00}{V} \tag{3-7}$$

式中　c —— 硫酸亚铁铵标准溶液的浓度，mol/L；

V —— 硫酸亚铁铵标准溶液的用量，mL。

d. 硫酸 - 硫酸银溶液：于 500mL 浓硫酸中加入 5g 硫酸银。放置 1～2 天，不时摇动使其溶解。

e. 硫酸汞溶液，$\rho=100g/L$：称取 10g 硫酸汞试剂，溶于 100mL 的（1+9）硫酸溶液中，混匀。

（3）分析步骤

① 取 20.00mL 混合均匀的水样（或适量水样稀释至 20.00mL）置于 250mL 磨口的回流锥形瓶中，准确加入 10.00mL 重铬酸钾标准溶液和数粒防暴沸的、洗净的小玻璃珠或沸石，加入硫酸汞溶液，按质量比 $m[HgSO_4] : m[Cl^-] \geqslant 20:1$ 的比例加入，最大加入量为 2mL。

项目 3　环境监测

② 连接磨口回流冷凝管，从冷凝管上口慢慢地加入 30mL 硫酸 - 硫酸银溶液，轻轻摇动锥形瓶使溶液混匀，加热，自溶液开始沸腾起计时，保持微沸回流 2h。若为水冷装置，应在加入硫酸银 - 硫酸溶液之前，通入冷凝水。

③ 停止加热，冷却后，用 90mL 水从冷凝管上部冲洗冷凝管内壁，取下锥形瓶。溶液总体积不得小于 140mL，否则因酸度太大，滴定终点不明显。

④ 溶液再度冷却后，加 3 滴试亚铁灵指示剂，用硫酸亚铁铵标准溶液滴定，溶液的终点由黄色经蓝绿色至红褐色即为终点，记录硫酸亚铁铵标准溶液的用量 V_1。

⑤ 测定水样的同时，以 20.00mL 蒸馏水，按同样操作步骤做空白实验。记录滴定空白时硫酸亚铁铵标准溶液的用量 V_0。

3.5.3　数据记录和处理

（1）标定硫酸亚铁铵溶液

硫酸亚铁铵标准溶液的标定记录见表 3-20。

表3-20　硫酸亚铁铵标准溶液的标定记录表

项目	1	2	3
V（硫酸亚铁铵）/mL			
c（硫酸亚铁铵）/mol·L^{-1}			
$\bar{c}$（硫酸亚铁铵）/mol·L^{-1}			
相对极差 /%			

（2）样品 COD_{Cr} 的测定（表 3-21）

表3-21　水样测定的记录表

项目	1	2	3
V（水样）/mL			
V_0（硫酸亚铁铵）/mL			
V_1（硫酸亚铁铵）/mL			
COD_{Cr}（O_2，mg/L）			
COD_{Cr} 平均值（O_2，mg/L）			
相对平均偏差 /%			

注：当 COD_{Cr} 测定结果小于 100mg/L 时保留至整数位，当测定结果大于或等于 100mg/L 时，保留三位有效数字。

计算公式：

① 计算硫酸亚铁铵标准溶液的浓度：由滴定重铬酸钾溶液消耗的硫酸亚铁铵溶液的体积，计算其浓度。

$$c（硫酸亚铁铵）= \frac{0.2500 \times 10.00}{V（硫酸亚铁铵）} \tag{3-8}$$

② 样品 COD_{Cr} 含量计算：

129

分析检验应用技术

$$COD_{Cr}(O_2, mg/L) = \frac{(V_0 - V_1) \times c(硫酸亚铁铵) \times 8 \times 1000}{V_{水样}}$$

(3-9)

式中　c —— 硫酸亚铁铵标准溶液的浓度，mol/L；

　　　V_0 —— 滴定空白时的硫酸亚铁铵标准溶液用量，mL；

　　　V_1 —— 滴定水样时的硫酸亚铁铵标准溶液用量，mL；

　　$V_{水样}$ —— 水样的体积，mL；

　　　8 —— 氧（$1/2O_2$）的摩尔质量，g/mol。

（3）结论

检测水样为_____水，该水样 COD_{Cr} 含量结果为_____mg/L，查阅标准要求，COD_{Cr} 浓度要求限值为_____mg/L，此水样_____（填能或不能）符合标准规定。

3.5.4　注意事项

① 对于化学需氧量较高的废水样品，其稀释倍数通过如下实验确定：取所需体积 1/10 的废水样和试剂，置于玻璃试管中，摇匀并加热，观察是否变为绿色，如溶液呈现绿色，再适当减少水样体积，重复上述操作，直至溶液不变绿色为止，从而确定废水样分析时应取体积。

② 水样稀释时，所取废水样量不得少于 5mL，如果化学需氧量很高，水样应多次稀释。

③ 废水中氯离子含量超过 30mg/L 时，应先把 0.4g 硫酸汞加入回流锥形瓶中，再加 20.00mL 废水（或适量水样稀释至 20.00mL），摇匀。

项目4
农产品及食品检验

基本知识目标

- ◇ 掌握农产品及食品检验方法和原理；
- ◇ 了解农产品及食品检验标准和评价知识；
- ◇ 了解农产品及食品方案的制定方法；
- ◇ 掌握农产品及食品检验的仪器操作原理和使用方法；
- ◇ 了解农产品及食品分析的意义；
- ◇ 掌握农产品及食品检验的数据处理。

技术技能目标

- ◇ 会制定农产品及食品检测预案；
- ◇ 熟练操作和使用常规农产品及食品检验仪器；
- ◇ 会正确预处理农产品及食品样品；
- ◇ 能正确测定有害物质成分；
- ◇ 能正确测定农产品及食品营养成分。

品德品格目标

- ◇ 具有环境保护的社会责任感和职业精神，理解并遵守职业道德和规范；
- ◇ 具有安全、健康、环保和质量服务意识，有应对危机与突发事件的基本能力；
- ◇ 通过农产品及食品检测训练，使学生增强交流和协作能力；
- ◇ 提高分析问题能力和实践应用能力，具有理论联系实际的科学精神。

任务 4.1
农产品及食品检验概述

4.1.1 农产品概述

农产品是指来源于农业的初级产品，即在农业活动中获得的植物、动物、微生物及其产品。农产品分为食用农产品和非食用农产品两大类。非食用农产品如树木、花卉等。本章主要涉及食用农产品的检验，即可以作为食品或食品原料的种植业、养殖业产品，包括粮食、油料、水果、蔬菜、食用菌和肉、乳、蛋等主要农产品。

根据《中华人民共和国食品安全法》第二条的规定，食用农产品是指可供食用的各种植物、畜牧、渔业产品及其初级加工产品，分为植物类、畜牧类和渔业类三大类。

4.1.1.1 植物类

植物类农产品包括人工种植和天然生长的各种植物的初级产品及其初加工品。范围包括：粮食、园艺植物、茶叶、油料植物、药用植物、糖料植物及热带、南亚热带作物等7小类。

（1）粮食

粮食指供食用的谷类、豆类、薯类的统称。

（2）园艺植物

① 蔬菜：指可作副食的草本、木本植物的总称。

② 水果及坚果：包括新鲜水果；通过对新鲜水果（含各类山野果）进行清洗、脱壳、分类、包装、储藏保鲜、干燥、炒制等加工处理，制成的各类水果果干（如荔枝干、桂圆干、葡萄干等）、果仁、坚果等；经冷冻、冷藏等工序加工的水果。

③ 花卉及观赏植物：通过对花卉及观赏植物进行保鲜、储蓄、分级包装等加工处理，制成的各类用于食用的鲜、干花，晒制的药材等。

（3）茶叶

茶叶是指从茶树上采摘下来的鲜叶和嫩芽（即茶青），以及经吹干、揉拌、发酵、烘干等工序初制的茶。范围包括各种毛茶（如红毛茶、绿毛茶、乌龙毛茶、白毛茶、黑毛茶等）。

精制茶、边销茶及掺兑各种药物的茶和茶饮料，不属于食用农产品范围。

（4）油料植物

油料植物是指主要用作榨取油脂的各种植物的根、茎、叶、果实、花或者胚芽组织等初级产品。如菜籽（包括花生、大豆、葵花籽、蓖麻籽、芝麻籽、胡麻籽、茶籽、桐籽、橄榄仁、棕榈仁、棉籽等）。

精炼植物油不属于食用农产品范围。

（5）药用植物

药用植物是指用作中药原药的各种植物的根、茎、皮、叶、花、果实等。

中成药不属于食用农产品范围。

（6）糖料植物

糖料植物是指主要用作制糖的各种植物，如甘蔗、甜菜等。

（7）热带、南亚热带作物

热带、南亚热带作物是指去除杂质、脱水、干燥等加工处理，制成的半成品或初级食品。具体包括：天然生胶和天然浓缩胶乳、生熟咖啡豆、胡椒籽、肉桂油、桉油、香茅油、木薯淀粉、腰果仁、坚果仁等。

4.1.1.2 畜牧类

畜牧类农产品是指人工饲养、繁殖取得和捕获的各种畜禽及初加工品。范围包括：肉类、蛋类、奶制品及蜂类产品4小类。

项目 4　农产品及食品检验

（1）**肉类产品**

兽类、禽类和爬行类动物，如牛、马、猪、羊、鸡、鸭等鲜肉及肉类生制品，如腊肉、腌肉、熏肉等。

各种肉类罐头、肉类熟制品，不属于食用农产品范围。

（2）**蛋类产品**

蛋类产品是指各种禽类动物和爬行类动物的卵，包括鲜蛋、冷藏蛋及经加工的咸蛋、松花蛋、腌制的蛋等。

各种蛋类的罐头不属于食用农产品范围。

（3）**奶制品**

奶制品是指各种哺乳类动物的乳汁和经净化、杀菌等加工工序生产的乳汁 - 鲜奶。

用鲜奶加工的各种奶制品，如酸奶、奶酪、奶油等，不属于食用农产品范围。

（4）**蜂类产品**

蜂类产品是指采集的未经加工的天然蜂蜜、鲜蜂王浆等。

各种蜂产品口服液、王浆粉不属于食用农产品范围。

4.1.1.3　渔业类

范围包括：水产动物、水生植物及水产综合利用产品 3 小类。

（1）**水产动物产品**

水产动物产品是指人工放养和人工捕捞的鱼、虾、蟹、鳖、贝类、棘皮类、软体类、腔肠类、两栖类、海兽及其他水产动物。

熟制的水产品和各类水产品的罐头，不属于食用农产品范围。

（2）**水生植物**

海带、裙带菜、紫菜、龙须菜、麒麟菜、江篱、浒苔、羊栖菜、莼菜等。

罐装（包括软罐）产品不属于食用农产品范围。

（3）**水产综合利用初加工品**

通过对食用价值较低的鱼类、虾类、贝类、藻类以及水产品加工下脚料等，进行压榨（分离）、浓缩、烘干、粉碎、冷冻、冷藏等加工处理制成的可食用的初制品。如鱼粉、鱼油、海藻胶、鱼鳞胶、鱼露（汁）、虾酱、鱼籽、鱼肝酱等。

以鱼油、海兽油脂为原料生产的各类乳剂、胶丸、滴剂等制品不属于食用农产品范围。

4.1.2　农产品品质检验的范围

农产品品质检验主要内容包括：物理检验、化学成分分析、粮食食用、蒸煮（烘焙）品质评价与分析、油品物理常数检测、农产品储藏品质评价与技术等。

（1）**物理检验（感官鉴定）**

农产品食品的物理检验是农产品食品质量检验工作中经常应用的一种检验方法，其应用范围十分广泛，包括：农产品食品的色泽、气味、纯度、容重、相对密度、千粒重、折射率、出糙率、出仁率、烹调性、形状、比容、白度、细度……这些项目反映了粮食、油料及农产品制品的商品外观价值、物理特性和工艺品质，而且其测定方法简便易行、快速，无需特殊设备仪器。因此，它是农产品食品检验工作中

133

分析检验应用技术

笔记

的重要组成部分。在现行农产品国家质量标准中，物理检验是主要检验项目。

（2）化学成分分析

化学成分分析除包括对农产品食品的水分、脂肪、蛋白质、碳水化合物、灰分等成分的定量分析，还包括一些含量虽低，但对营养起着重要作用的微量元素、维生素和氨基酸等成分的分析以及对粮食工艺品质、食用品质、利用品质及与储藏安全性有密切关系的酶类活力的测定。

（3）粮食食用、蒸煮（烘焙）品质评价与分析

粮食食用、蒸煮（烘焙）品质评价与分析，包括国内、外对稻米、小麦及小麦粉食用品质评价与分析的先进技术与方法，根据品质分析结果对稻米、小麦及小麦粉质量进行全面的科学评价。

例如：根据所获得的分析数值和谱图对稻米、小麦及小麦粉的食用、蒸煮（烘焙）品质进行评价，并可将小麦粉分为强力粉、弱力粉以及介于两者之间的中力粉，从而确定小麦及小麦粉的适当用途。

（4）粮食储藏品质评价与技术

粮食储藏品质评价与技术，其内容包括：粮食在储藏期间的生理生化变化、粮食储藏品质控制指标以及储粮品质测定项目（生理特性、营养成分转化、流变学特性、新陈试验等）。根据分析来评定储粮品质的优劣，做好粮食分类分级贮存，防止粮食陈化、劣变。

4.1.3 食品概述

食品是指各种供人食用或者饮用的成品和原料以及按照传统既是食品又是药品的物品，但是不包括以治疗为目的的物品。《食品工业基本术语》对食品的定义：可供人类食用或饮用的物质，包括加工食品、半成品和未加工食品，不包括烟草或只作药品用的物质。从食品卫生立法和管理的角度，广义的食品概念还涉及：所生产食品的原料，食品原料种植，养殖过程接触的物质和环境，食品的添加物质，所有直接或间接接触食品的包装材料、设施以及影响食品原有品质的环境。

食品种类繁多，一般可分为如下几大类：

① 谷类及薯类：谷类包括米、面、杂粮，薯类包括马铃薯、红薯等；

② 动物性食物：包括肉、禽、鱼、奶、蛋等；

③ 豆类及其制品：包括大豆及其他干豆类；

④ 蔬菜水果类：包括鲜豆、根茎、叶菜、茄果等；

⑤ 纯热能食物：包括动植物油、淀粉、食用糖和酒类。

每一类食物都不能为人体提供全部所需的营养素，所以从营养学角度的分类，要合理地搭配日常的膳食。

4.1.4 食品检验的内容

食品检验主要包括感官评定、理化检验、微生物检验三个方面。

（1）感官评定

通过触觉、嗅觉、视觉和口感等感觉对食品的色泽、气味、规格等形态特征作出感官评定，进行定等分级。

134

项目 4　农产品及食品检验

（2）理化检验

营养成分的检验：水分、无机盐、酸、碳水化合物、脂肪、蛋白质、氨基酸、维生素等。

一般把蛋白质、碳水化合物、水分、脂肪、无机盐、纤维素、维生素，称为七大营养元素。其中蛋白质、脂肪、碳水化合物为宏量营养素；维生素（包括脂溶性维生素和水溶性维生素）、矿物质（包括常量元素和微量元素）为微量营养素；还有的是其他膳食成分：膳食纤维、水及植物源食物中的非营养素类物质。

保健食品的检验：人参皂苷、总黄酮、粗多糖。

添加剂的检验：甜味剂、防腐剂、发色剂、漂白剂、食用色素等。

食品容器和包装材料的检验：浸泡试验。

化学性食物中毒的快速检测：快速定性和半定量检验。

转基因食品的检验：PCR 技术检测。

有毒有害成分的检验：重金属等有害元素、农药、兽药、霉菌毒素等。

（3）微生物检验

微生物检验主要有细菌总数、大肠菌群、致病菌等检测项目。

食品中很多是由农产品加工得到的，农产品和食品的检测项目和检测方法相似，本课中将二者结合来学习。

4.1.5　农产品及食品检验的实施步骤

农产品及食品检验的实施步骤包括接受任务——→获取信息——→检验工作。

（1）接受任务

任务来源四个方面：监督检验、生产者要求的产品检验、用户要求的检验和仲裁检验。

① 监督检验（政府行为）：定期或不定期到原产地、生产厂家、市场等地进行抽样检验。目的是保证农产品和食品的质量，实现从农田到餐桌的全程质量控制。

② 生产者要求的产品检验：目的是检验产品的质量是否达到产品标准，即按照产品标准进行的检验。

③ 用户要求的检验：目的是验证产品质量是否出了问题，自行或通过管理机构要求对产品质量或食品安全性进行的检验。

④ 仲裁检验：目的是解决质量纠纷，由当事人双方将样品送到权威检验机构，要求按照标准对特定项目进行的检验。

（2）获取信息

认识样品（产地环境、成熟度、样品状态和包装）——→了解检验任务（要解决检验什么的问题）——→确定检验方法（解决怎么检验的问题）。

（3）检验工作的实施

检验实施步骤包括：采样——→预处理——→检验测定（回答是什么和含多少的问题）——→结果分析（用误差理论进行计算和正确表达）——→检验报告。

4.1.6　农产品及食品检验的常用方法和标准

农产品及食品检验的一般检验方法有感观鉴定法、物理检验法、化学分析法、仪器分析法、酶分析法和免疫分析法等。

135

分析检验应用技术

笔记

我国农产品标准化工作，经历了从无到有，从粗到细，近年来更是取得了长足的进步。一是建立农产品检验检测体系，包括部、省、地、县四级农产品质量安全检验检测体系，达到地市全覆盖、县级基本覆盖。二是完善农产品标准，建立农兽药残留限量及配套检测方法食品安全国家标准，并围绕粮食安全、种业发展等重点领域制修订农业国家行业标准，使农产品产地环境、品种种质、投入品管控、产品加工、储运保鲜、包装标识、分等分级等关键环节基本实现有标可依。

我国食品安全国家标准体系主要包括基础标准、产品（食品、添加剂、相关产品）标准、生产卫生规范、检验方法和规程等几个大类。其中基础标准主要有食品中污染物、致病菌和毒素、农药和兽药残留等的限量，以及添加剂、强化剂、包装物和标签的使用等相关标准。食品检测项目的具体方法，按照食品安全国家标准执行，主要有理化方法、微生物方法、毒理学检验法和寄生虫检验法。涵盖了保健食品标准、食品添加剂标准、食品包装标准、肉与肉制品标准、清洗消毒剂标准、地理标志产品标准、化肥磷肥复合肥标准、绿色食品标准、无公害食品标准、食品卫生微生物学检验标准等多个门类。

4.1.7　农产品及食品样品的预处理

农产品及食品样品的预处理，常用方法有无机化处理法、蒸馏法、溶剂提取法、化学分离法、色谱分离法、浓缩法 6 类，应根据食品的种类、分析对象、被测组分的理化性质及所选用的分析方法决定选用哪种预处理方法。

样品预处理的总原则是：消除干扰因素；完整保留被测组分；使被测组分浓缩，以获得可靠的分析结果。

（1）有机物破坏法（无机化处理法）

① 干法（又称灰化）：通过高温灼烧将有机物破坏。对有些元素的测定必要时可加助灰化剂。

② 湿法（又称消化）：在酸性溶液中，向样品中加入硫酸、硝酸、高氯酸、过氧化氢、高锰酸钾等氧化剂，并加热消煮，使有机物质完全分解、氧化、呈气态逸出，待测组分转化成无机状态存在于消化液中，供测试用。

③ 微波消解法：微波是一种电磁波，能使样品中极性分子在高频交变电磁场中发生振动，相互碰撞、摩擦、极化而产生高热。

（2）蒸馏法

利用液体混合物中各组分挥发度不同进行分离的方法。常用的有常压蒸馏、减压蒸馏、水蒸气蒸馏。

（3）溶剂提取法

① 浸提法，即液 - 固萃取法，用适当的溶剂将固体样品中的某种被测组分浸取出来称浸提法。

提取剂的选择：对被测组分的溶解度应最大，对杂质的溶解度最小，提取效果遵从相似相溶原则，沸点应适当。

② 溶剂萃取法。利用适当的溶剂（常为有机溶剂）将液体样品中的被测组分（或杂质）提取出来称为萃取。其原理是被提取的组分在两互不相溶的溶剂中分配系数不同，从一相转移到另一相中而与其他组分分离。缺点是萃取剂易燃、有毒性。优点是本法操作简单、快速，分离效果好，使用广泛。

136

项目 4　农产品及食品检验

萃取剂的选择：萃取剂应对被测组分有最大的溶解度，对杂质有最小的溶解度，且与原溶剂不互溶；两种溶剂易于分层，无泡沫。

萃取一般需 4 ～ 5 次方可分离完全。若萃取剂比水轻，且从水溶液中提取分配系数小或振荡时易乳化的组分时，可采用连续液体萃取器。

（4）化学分离法

① 磺化法和皂化法

磺化法：以硫酸处理样品提取液，使其中的脂肪磺化，并生成溶于硫酸和水的强极性化合物从有机溶剂中分离出来。

皂化法：以热碱 KOH- 乙醇溶液与脂肪及其杂质发生皂化反应，而将其除去。

② 沉淀分离法：利用沉淀反应使被测组分或干扰组分沉淀下来，再经过滤或离心实现与母液分离。

③ 掩蔽法：向样液中加入掩蔽剂，使干扰组分改变其存在状态（被掩蔽状态），以消除其对被测组分的干扰。

（5）色谱分离法

色谱分离法又称色层分离法，将样品中的组分在载体上进行分离的方法。

① 吸附色谱分离：聚酰胺、硅胶、硅藻土、氧化铝活化处理后等吸附剂对样品中的各组分依其吸附能力不同被载体选择性吸附而分离。

② 分配色谱分离：根据样品中的组分在固定相和流动相中的分配系数不同而进行分离。当溶剂渗透在固定相中并向上渗展时，分配组分就在两相中进行反复分配，进而分离。

③ 离子交换色谱分离：利用离子交换剂与溶液中的离子发生交换反应实现分离。分为阳离子交换和阴离子交换。

（6）浓缩法

① 常压浓缩：只能用于待测组分为非挥发性的样品试液的浓缩。操作可采用蒸发皿直接挥发，若溶剂需回收，则可用一般蒸馏装置或旋转蒸发器。

② 减压浓缩：若待测组分为热不稳定或易挥发的物质，其样品净化液的浓缩需采用 K-D 浓缩器。采取水浴加热并抽气减压，以便浓缩在较低的温度下进行。

4.1.8　农产品及食品样品的常见检验项目

（1）水分含量的测定

测定水分的意义，在食品生产中，给计算生产中的物料平衡提供数据，指导工艺控制，保证生产的食品品质；在食品监督管理中，评价食品的品质。

水分存在的形式有结合水和非结合水。

水分的测定方法：一般采用直接法，利用水分本身的物理化学性质来测定。具体有干燥法、蒸馏法和卡尔·费休法。

（2）蛋白质的检验

蛋白质是食品的重要组成之一，也是重要的营养物质，一个食品的营养高低，主要看蛋白质含量的高低。蛋白质除了保证食品的营养价值外，在决定食品的色、香、味及结构等特征上也起着重要的作用。

蛋白质是复杂的含氮有机化合物，是由两性氨基酸通过肽键结合在一起的大分子化合物，它主要含的元素是 C 、H、O、N、S、P，另外还有一些微量元素 Fe、

137

Zn、I、Cu、Mn。

蛋白质受热或其他处理时，它的物理和化学性质会发生变化，称为变性作用。例如：最常见的蛋白质变性现象，蛋清在加热时凝固，瘦肉在烹调时收缩变硬等都是由蛋白质的热变性作用引起的。引起蛋白质变性的因素主要是热、酸和碱、化学试剂、重金属盐等。

氨基酸可合成蛋白质，目前各种氨基酸已达 175 种以上，但是构成蛋白质的氨基酸主要是其中的 20 种。

常量蛋白质测定，采用凯氏定氮法。通过测总氮量来确定蛋白质含量，包含了核酸、生物碱、含氮类脂、卟啉，以及含氮色素等非氮蛋白质含氮化合物，所以这样的测定结果称为粗蛋白含量。

① 测定原理：利用硫酸及催化剂与食品试样一同加热消化，使蛋白质分解，其中 C、H 形成 CO_2、H_2O 逸出，而氮以氨的形式与硫酸作用，形成硫酸铵留在酸液中。然后将消化液碱化，蒸馏，使氨游离，用水蒸气蒸出，被硼酸吸收。用标准盐酸溶液滴定所生成的硼酸铵，从消耗的盐酸标准液计算出总氮量，再折算为粗蛋白含量。操作包括消化、蒸馏、吸收、滴定四个步骤。

a. 消化：$R-CH(NH_2)COOH + H_2SO_4 \longrightarrow (NH_4)_2SO_4 + CO_2 \uparrow + SO_2 \uparrow + H_2O$

b. 蒸馏：$(NH_4)_2SO_4 + 2NaOH \longrightarrow 2NH_3 + Na_2SO_4 + 2H_2O$

c. 吸收：$2NH_3 + 4H_3BO_3 \longrightarrow (NH_4)_2B_4O_7 + 5H_2O$

d. 滴定：$(NH_4)_2B_4O_7 + 2HCl + 5H_2O \longrightarrow 2NH_4Cl + 4H_3BO_3$

计算含氮量时，反应量的关系：$n(N) = n(HCl)$

② 由氮含量换算成蛋白质含量的系数：换算系数历来采用 6.25，这个数值是以蛋白质平均含氮而导出的数值，但是食品中含氮的比例，因食品种类不同，差别很大。我们在测定蛋白质时，应该是不同的食品采用不同的换算系数，一般手册上列出了一部分换算系数，用时可查，比如：蛋 = 6.25，肉 = 6.25，牛乳 = 6.38，稻米 = 5.95，大麦 = 5.83，玉米 = 6.25，小麦 = 5.83，麸皮 = 6.31，面粉 = 5.70。手册上查不到的样品则可用 6.25，在写报告时要注明采用的换算系数以何物代替。

（3）脂肪的测定

脂类主要包括脂肪（甘油三酯）和类脂化合物（脂肪酸、糖脂、甾醇）。脂肪是食物中具有最高能量的营养素，是衡量食品营养价值高低的指标之一。在食品加工生产过程中，原料、半成品、成品的脂类含量对产品的风味、组织结构、品质、外观、口感等都有直接的影响。

脂肪是由一分子甘油和三分子高级脂肪酸脱水生成的。包括简单脂类、复合脂类、衍生脂、醇、脂溶性物料。

① 检测提取剂的选择：脂类的结构比较复杂，到现在没有一种溶剂能将纯脂肪萃取出来，也就是说提取出来的都是粗脂肪（大部分是脂肪，还有一些其他成分）。

脂类不溶于水，易溶于有机溶剂。测定脂类大多采用低沸点的有机溶剂。常用的溶剂有乙醚、石油醚、氯仿 - 甲醇混合溶剂。乙醚应用最广泛。

② 测定脂肪常用的方法：测定方法有索氏提取法、巴布科克法、益勒式法、罗斯 - 哥特里法、酸分解法。过去测定脂肪普遍采用的是索氏提取法，这种方法至今仍被认为是测定多种食品脂类含量的代表性的方法，但对于某些样品测定结果往往偏低，而巴布科克法、益勒式法、罗斯 - 哥特里法主要用于乳及乳制品中脂类的测定，

而酸水解法测出的脂肪为游离态脂和结合脂全部脂类。

（4）碳水化合物的检验

碳水化合物主要存在于植物界，如谷类食物和水果蔬菜中。碳水化合物统称为糖类，它是大多数食品中重要组成成分，也是人和动物体的重要能源。单糖、双糖、淀粉能为人体所消化吸收，提供热能，果胶、纤维素对维持人体健康具有重要作用。

按照有机化学，根据在稀酸溶液中水解情况，碳水化合物可分成三类，见图4-1。

① 单糖：葡萄糖、果糖、半乳糖、核糖……
② 双糖：蔗糖、乳糖、麦芽糖。
③ 多糖：淀粉、纤维素等。

按照营养角度分为有效碳水化合物、无效碳水化合物（膳食纤维）。

① 有效碳水化合物：对人体有营养（提供能量）性的称作有效碳水化合物。
② 无效碳水化合物：指膳食纤维，即人们的消化系统或者消化系统中的酶不能消化、分解、吸收的物质，但是消化系统中的微生物能分解利用其中一部分。

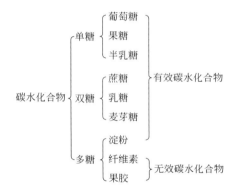

图4-1 碳水化合物分类

总糖测定方法是直接滴定法（斐林试剂容量法）。步骤如下：

① 样品预处理：样品处理共分两大步骤：由提取样品液转为澄清样品液。

提取样品液（取样──→预处理──→加提取剂──→过滤或倾出提取液）。常用的提取剂有水和乙醇溶液，提取液的制备方法要根据样的性状而定。

澄清样品液（加一定量澄清剂入提取液中混匀──→静置──→检查──→过滤，得待测液）。

常用的三种澄清剂是：中性醋酸铅 [$Pb(CH_3COO)_2 \cdot 3H_2O$]、乙酸锌和亚铁氰化钾溶液、硫酸铜和氢氧化钠溶液。

② 滴定原理：利用还原糖与斐林试剂的反应进行滴定。滴定反应：将一定量的碱性酒石酸铜甲、乙液等量混合（甲液为硫酸铜、次甲基蓝混合液；乙液为酒石酸钾钠、NaOH、亚铁氰化钾混合液），立即生成天蓝色的氢氧化铜沉淀；这种沉淀很快与酒石酸钾钠反应，生成深蓝色的可溶性酒石酸钾钠铜配合物。在加热条件下，滴入样品溶液，样品中的还原糖与酒石酸钾钠铜反应，生成红色的氧化亚铜沉淀。这种沉淀与亚铁氰化钾配合成可溶的无色配合物。反应表示如下：

还原性单糖 +6 酒石酸钾钠铜 +6H_2O ──→ 糖酸 +6 酒石酸钾钠 +3Cu_2O↓ +H_2CO_3

终点指示反应：二价铜全部被还原后，稍过量的还原糖，把次甲基蓝还原，溶液由蓝色变为无色，即为滴定终点。反应表示如下：

还原性单糖 + 亚甲基蓝盐（蓝色）+H_2O ——→ 糖酸 + 亚甲基蓝（无色）+HCl

（5）维生素的检验

维生素（维他命），是指维持人体正常生命活动所必需的一类天然的有机化合物。测定维生素，可以评价食品的营养价值，指导人们合理调整膳食结构，防止患维生素缺乏症，并指导制定合理的生产工艺条件及贮存条件，最大限度地保留各种维生素。

维生素按溶解性分为两大类，脂溶性维生素：A、D、E、K 及其各小类；水溶性维生素：B、C 及其各小类。

脂溶性维生素不溶于水，易溶于有机溶剂。维生素 A、D 对酸不稳定，维生素 E 对酸稳定；维生素 A、D、E 耐热性好。维生素 A 易氧化，维生素 D 不易被氧化，维生素 E 在空气中可慢慢被氧化。

水溶性维生素易溶于水，不溶于大部分有机溶剂；在酸性介质中稳定，在碱性条件下不稳定；易受空气、光、热、酶、金属离子的影响。

在测定维生素时，要根据其性质控制好测定条件。

维生素 A 的含量测定（紫外分光光度法）操作步骤如下：

① 样品处理

a. 皂化：称取 0.5～5g 充分混匀的样品于三角瓶中，加入 10mL1：1 氢氧化钾及 20～40mL 乙醇，在电热板上回流 30min。加入 10mL 水，稍稍振摇，若有浑浊现象，表示皂化完全。

b. 提取：将皂化液移入分液漏斗，先用 30mL 水分两次洗涤皂化瓶（若有渣，可用脱脂棉过滤），再用 50mL 乙醚分两次洗涤皂化瓶，所有洗液并入分液漏斗中，振摇两分钟（注意放气），静止分层后，水层放入第二分液漏斗。皂化瓶再用 30mL 乙醚分两次洗涤，洗液倒入第二分液漏斗，振摇后静止分层，将水层放入第三分液漏斗，醚层并入第一分液漏斗。重复操作 3 次。

c. 洗涤：向第一分液漏斗的醚液中加入 30mL 水，轻轻振摇，静止分层后放出水层。再加 15～20mL 0.5mol/L 的氢氧化钾溶液，轻轻振摇，静止分层后放出碱液。再用水同样操作至洗液不使酚酞变红为止。醚液静止 10～20min 后，小心放掉析出的水。

d. 浓缩：将醚液经过无水硫酸钠滤入三角瓶中，再用约 25mL 乙醚洗涤分液漏斗和硫酸钠两次，洗液并入三角瓶中。用水浴蒸馏回收乙醚，待瓶中剩余约 5mL 乙醚时取下减压抽干，立即用异丙醇溶解并移入 50mL 容量瓶中用异丙醇定容。

② 绘制标准曲线：分别取维生素 A 标准使用液 0.00mL，1.00mL，2.00mL，3.00mL，4.00mL，5.00mL 于 10mL 容量瓶中，用异丙醇定容。以零管调零，于紫外分光光度计上在 325nm 处分别测定吸光度，绘制标准曲线。

③ 样品测定：取浓缩后的定容液于紫外分光光度计上在 325nm 处测定吸光度，通过此吸光度从标准曲线上查出维生素 A 的含量。

项目 4 农产品及食品检验

任务 4.2
粮食中蛋白质和脂肪酸值测定

4.2.1 大豆蛋白质含量测定

蛋白质是食品的重要组成之一，也是重要的营养物质，一个食品的营养高低，主要看蛋白质的高低。蛋白质除了保证食品的营养价值外，在决定食品的色、香、味及结构等特征上也起着重要的作用。

蛋白质是复杂的含氮有机化合物，是由氨基酸通过肽键结合在一起的大分子化合物。它主要含的元素是 C、H、O、N、S、P，另外还有一些微量元素。

氨基酸是构成蛋白质的基本单位。它既含有碱性的氨基，又含有酸性的羧基。化学式是 RCHNH₂COOH（R 为其他基团）。在自然界中有 300 多种氨基酸，其中羧基与氨基都连接在同一个碳原子上，被称为 α- 氨基酸。组成生物体蛋白质的主要有 20 种氨基酸，且都是 α- 氨基酸。当两个或两个以上的氨基酸化合时，羧基和氨基分别缩掉一个 OH 和一个 H，从而连接形成肽键（-CO—NH-），构成蛋白质的原始片段，是蛋白质的前体。而当蛋白质水解时，肽键断裂，又会产生氨基酸。

当蛋白质受热或其它处理时，也会发生变性作用。例如：蛋清在加热时凝固，瘦肉在烹调时收缩变硬等，都是蛋白质变性引起的。蛋白质变性的主要影响因素是热、酸和碱、化学试剂、重金属盐等。

常量蛋白质测定，采用凯氏定氮法。通过测总氮量来确定蛋白质含量，包含了核酸、生物碱、含氮类脂、卟啉以及含氮色素等非氮蛋白质含氮化合物，所以这样的测定结果称为粗蛋白。

（1）测定原理

将样品与浓硫酸和催化剂一同加热消化，使蛋白质分解，其中碳和氢被氧化为二氧化碳和水逸出，而样品中的有机氮转化为氨，并与硫酸结合成硫酸铵，加碱将消化液碱化，通过水蒸气蒸馏，使氨蒸出，用硼酸吸收形成硼酸铵，再以标准盐酸或硫酸溶液滴定，根据标准酸消耗量可计算出蛋白质的含量。

消化反应方程式表示为：

$$R-CH(NH_2)COOH + H_2SO_4 \longrightarrow (NH_4)_2SO_4 + CO_2\uparrow + SO_2\uparrow + H_2O$$

蒸馏：在消化完全的样品溶液中加入浓氢氧化钠使溶液呈碱性，加热蒸馏，即可释放出氨气，反应方程式如下。

$$(NH_4)_2SO_4 + 2NaOH === 2NH_3\uparrow + 2H_2O + Na_2SO_4$$

吸收与滴定：蒸馏所释放出来的氨，用硼酸溶液进行吸收，硼酸呈微弱酸性（$K=5.8 \times 10^{-10}$），与氨形成强碱弱酸盐，待吸收完全后，再用盐酸标准溶液滴定。

（2）仪器和试剂

① 主要仪器：K9840 自动凯氏定氮仪；SH220 石墨消解仪（配带消化管）；滴定分析装置。

② 实验试剂

a. 浓硫酸；

141

分析检验应用技术

b. 硫酸铜；

c. 硫酸钾；

d. 400g/L 氢氧化钠溶液；

e. 0.1000mol/L 盐酸标准溶液：量取 4.5mL 浓盐酸（约 12mol/L）稀释至 500mL；

f. 40g/L 硼酸吸收液：称取 20g 硼酸溶解于 500mL 热水中，摇匀备用；

g. 甲基红 - 溴甲酚绿混合指示剂：5 份 2g/L 溴甲酚绿乙醇溶液（95%）与 1 份 2g/L 甲基红乙醇溶液混合均匀（临用时现混合）。

（3）分析步骤

① 0.1mol/L 盐酸标准溶液的标定：精密称取经 270 ~ 300℃干燥恒重的基准碳酸钠 0.15g，加水 50mL 使溶解，加甲基红 - 溴甲酚绿混合指示剂 10 滴，用配制的盐酸液滴定到溶液由绿色变为紫红色。煮沸 2min，冷却至室温，继续滴定到溶液由绿色变为暗紫色，同时做空白试验。

② 样品制备：取混合均匀的黄豆约 50g，用粉碎机粉碎，磨碎样品充分混合后装入磨口瓶中备用。

③ 样品消化：精确称取 0.2g 大豆粉，小心移入洁净干燥的消化管中，加入 0.5g 硫酸铜、10g 硫酸钾及 15mL 浓硫酸。

消解炉温度设置：200℃停留 20min，设置 300℃停留 30min，最后设置 400℃，试样黑色颗粒消失，溶液变成透明的蓝（蓝绿）色。

④ 蒸馏：在三角瓶中放入 2 滴甲基红 - 溴甲酚绿乙醇指示剂，将消化管连接后在凯氏定氮仪上设置稀释水量 10mL，加入硼酸 25mL，加入碱 60mL，蒸馏 5min，淋洗液 10mL。

⑤ 滴定：蒸馏后的吸收液立即用 0.1mol/L 盐酸标准溶液滴定，以溶液由蓝绿色变为灰红色即为终点，记录消耗盐酸溶液的体积。同时做空白试验。

（4）数据记录和处理

① 标定 0.1mol/L 盐酸溶液

标定 0.1mol/L 盐酸溶液的记录见表 4-1。

表4-1　标定0.1mol/L盐酸溶液的记录表

项目	1	2	3	备用
m（Na$_2$CO$_3$）/g				
消耗盐酸溶液体积 V（HCl）/mL				
空白实验消耗体积 V_0/mL				
盐酸溶液浓度 /（mol/L）				
平均浓度 /（mol/L）				
相对极差 / %				

计算盐酸标准溶液浓度公式：

$$c(\text{HCl}) = \frac{m(\text{Na}_2\text{CO}_3)}{\left[V(\text{HCl}) - V_0\right] \times 10^{-3} \times M\left(\frac{1}{2}\text{Na}_2\text{CO}_3\right)} \tag{4-1}$$

式中　c（HCl）——盐酸滴定液的浓度，mol/L；

　　　m（Na₂CO₃）——基准碳酸钠的质量，g；

　　　V（HCl）——消耗盐酸滴定液的体积，mL；

　　　　　　V_0——空白试验消耗盐酸滴定液的体积，mL；

　M（$\frac{1}{2}$Na₂CO₃）——碳酸钠基本单元的摩尔质量，g/mol。

② 样品的测定

样品测定记录见表4-2。

表4-2　样品测定记录表

项目	1	2	3	备用
样品质量 m/g				
0.1mol/L 盐酸体积 V_1/mL				
0.1mol/L 盐酸空白体积 V_2/mL				
蛋白质含量 / %				
相对平均偏差 / %				

计算蛋白质含量公式：

$$\omega = \frac{c(V_1 - V_2) \times \dfrac{M}{1000}}{m} \times F \times 100\% \qquad (4\text{-}2)$$

式中　ω —— 蛋白质的质量分数，%；

　　　c —— 盐酸标准溶液的浓度，mol/L；

　　　V_1 —— 滴定样品吸收液时消耗 HCl 标准溶液的体积，mL；

　　　V_2 —— 滴定空白吸收液时消耗 HCl 标准溶液的体积，mL；

　　　m —— 样品质量，g；

　　　M —— 氮的摩尔质量，14.01g/mol；

　　　F —— 氮换算为蛋白质的系数，大豆及其制品为 5.71。

（5）注意事项

① 所用试剂溶液应用无氨蒸馏水配制。

② 仪器开机前先打开冷凝水，再打开仪器电源开关。认真阅读操作规程。

③ 在开始消化时消解仪设置温度 200℃，应保持缓沸腾，注意不断转动消化管，将附在瓶壁上的固体残渣洗下并消化完全。

④ 沸腾后消解仪设置温度 400℃，一般消化至呈透明后，继续消化 30min。有机物如分解完全，消化液呈蓝色或浅绿色，但含铁量多时，呈较深绿色。

⑤ 若取样量较大，如干试样超过 5g，可按每克试样 5mL 的比例增加硫酸用量。但对于含有特别难以氨化的氮化物的样品需适当延长消化时间。

⑥ 蒸馏装置不得漏气。

⑦ 硼酸吸收液的温度不应超过 40℃，否则对氨的吸收作用会减弱而造成损失，此时可置于冷水浴中使用。

⑧ 混合指示剂在碱性溶液中呈绿色，在中性溶液中呈灰色，在酸性溶液中呈

分析检验应用技术

笔记

红色。

⑨ 蒸馏完毕后，仪器先关上仪器电源开关再关掉冷凝水。

⑩ 使用 ST-02A 多功能粉碎机，应先装入大米或黄豆，旋紧上盖，插上总电源，打开仪器开关，用手按住仪器。粉碎结束先关上仪器开关，拔下总电源再打开仪器上盖。

⑪ 大豆或水果消解前后都要戴上手套等防护用品操作，在通风橱消解过程中不要将头部伸进通风橱内。

4.2.2　稻谷脂肪酸值测定

稻谷脂肪酸值是判定贮存稻谷质量的指标之一，脂肪酸值增加，说明粮食品质向劣变方向发展。脂肪酸以中和 100g 干物质试样中游离脂肪酸所需氢氧化钾质量表示。

（1）测定原理

稻谷中的脂肪酸用无水乙醇提取，移取提取液 25.00mL，用氢氧化钾标准溶液滴定，计算脂肪酸值。

（2）仪器和试剂

① 主要仪器：具塞磨口锥形瓶 150mL、250mL；移液管 50.0mL、25.0mL；滴定管 25.0mL；天平（感量为 0.00001g）；微量滴定管 5mL，最小刻度为 0.02mL；振荡器往返式振荡频率为 100 次 / min；试验砻谷机；粉碎机；电动粉筛按 GB/T 5507 要求；玻璃短颈漏斗；中速定性滤纸。

② 实验试剂

a. 无水乙醇；

b. 酚酞 - 乙醇溶液（10g/L）：1.0g 酚酞溶于 100mL95%（体积分数）乙醇；

c. 不含二氧化碳的蒸馏水：将蒸馏水烧沸，加盖冷却；

d. c（KOH）= 0.5mol/L 氢氧化钾储备溶液：即称取约 7g 氢氧化钾，置于聚乙烯容器中，先加入少量无 CO_2 的蒸馏水（约 20mL）溶解，再将其稀释至 250mL，密闭放置 24h。

（3）分析步骤

① 标定 0.5mol/L 氢氧化钾储备溶液：称取 2.04g（精确至 0.0001g）的邻苯二甲酸氢钾置于 250mL 锥形瓶中，加入 50mL 无二氧化碳蒸馏水溶解，加入 3 ～ 5 滴酚酞指示剂，用 0.5mol/L 氢氧化钾溶液滴定至微红色，30s 不褪色为终点，记录消耗氢氧化钾体积（V_1），同时做空白试验（不加邻苯二甲酸氢钾，同上操作），记录消耗氢氧化钾体积（V_0）。

② 配制 c（KOH）= 0.01mol/L 氢氧化钾 -95% 乙醇标准滴定溶液：吸取 0.5mol/L 氢氧化钾储备溶液的上层清液 2mL 至另一聚乙烯塑料瓶中，用 95% 乙醇稀释定容至 100mL 容量瓶中。

③ 试样的制备和处理

a. 制备：取混合均匀的糙米约 80g，用粉碎机粉碎，细度要求 95 % 通过 40 目筛，磨碎样品充分混合后装入磨口瓶中备用。

b. 提取与过滤：称取两份（10±0.01）g 试样，分别于 250mL 具塞磨口锥形瓶中，并用移液管分别加入 50.0 mL 无水乙醇，置往返式振荡器上，振摇 10min，振荡频

项目 4　农产品及食品检验

率 100 次 /min，静置数分钟，在两个玻璃漏斗中放入滤纸过滤。弃去最初几滴滤液，收集滤液 25mL 以上。

c. 测定：精确移取两份 25.0mL 滤液于两个 250mL 锥形瓶中，分别加 50mL 不含 CO_2 的蒸馏水，滴加 3 ～ 4 滴酚酞 - 乙醇指示剂后，分别用 0.01mol /L 的氢氧化钾 -95% 乙醇标准滴定溶液，滴定至呈微红色，30s 不褪色为止。记下耗用的氢氧化钾 -95% 乙醇溶液体积 V_2。

d. 空白试验：取 25.0mL 无水乙醇于 250mL 锥形瓶中，加 50mL 不含 CO_2 的蒸馏水，滴加 3 ～ 4 滴酚酞 - 乙醇指示剂，用 0.01mol/L 的氢氧化钾 -95% 乙醇溶液，滴定至呈微红色 30s 不消褪色为止。记录消耗氢氧化钾 -95% 乙醇溶液的体积（V_0）。

（4）数据记录和处理

① KOH 溶液的标定

标定 KOH 溶液的实验记录见表 4-3。

表4-3　标定KOH溶液的实验记录表

项目	1	2	3	备用
邻苯二甲酸氢钾 m/g				
消耗氢氧化钾 V_1/mL				
空白实验 V_2/mL				
c（KOH）/（mol/L）				
平均浓度 c（KOH）/（mol/L）				
相对极差 / %				

计算氢氧化钾标准储备液标定公式：

$$c\left(\text{KOH}\right)=\frac{1000m}{\left(V_1-V_0\right)\times 204.22} \tag{4-3}$$

式中　c（KOH）——KOH标准溶液的浓度，mol/L；

1000——换算系数；

m——称取邻苯二甲酸氢钾的质量，g；

V_1——滴定所耗 KOH 标准溶液的体积，mL；

V_0——空白试验滴定所耗氢氧化钾标准溶液的体积，mL；

204.22——邻苯二甲酸氢钾的摩尔质量，g/mol。

② 大米粉样品的测定

测定大米粉样品的实验记录见表 4-4。

表4-4　测定大米粉样品的实验记录表

项目	1	2	备用
样品质量 m/g			
吸取的样品提取液体积 V/mL			
消耗 0.01mol/L 氢氧化钾溶液体积 V_1/mL			
空白实验 V_0/mL			

145

分析检验应用技术

续表

项目	1	2	备用
脂肪酸值 A_K /（mg/100g）			
平均脂肪酸值 A_k /（mg/100g）			
相对平均偏差 / %			

计算样品的脂肪酸值：以中和 100g 干物质试样中游离脂肪酸所需氢氧化钾的质量（以 mg 计）表示脂肪酸值。用测定脂肪酸值的同一粉碎样品，按 GB/T 5497 中 105℃ 恒重法测定样品的水分含量，代入公式后计算脂肪值干基结果。每份试样进行两个平行测定，以其算术平均值为测定结果，计算结果保留至小数点后一位数，保留三位有效数字。计算公式：

$$A_k = (V_1 - V_0)c \times 56.1 \times \frac{50}{25} \times \frac{100}{m(100 - \omega)} \times 100 \qquad (4-4)$$

式中　A_k—— 脂肪酸值，mg/100g；

　　　V_1—— 滴定试样滤液所消耗 KOH 标准滴定溶液的体积，mL；

　　　V_0—— 滴定空白所消耗 KOH 标准滴定溶液的体积，mL；

　　　50 —— 提取试样所用提取液的体积，mL；

　　　25 —— 用于滴定试样提取液体积，mL；

　　　c—— 氢氧化钾标准滴定溶液的浓度，mol/L；

　　56.1 —— 氢氧化钾摩尔质量，g/mol；

　　　m—— 试样质量，g；

　　100 —— 换算为 100g 干试样的质量，g；

　　　ω—— 每 100g 试样中含水分的质量，g。

（5）注意事项

① 配制 0.5mol/L 氢氧化钾 - 乙醇溶液和稀释的体积适当，不必过多，避免浪费。

② 注意脂肪酸值干基结果中要扣除水分的百分含量。

③ 使用 ST-02A 多功能粉碎机，应先装入大米或黄豆，旋紧上盖，插上总电源，打开仪器开关，用手按住仪器。粉碎结束先关上仪器开关，拔下总电源再打开仪器上盖。

④ 粉碎后的样品，在常温下脂肪酸会逐渐增加，因此样品经磨碎后应尽快测定，最好不超过 1 天，如果不能及时测定，应存放在冰箱（4℃）中。

任务 4.3
果蔬中维生素C含量和铜含量测定

4.3.1　果蔬中维生素C含量测定

维生素 C（Vc）又名抗坏血酸，一种水溶性维生素。分子式 $C_6H_8O_6$，分子量

项目 4　农产品及食品检验

176.13。无色晶体，无臭有酸味。存在于新鲜蔬菜和某些水果中。熔点 190 ～ 192℃，易溶于水，稍溶于乙醇，不溶于乙醚、氯仿，易被光和空气氧化，在贮存、腌渍或烹调中易破坏。

科学研究发现，维生素 C 可以有效清除自由基，并可提高中性白细胞和淋巴细胞的杀菌和抗病毒能力，对提高人体免疫力有着重要作用。若人体缺乏维生素 C，会出现嗜睡、疲乏、牙龈出血、伤口愈合缓慢、易感染疾病等情况。而一些特殊人群对维生素 C 的需要量更大，如抽烟者和承受压力较大的人等，要比平常人多摄取 2 ～ 3 倍的维生素 C。

新鲜果蔬中含有大量 Vc，但由于 Vc 的水溶性和不稳定性因素，我们在清洗、加工或贮存时，都会造成 Vc 的大量流失，因此及时补充适量 Vc，对满足机体需要、增强抗病能力是非常必要的。

4.3.1.1　检验原理和操作规程

（1）测定原理

抗坏血酸易溶于水，且在 260 ～ 267nm 处有最大吸收，其吸光度与抗坏血酸含量成正比，可以进行 Vc 含量测定。适用于果品、蔬菜及其加工制品中还原型抗坏血酸的测定。

（2）仪器和试剂

① 主要仪器：紫外分光光度计；石英吸收池一对；榨汁机；50mL 容量瓶 7 个；1000mL 容量瓶 1 个；吸量管 10mL。

② 实验试剂：维生素 C 标准溶液（50.00μg/mL）。称取 0.5000g 维生素 C，溶于蒸馏水中，定量转移至 100mL 容量瓶中，定容，摇匀。从中准确吸取 1.00mL 定量移入 100mL 容量瓶中，用蒸馏水定容，摇匀。现用现配（此溶液的浓度为 50μg/mL）。

（3）分析步骤

① 标准系列溶液的配制：分别移取上述溶液 0.00mL，2.00mL，4.00mL，6.00mL，8.00mL 和 10.00mL 于 6 个洁净且干燥的 50mL 容量瓶中，用蒸馏水定容，摇匀。

② 绘制吸收光谱曲线：以蒸馏水为参比，取上述配制的含有 Vc 标准系列溶液之一，在 220 ～ 320nm 范围绘制 Vc 吸收光谱曲线，确定最大吸收波长。

③ 绘制标准曲线：以蒸馏水为参比，分别取上述配制的标准系列溶液，在最大吸收波长处测定吸光度。以含有 Vc 的质量（μg）为横坐标，吸光度为纵坐标，绘制标准曲线。

④ 样品分析：果蔬样品取可食用部分，用刀切成小块，用榨汁机获得原汁。取得适量果汁，于 1000r/min 下，离心 10min，取上层清液适量，于容量瓶中用蒸馏水稀释定容（一般经验值是番茄汁稀释约 100 倍，苹果汁、西瓜汁需稀释约 50 倍，橙子汁、草莓汁稀释约 200 倍），以使测得的吸光度在合适范围内。

定容后溶液摇匀，用石英比色皿，在与绘制校准曲线时相同的测定条件下，测定溶液的吸光度。由此吸光度到标准曲线上查找对应质量 m，并计算样品榨汁中 Vc 含量（μg/mL）。

4.3.1.2　数据记录和处理

实验数据列表表示如下。

147

分析检验应用技术

笔记

（1）吸收曲线的绘制

吸收曲线绘制记录见表4-5。

表4-5　吸收曲线绘制记录表

波长 /nm							
A							
波长 /nm							
A							

（2）绘制标准曲线

标准曲线绘制记录见表4-6。

表4-6　标准曲线绘制记录表

编号	0	1	2	3	4	5
吸取 Vc 标液体积 /mL						
Vc 含量 /μg						
校正吸光度 A						

回归方程：_____，相关系数：$r=$_____

（3）测定样品 Vc 含量

样品的测定和计算记录见表4-7。

表4-7　样品的测定和计算记录表

项目	样品 1	样品 2	样品 3
原汁取用体积 $V_{样品}$ /mL			
稀释定容 V /mL			
稀释倍数			
校正吸光度（$A_{样品}-A_0$）			
查得含量 m（Vc）/μg			
样品原汁中 Vc 含量 /（μg/mL）			

样品榨汁中 Vc 含量计算公式：

$$Vc\ (\mu g/mL) = \frac{m_{标准曲线查得}}{50} \times 稀释倍数 \qquad (4-5)$$

4.3.1.3　注意事项

① 测定水果或蔬菜样品的吸光度，要根据果蔬的 Vc 含量，选择合适的稀释倍数，以使测得的吸光度不会过大或过小。

148

项目 4　农产品及食品检验

② 样品和标准系列稀释后定容的体积尽量保持一致，测定环境尽量一致。

📝 笔记

4.3.2　水果中铜含量测定

铜是人体必需的微量元素之一。但在农业生产中，由于药剂残留却会造成铜的过量，进而造成污染。蔬菜水果的种植过程中，硫酸铜是植物保护剂的主要成分，喷施含有硫酸铜的药剂，如石硫合剂、波尔多液，可以防治果树或水果病害，但是由于药物残留和附着，或渗入果肉，会造成铜含量超标，影响果品质量。

4.3.2.1　检验原理和操作规程

（1）测定原理

样品中的有机物被分解后，用酸溶液分解时，试样中的铜离子与二乙基二硫代氨基甲酸钠（铜试剂）作用，生成棕黄色配合物，用三氯甲烷或四氯化碳提取铜配合物，以空白试验为对照（参比），用 2cm 比色皿，在 435nm 处测定该配合物的吸光度，计算铜的含量。

本方法是国家标准规定的水果、蔬菜制品铜含量测定方法，适用于水果、蔬菜制品，包括各种酱、泥、果汁和蔬菜汁等铜含量的测定。

（2）仪器和试剂

① 主要仪器：短颈分液漏斗；分光光度计配有 1cm 或 2cm 比色皿；组织捣碎机。

② 实验试剂

a. 四氯化碳或三氯甲烷，无碳酸；

b. 无水甲醇；

c. 氨水（密度 0.88g/mL）；

d. 柠檬酸铵 - 乙二胺四乙酸钠盐溶液：溶解 20g 柠檬酸铵和 5g 乙二胺四乙酸钠盐于水中并稀释至 100mL；

e. 二乙基二硫代氨基甲酸钠（铜试剂）溶液（5g/L）：在 25～30℃水浴中加热可加快试剂溶解，溶液应在一周内使用，在冰箱中保存；

f. 铜标准溶液（0.01g/L）：溶解 0.196g 五水硫酸铜于水中，加几滴相对密度为 1.84 的硫酸，用水稀释至 500mL，混匀。再分取 10mL，用水稀释至 100mL，本液含铜 10μg/mL；

g. 百里酚蓝指示剂：加温溶解 0.1g 百里酚蓝于 8.6mL0.1mol/L 氧化钠溶液和 10mL96 %（体积分数）乙醇中，用 20 %（体积分数）乙醇稀释至 250mL。

（3）分析步骤

① 样品制备：把新鲜水果（如苹果）洗净，晾去水分（表面的），用四分法取可食部分，切碎，用榨汁机得到原汁，称取适量（约 20g）。

② 样品分解和制备

a. 把试样放入消化管中，加入 25mL 硝酸和 3.0mL 硫酸，将消解管移到消解仪上，设置加热温度 200℃进行消煮，待剧烈反应过后，可将温度调至 300℃使样液尽快沸腾，并继续煮沸直到溶液呈现无色、淡黄或浅绿色，消解完成。

b. 冷却至室温，将消解液移入 100mL 容量瓶中，定容。

c. 准确移取试液 50mL（取样体积可根据铜含量的多少而调整）置于分液漏斗

149

中，依次加入 20mL 柠檬酸铵 - 乙二胺四乙酸二钠溶液、2 滴百里酚蓝指示剂和足量的（1+1）氨水溶液，使溶液的颜色由黄变蓝（pH8 ～ 9.6）。

d. 冷却，不时松动分液漏斗瓶塞。加入 2mL 铜试剂，准确加入 10mL 四氯化碳（或三氯甲烷），振摇 5min，静置分层。

e. 用滤纸擦干分液漏斗。把含铜配合物的四氯化碳提取液放到试管中，避光保存。

③ 空白试验：按分析步骤②方法同时进行，但不加样品。

④ 测定吸光度：以空白试验溶液为对照，使用 2cm 玻璃比色皿，在 435nm 处测定样品的四氯化碳提取液的吸光度。

⑤ 标准曲线的绘制：分别吸取 0.00mL、1.00mL、2.00mL、3.00mL、4.00mL、5.00mL 铜标准溶液（10μg/mL），并加水稀释至 50mL，置于分液漏斗中，先放入 20mL 柠檬酸铵 - 乙二胺四乙酸二钠盐，然后接着按试样测定相同的方法处理，以空白试剂溶液为对照，在 435nm 处分别测定吸光度。以吸光度值与对应的铜的质量（μg）绘制标准曲线。

4.3.2.2 数据记录和处理

实验数据列表表示如下。

（1）绘制标准曲线

标准曲线绘制记录见表 4-8。

表4-8 标准曲线绘制记录表

编号	0	1	2	3	4	5
吸取铜标准溶液体积 /mL						
铜含量 /μg						
吸光度 A						

回归方程：_____，相关系数：$r =$ _____

（2）测定样品铜含量

样品的测定和计算记录见表 4-9。

表4-9 样品的测定和计算记录表

项目	样品 1	样品 2	样品 3
原汁取用质量 $m_{样品}$ /g			
移取消解后溶液体积 V/mL			
稀释定容体积 /mL			
样品试液吸光度，$A_{样品}$			
查得含量 m_{Cu} /μg			
样品原汁中铜含量 /（mg/kg）			

样品榨汁中铜含量计算公式：

项目 4　农产品及食品检验

$$铜含量(mg/kg) = \frac{100}{V} \times \frac{m_{Cu}}{m_{样品}}$$　　　　（4-6）

式中　V——从溶液取出用于测定的体积，mL；

　　　100——样品消解液定容体积，mL；

　　　m_{Cu}——标准曲线上查得的铜含量，ug；

　　　$m_{样品}$——样品的质量，g。

注意：同一分析者同时或快速连续进行两次测定，铜含量的差异小于或等于5mg / kg 时，不超过 0.2mg / kg ；铜含量更高时，平均值不超过 5%。

4.3.2.3　注意事项

① 进行大豆或水果消解时要戴上手套和护目镜等防护用品，在通风橱进行消解过程中不要将头部伸进通风橱内。

② 用分液漏斗振荡萃取时戴上手套，振荡过程中定期打开分液漏斗上部旋塞排气。

③ 称样量和试液制备量随样品含铜量多少而定。

任务 4.4
牛奶中钙含量测定

4.4.1　钙的基本知识

钙是人体内最重要的、含量最多的矿物微量元素，约占体重的 2%。广泛分布于全身各组织器官中，其中约 99% 分布于骨骼和牙齿中，构成骨盐并维持它们的正常生理功能；约 1% 分布在体液（即肌体的软组织和细胞的外液）中，其含钙量虽少，却对体内的生理和生化反应起着重要的调节作用。

钙的直接作用是钙能维持调节机体内许多生理生化过程，调节递质释放，增加内分泌腺的分泌，维持细胞膜的完整性和通透性，促进细胞的再生，增加机体抵抗力。

过量的钙：钙是无毒的元素，但过量摄入将导致高的血清钙，从而导致消化系统、血清系统及泌尿系统的疾病。

钙缺乏：钙缺乏主要影响骨骼的发育和结构。严重缺钙时，成长缓慢，食物消化量降低，基本代谢率变高，活性及敏感性降低，出现骨质多孔症或低钙佝偻症，不正常的姿态与步调，易于内出血，尿量大增和寿命较短。临床症状表现为婴幼儿的佝偻病和成年人的骨质软化症及骨质疏松症。

钙的含量与人的健康息息相关，为了避免钙缺乏疾病的发生，营养学家确定了补钙的标准。现今，我国规定的供给量为：成年男女 800mg ；儿童 500 ～ 1000mg ；孕妇 1000mg ；乳母 1500mg。而人体每日需钙量随年龄、性别、身体状况的不同而各异。因此，更年期妇女为防止绝经期后"骨丢失"，可以增加到 1500mg/d，50 岁以上妇女还可以增至 2500mg/d。最近，美国营养专家确定，钙的日摄入量上限为

分析检验应用技术

2500mg。根据我国的实际情况及人民的体质状况，国内营养学专家建议钙的日摄入量上限为2000mg为宜。

4.4.2 实验原理

测定牛奶中的钙采取配位滴定法，用乙二胺四乙酸二钠盐（EDTA）溶液滴定牛奶中的钙。用EDTA测定钙，可在碱性溶液中，加入钙指示剂，用EDTA溶液滴定至化学计量点，游离出指示剂，溶液呈现蓝色。

滴定时，Fe^{3+}、Al^{3+}干扰，用三乙醇胺掩蔽。

4.4.3 仪器和药品

（1）实验仪器

移液管（25mL）；锥形瓶（250mL）；滴定管（50mL）；洗瓶等。

（2）实验试剂和样品

① EDTA溶液；

② HCl溶液，浓度为2mol/L以及（1+1）；

③ 氨水，1+1；

④ NH_3-NH_4Cl缓冲溶液（pH=10）：称取固体NH_4Cl 5.4g，加水20mL，加浓氨水35mL，溶解后，以水稀释成100mL，摇匀备用；

⑤ 铬黑T：称取0.25g固体铬黑T，2.5g盐酸羟胺，以50mL无水乙醇溶解；

⑥ 氧化锌基准试剂：在900℃灼烧至恒重；

⑦ NaOH（20%）；

⑧ 钙指示剂；

⑨ 牛奶样品。

4.4.4 实验内容

（1）配制EDTA溶液（0.02mol/L）

称取分析纯$Na_2H_2W \cdot 2H_2O$ 3.7g，溶于300mL水中，加热溶解，冷却后转移至试剂瓶中，稀释至500mL，充分摇匀，待标定。

（2）标定EDTA溶液

① Zn^{2+}标准溶液的配制$c(Zn^{2+})=0.02$ mol/L。准确称取基准物质ZnO 0.4g，置于小烧杯中，加1～2滴水润湿，加3～5mL HCl溶液（1+1），溶解后加25mL水，必要时加热促其溶解，定量转入250mL容量瓶中，稀释至刻度，摇匀。

② 标定EDTA。用移液管移取25.00mL Zn^{2+}标准溶液于250mL锥型瓶中，加20mL水，滴加氨水（1+1）至刚出现浑浊，此时pH约为8，然后加入10mLNH_3-NH_4Cl缓冲溶液，加入铬黑T指示液4滴，用待标定的EDTA溶液滴定，当溶液由红色变为纯蓝色即为终点，记下消耗EDTA溶液体积。平行滴定3次，并做空白试验。计算EDTA溶液的准确浓度。

（3）钙含量的测定

① 样品的消化：分别移取牛奶试样各100mL于烧杯内，注意记录对应烧杯序号与试样名称。将试样在电热板或电炉上缓慢加热至黏稠状，冷却至室温，转移碳化

项目 4　农产品及食品检验

物于对应编号的坩埚中，放入 550℃的马弗炉中灰化 3 ～ 4h。冷却后用 2mol/LHCl 溶解，加水定容至 250ml 容量瓶中，得样品试液。

② 滴定试液：准确移取牛奶样品试液 25.00mL 于 250mL 锥形瓶中，加入 2mL 20% NaOH 溶液，摇匀，再加入约 0.05g 钙指示剂，用标准 EDTA 溶液滴定至溶液由粉红色至蓝色，即为终点。平行测定三次。计算牛奶中的含钙量，以每 1L 牛奶含钙的质量表示。

4.4.5　实验数据与处理

（1）EDTA 溶液的标定

EDTA 溶液的标定实验记录见表 4-10。

表4-10　EDTA溶液的标定实验记录表

项目	1	2	3	4
称量的 m（ZnO）/g				
氧化锌溶液浓度 c（Zn^{2+}）/（mol/L）				
V（EDTA）/mL				
体积校正 /mL				
温度校正 /mL				
$V_{校正}$（EDTA）/mL				
$V_{空白}$（EDTA）/mL				
c（EDTA）/（mol/L）				
EDTA 平均浓度 /（mol/L）				
相对极差 /%				

EDTA 溶液标定的计算公式：

$$c\left(Zn^{2+}\right)\frac{m\left(ZnO\right)}{M\left(ZnO\right)\times250\times10^{-3}} \tag{4-7}$$

$$c\left(EDTA\right)=\frac{c\left(Zn^{2+}\right)V\left(Zn^{2+}\right)}{V_{校正}\left(EDTA\right)-V_{空白}} \tag{4-8}$$

式中　c（Zn^{2+}）——Zn^{2+}标准溶液的浓度，mol/L；

　　m（ZnO）——基准物质 ZnO 的质量，g；

　　M（ZnO）——基准物质 ZnO 的摩尔质量，g/mol；

　　c（EDTA）——EDTA 标准溶液的浓度，mol/L；

　　V（Zn^{2+}）——Zn^{2+} 标准溶液，mL；

　$V_{校正}$（EDTA）——滴定时消耗EDTA标准溶液的校正后体积，mL。

（2）钙含量的测定

钙含量的测定实验记录见表 4-11。

153

分析检验应用技术

笔记

表4-11　钙含量的测定实验记录表

序号	1	2	3
$V_{牛奶}$ /mL			
滴定消耗体积 V（EDTA）/mL			
体积校正 /mL			
温度校正 /mL			
$V_{空白}$/mL			
ρ_{Ca} / （mg/L）			
平均值 $\bar{\rho}_{Ca}$ / （mg/L）			
相对平均偏差 / %			

牛奶中钙含量计算公式：

$$\rho_{Ca}(mg/L) = \frac{c(EDTA)\left[V(EDTA)-V_{空白}\right]M_{Ca}\times 10^3}{V_{牛奶}} \qquad (4\text{-}9)$$

式中　c（EDTA）——EDTA标准滴定液的浓度，mol/L；

$\quad\quad V$（EDTA）——滴定消耗 EDTA 滴定液的体积，mL；

$\quad\quad M_{Ca}$——Ca 的摩尔质量，g/mol；

$\quad\quad V_{牛奶}$——牛奶样品的体积，mL。

任务 4.5

啤酒中甲醛含量测定

4.5.1　啤酒中甲醛的检测意义

甲醛（化学分子式 HCHO，分子量：30.03）通常以水溶液形式出现。由于其能凝固蛋白质且价格低廉，工业上广泛作为清洁剂、防腐剂等使用，而人类长期接触低剂量的甲醛可致癌。因此国家已明令禁止在食品中使用该产品。

啤酒生产的发酵过程中，酵母产生一系列的生化代谢物，其中也有微量的甲醛。这部分甲醛可以在后期处理中采用生物过滤等技术除去，世界卫生组织对饮用水中甲醛含量的规定是不能超过 0.9mg/L。

然而，一些啤酒制造厂家，采用价格低廉的工业甲醛浸渍大麦，给罐体、管道消毒，或者作为添加剂来延长啤酒的保质期，降低啤酒的色度等。啤酒销量巨大，这其中的甲醛对饮用啤酒的人势必会造成身体上的伤害。那么啤酒中甲醛的含量到底是多少，有没有超标，是衡量啤酒质量的重要标志。

4.5.2　实验原理

利用分光光度计测定啤酒中甲醛含量，甲醛的最大吸收波长不在可见光区，但

项目 4　农产品及食品检验

加入乙酰丙酮与之进行显色反应后，对可见光有吸收。选择波长约 415nm 处，测定显色溶液的吸光度。根据朗伯 - 比耳定律：$A = \varepsilon bc$，可求出未知液中甲醛的含量。采用标准曲线法定量。

标准曲线法中使用的甲醛标准溶液，由甲醛储备液稀释得到。配制甲醛储备液，采用碘量法标定。标定法原理如下。

① 碘在氢氧化钠溶液中，能氧化溶液中的游离甲醛，生成甲酸。由于有氢氧化钠的存在，甲酸会进一步生成甲酸钠。

$$HCHO + I_2 + 3NaOH = HCOONa + 2NaI + 2H_2O$$

② 待反应完全后，加入硫酸，以淀粉为指示剂，用 $Na_2S_2O_3$ 标准溶液滴定剩余的 I_2。同时做空白试验。将标定时消耗的滴定液体积与空白实验的滴定体积做差减，计算甲醛溶液浓度。

$$I_2 + 2Na_2S_2O_3 = 2NaI + Na_2S_4O_6$$

4.5.3　实验仪器及试剂

（1）实验仪器

分光光度计；水蒸气蒸馏装置；精度为 ±5℃的恒温水浴锅；化学分析常规玻璃仪器。

（2）实验试剂和溶液

准备试剂：36% ～ 38% 甲醛（CH_2O）；乙酰丙酮（$C_5H_8O_2$）；乙酸铵（$C_2H_7NO_2$）；冰醋酸（$C_2H_4O_2$）；硫代硫酸钠（$Na_2S_2O_3 \cdot 5H_2O$）；碘（I_2）；碘化钾（KI）；淀粉（$C_6H_{10}O_5$）；硫酸（H_2SO_4）；氢氧化钠（NaOH）；磷酸（H_3PO_4），都为分析纯。部分试剂溶液的配制方法如下。

① 乙酰丙酮溶液：称取无水乙酸铵 25g，溶于少量蒸馏水中，加入冰醋酸 3mL 和乙酰丙酮 0.4mL，混匀，稀释至 200mL 备用。

② 淀粉指示剂（5g/L）：称取 0.5g 可溶性淀粉，加少量水调成糊状，再缓缓倾入 100mL 沸水中，随加随搅拌，煮沸 2 ～ 3min 至溶液透明，冷却，备用。

③ 氢氧化钠溶液（1mol/L）：称取 110g 氢氧化钠，溶于 100mL 水中，摇匀，移入聚乙烯容器中，密闭放置。量取上层清液 56mL，用新煮沸过的冷水稀释至 1000mL，混匀。

④ 磷酸溶液（200g/L）：称取 20g 磷酸，加水稀释至 100mL，混匀。

⑤ 硫酸溶液（20%）：量取浓硫酸 40mL，随着搅拌缓缓注入 160mL 水中，冷却，混匀。

⑥ 硫酸溶液 [c（H_2SO_4）=0.5mol/L]：量取浓硫酸 28mL，缓缓注入适量水中，冷却至室温后，稀释至 1000mL，混匀。

4.5.4　实验步骤

（1）配制溶液

① 硫代硫酸钠标准溶液的配制与标定（0.1mol/L）

a. 配制：称取 26g$Na_2S_2O_3 \cdot 5H_2O$ 于 1000mL 的烧杯中，加入 0.2g 无水 Na_2CO_3，溶于 1000mL 水中，缓缓煮沸 10min，冷却。存入棕色试剂瓶中，放置 7 ～ 10 天稳

155

定后，标定。

b. 标定：精密称取 0.12g 已于 120℃ 干燥至恒重的基准物 $K_2Cr_2O_7$，置于碘量瓶中，加入 25mL 水、2g 碘化钾和 20mL 硫酸溶液（20%），摇匀，瓶口加少许蒸馏水密封，于暗处放置 5min。冲洗磨口塞与瓶内壁，加 150mL 水稀释。用配制的 $Na_2S_2O_3$ 溶液滴定（棕色酸式滴定管），至浅黄绿色时（临近终点），加入 3mL 淀粉指示剂（5g/L），继续滴定至溶液由蓝色变为亮绿色。记下 V（$Na_2S_2O_3$），同时做空白试验。计算硫代硫酸钠溶液浓度，公式如下：

$$c(Na_2S_2O_3) = \frac{m(K_2Cr_2O_7)}{M\left(\frac{1}{6}K_2Cr_2O_7\right) \times (V - V_0) \times 10^{-3}} \quad (4\text{-}10)$$

式中　m（$K_2Cr_2O_7$）——称取基准试剂 $K_2Cr_2O_7$ 的质量，g；

M（$\frac{1}{6}K_2Cr_2O_7$）——重铬酸钾基本单元 $\frac{1}{6}K_2Cr_2O_7$ 的摩尔质量，49.031g/mol；

V——标定时消耗 $Na_2S_2O_3$ 滴定液的体积，mL；

V_0——空白试验消耗 $Na_2S_2O_3$ 滴定液的体积，mL。

② 碘标准溶液的配制 [$c(\frac{1}{2}I_2) = 0.1mol/L$]。称取 3.3g I_2 放于小烧杯中，再称取 8.5g KI，准备蒸馏水 250mL，将 KI 分 4～5 次放入装有 I_2 的小烧杯中，每次加水 5～10mL，用玻璃棒轻轻研磨，使碘逐渐溶解，溶解部分转入棕色试剂瓶中，如此反复直至碘片全部溶解为止。用水多次清洗烧杯并转入试剂瓶中，最后将剩余的水全部加入试剂瓶中，盖好瓶盖，摇匀。此溶液不需要标定。

③ 甲醛储备液的配制与标定（1mg/mL）。吸取 2.8mL 甲醛试剂（甲醛含量为 36%～38%），用水稀释至 1000mL，摇匀。配制好的溶液置 4℃ 冷藏可保存半年。临用前标定。

标定：移取 10.00mL 甲醛储备液于 250mL 碘量瓶中，加蒸馏水 90mL、0.1mol/L 碘溶液 20mL 和 1mol/L 氢氧化钠溶液 15mL，摇匀，放置 15min。再加入 0.5mol/L 硫酸溶液 20mL 酸化，用 0.1mol/L 硫代硫酸钠标准溶液滴定到溶液呈现浅黄色，然后加 5g/L 淀粉指示剂 1mL，继续滴定至蓝色褪去即为终点，记录消耗硫代硫酸钠标准溶液体积 V_2。同时做空白试验，消耗硫代硫酸钠标准溶液体积记录为 V_1。甲醛储备溶液浓度计算公式：

$$\rho(HCHO) = \frac{c(V_1 - V_2) \times 15}{10} \quad (4\text{-}11)$$

式中　ρ（HCHO）——甲醛标准溶液的浓度，mg/mL；

V_1——空白试验所消耗硫代硫酸钠标准溶液的体积，mL；

V_2——滴定甲醛溶液所消耗硫代硫酸钠标准溶液的体积，mL；

c——硫代硫酸钠标准溶液的浓度，mol/L；

15——甲醛（$\frac{1}{2}$HCHO）的摩尔质量，g/mol；

10——移取甲醛储备液的体积，mL。

④ 甲醛标准使用溶液（1μg/mL）的配制：在容量瓶中将甲醛储备液逐级用水稀释成每毫升含 1μg 甲醛的标准使用溶液。临用时配制。

（2）绘制标准曲线

于 25mL 比色管中，分别加入 0.00mL、0.50mL、1.00mL、2.00mL、3.00mL、

项目4　农产品及食品检验

4.00mL、8.00mL 甲醛标准使用溶液，加水至 10mL。

加入 2mL 乙酰丙酮溶液，摇匀，在 60℃ 水浴中加热 10min。冷却后，以"0"号比色管溶液为参比，于分光光度计上，波长 415nm 处测得校正吸光度。以甲醛加入量为横坐标，甲醛溶液的校正吸光度值为纵坐标，绘制标准曲线，并求出线性回归方程。

（3）样品的测定

样品前处理：取出预先在冰箱中冷却的啤酒，于室温下放置 30min，启盖后使用快速滤纸过滤于三角烧瓶中，振摇 2min，静置，以除去二氧化碳。

蒸馏操作：吸取已除去 CO_2 的啤酒 25mL，置于 500mL 蒸馏瓶中，加入 200g/L 磷酸溶液 20mL，接入水蒸气蒸馏装置中蒸馏，收集馏出液于 100mL 容量瓶中（接近 100mL），冷却后加水稀释至刻度，得到样品试液。

样品的测定：移取样品试液 10mL 于 25mL 比色管中。加入 2mL 乙酰丙酮溶液，摇匀，在 60℃ 水浴中加热 10min。冷却后，于分光光度计上，波长 415nm 处测定吸光度。以样品试液的校正吸光度值查找标准曲线，得到试液浓度，从而计算出啤酒样品的甲醛浓度。

4.5.5　实验结果记录和数据处理

（1）硫代硫酸钠溶液的标定

硫代硫酸钠溶液的标定记录见表 4-12。

表4-12　硫代硫酸钠溶液的标定记录表

测定项目	1	2	3
m（$K_2Cr_2O_7$）/g			
V（$Na_2S_2O_3$）/mL			
体积校正 /mL			
温度校正 /mL			
$V_{校正}$（$Na_2S_2O_3$）/mL			
V_0（$Na_2S_2O_3$）/mL			
c（$Na_2S_2O_3$）/（mol/L）			
$\bar{c}$（$Na_2S_2O_3$）/（mol/L）			
相对极差 /%			

硫代硫酸钠溶液的浓度计算公式：

$$c\left(Na_2S_2O_3\right)=\dfrac{m\left(K_2Cr_2O_7\right)}{M\left(\dfrac{1}{6}K_2Cr_2O_7\right)\times\left(V-V_0\right)\times10^{-3}}\qquad（4\text{-}12）$$

式中　m（$K_2Cr_2O_7$）——称取基准 $K_2Cr_2O_7$ 的质量，g；

　　　M（$\frac{1}{6}K_2Cr_2O_7$）——基本单元为 $\frac{1}{6}K_2Cr_2O_7$ 的摩尔质量，g/mol；

　　　　　　V——标定消耗 $Na_2S_2O_3$ 滴定液的体积，mL；

　　　　　　V_0——空白试验消耗 $Na_2S_2O_3$ 滴定液的体积，mL。

（2）甲醛储备溶液的标定

甲醛储备溶液的标定见表 4-13。

157

分析检验应用技术

笔记

表4-13 甲醛储备溶液的标定

测定项目	1	2	3
甲醛储备溶液 V /mL			
V_2（$Na_2S_2O_3$）/mL			
体积校正 /mL			
温度校正 /mL			
$V_{2校正}$（$Na_2S_2O_3$）/mL			
空白实验 V_1（$Na_2S_2O_3$）/mL			
ρ（HCHO）/（mg/mL）			
平均 $\bar{\rho}$（HCHO）/（mg/mL）			
相对极差 /%			

甲醛储备溶液浓度计算公式：

$$\rho(HCHO)=c(V_1-V_{2校正})\times 15\times 1000/10 \tag{4-13}$$

式中 ρ（HCHO）——甲醛标准溶液的浓度，mg/mL；

V_1——空白试样所消耗硫代硫酸钠标准溶液的体积，mL；

V_2——滴定甲醛溶液所消耗硫代硫酸钠标准溶液的体积，mL；

c——硫代硫酸钠标准溶液的浓度，mol/L；

15——甲醛（$\frac{1}{2}$HCHO）的摩尔质量，g/mol；

10——移取甲醛标准储备液的体积，mL。

（3）标准曲线的绘制

以甲醛溶液浓度为横坐标，以校正吸光度值为纵坐标，绘制标准曲线。数据统计见表4-14。

表4-14 标准曲线绘制数据表

甲醛使用液加入量 /mL						
甲醛浓度 /（μg/mL）						
溶液校正吸光度（$A-A_0$）						
标准曲线	回归方程：_____，相关系数：$r=$_____					

（4）样品中甲醛的含量测定

样品中甲醛测定记录见表4-15。

表4-15 啤酒样品中甲醛含量测定记录表

测定项目	啤酒样品 1	啤酒样品 2	啤酒样品 3
啤酒样品体积 /mL			
校正吸光度 $A_{校正}$（即 A_x-A_0）			
查得的甲醛含量 /（μg/mL）			
样品中甲醛的含量 /（mg/L）			

158

项目 4　农产品及食品检验

计算样品的甲醛含量公式：根据样品稀释溶液的校正吸光值 $A_{校正}$，从标准曲线中查出甲醛含量，再乘以稀释倍数，即得样品中甲醛含量。

样品的甲醛含量计算公式：

$$\rho_{样品} = \frac{\rho_{查} \times 100}{25}$$ （4-14）

式中　$\rho_{样品}$——啤酒样品的甲醛含量，mg/L；

　　　$\rho_{查}$——由标准曲线查得的样品试液的甲醛含量，μg/mL；

　　　100——样品溶液蒸馏所得馏出液的定容体积，mL；

　　　25——除去 CO_2 的啤酒样品取用的体积，mL。

参考文献

[1] 杨波，崔玉祥.无机化工分析.北京：化学工业出版社，2006.

[2] 张美娜.无机化工产品检验.北京：化学工业出版社，2015.

[3] 张玉廷，张彩华.农产品检验技术.北京：化学工业出版社，2015.

[4] 黄一石，吴朝华，杨小林.仪器分析.3版.北京：化学工业出版社，2013.

[5] 王桂芝，王淑华.化学分析检验技术.北京：化学工业出版社，2015.

[6] 张振宇.化工产品检验技术.2版.北京：化学工业出版社，2013.

[7] 王秀萍，徐焕斌，张德胜.有机化工分析.北京：化学工业出版社，2006.

[8] 梁述忠.药品检验技术.北京：化学工业出版社，2005.

[9] 薛凤.食品检验技术.北京：化学工业出版社，2015.

分析检验应用技术课程
学案材料

课程项目框架

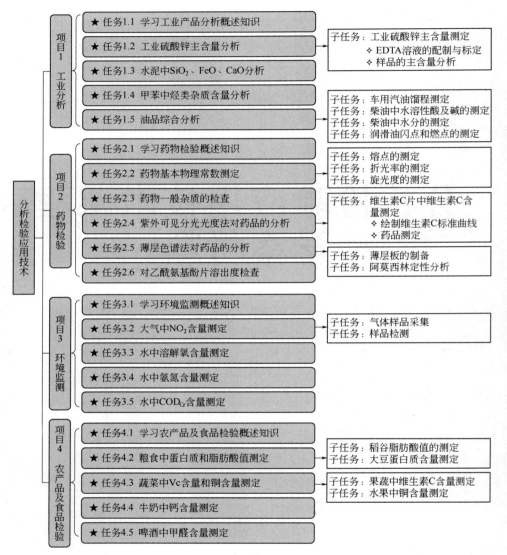

全书包括四大模块，项目1工业分析、项目2药物检验、项目3环境监测、项目4农产品及食品检验。每个项目模块下设置若干任务与子任务，由相关行业检验岗位的典型工作任务转化而来。通过完成具体分析检验任务进行相关检验知识和技能的学习，达到知识和技术的融会贯通。知其然，亦知其所以然！

项目1　工业分析

任务书

项目1 工业分析

背景描述：针对工业产品的各项指标，进行分析检验，保证产品质量和生产安全。

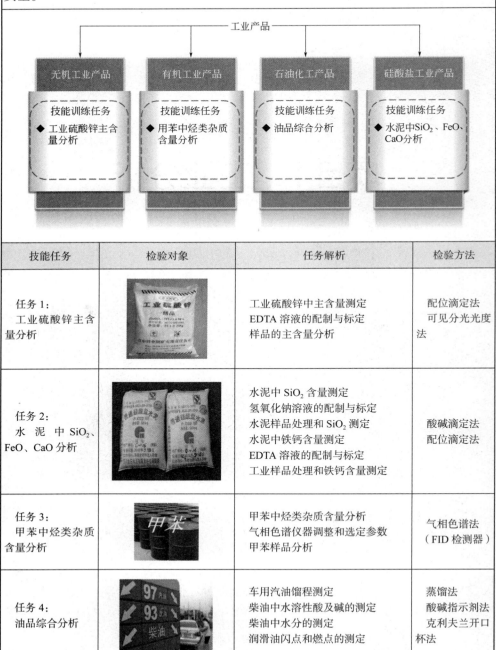

技能任务	检验对象	任务解析	检验方法
任务1：工业硫酸锌主含量分析		工业硫酸锌中主含量测定 EDTA溶液的配制与标定 样品的主含量分析	配位滴定法 可见分光光度法
任务2：水泥中SiO_2、FeO、CaO分析		水泥中SiO_2含量测定 氢氧化钠溶液的配制与标定 水泥样品处理和SiO_2测定 水泥中铁钙含量测定 EDTA溶液的配制与标定 工业样品处理和铁钙含量测定	酸碱滴定法 配位滴定法
任务3：甲苯中烃类杂质含量分析		甲苯中烃类杂质含量分析 气相色谱仪器调整和选定参数 甲苯样品分析	气相色谱法 （FID检测器）
任务4：油品综合分析		车用汽油馏程测定 柴油中水溶性酸及碱的测定 柴油中水分的测定 润滑油闪点和燃点的测定	蒸馏法 酸碱指示剂法 克利夫兰开口杯法

分析检验应用技术课程学案材料

学案

任务 1.1　工业产品分析概述

1.1.1　无机工业产品的检测

✪ 复习

① 化学分析检验技术：

化学分析技术 ➡ 酸碱滴定　氧化还原滴定　配位滴定　沉淀滴定 ＋ 沉淀分析

_____滴定主要用于测定_____物质；
_____滴定主要用于测定_____物质；
_____滴定主要用于测定_____物质；
_____滴定主要用于测定_____物质。

② 仪器分析检验技术：

仪器分析技术

光分析法　色谱法　电化学法　质谱法　热分析……

其中常用的光谱分析法，具体包括_____、_____、_____、_____和_____等分光光度法。另外，色谱法包括_____色谱法、_____色谱法和薄层色谱法、纸色谱法等。

（1）无机工业产品检测

主要对象：无机酸、碱、盐、氧化物和单质，方法：化学分析（简称化分）、仪器分析（简称仪分）等。

（2）分类

① 酸和碱类无机工业产品的检测

常用分析方法：_____滴定。

其中常用指示剂：a. _____，变色范围_____；

b. _____，变色范围_____；c. _____，变色范围_____。

选用指示剂的方法，是使变色点靠近_____点的附近，或变色范围落在_____范围内。

pH 突跃越_____（填大或小）越好，利于选择指示剂。

常用酸性标准溶液_____，配制方法为_____法（填直接或间接），标定用基准物_____；

常用碱性标准溶液_____，配制方法为_____法（填直接或间接），标定用基准物_____。

② 单质及氧化物产品的检验

常用分析方法：_____滴定，包含_____法、_____法和_____法，其中常用指示剂有_____、_____等。

氧化还原滴定常用标准溶液：

_____，配制方法_____（填直接或间接），标定用基准物：_____；

165

_____，配制方法____（填直接或间接），标定用基准物：_____；

_____，配制方法____（填直接或间接），标定用基准物：_____。

重铬酸钾标准溶液的配制，___（填可以或不可以）用直接法配制。

③ 无机盐类产品的检验

按分解产生的酸碱类离子、金属离子或酸根来定量分析。

滴定金属离子，常用分析方法：___滴定，方法中重点注意____控制。

常用指示剂____、____、____。其中____、____指示剂终点由紫红变纯蓝，____指示剂终点由紫红变黄色。

常用标准溶液：_____，配制方法___（填直接或间接），标定用基准物：_____。

1.1.2 有机工业产品的检测

✪ 复习

无机工业产品的检验对象：无机酸、碱、盐、氧化物和单质，方法：化分、仪分（光谱法、色谱法、电化学法等）。

（1）有机工业产品分类

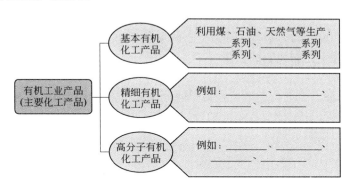

（2）有机工业产品检验方法

有机工业产品检验方法包括：通用方法、典型产品定量分析技术。

① 通用方法。检验项目：水混溶性、色度、蒸发残渣、_____、_____度、_____度、_____、羰基化合物、___度、___点、_____点、折射率、___度、___点和___点、沸程、_____等。

② 典型产品定量分析技术。包括化学分析、仪器分析（仪器分析主要有____法、____法、____法等）。

（3）有机工业产品检验项目

① 密度测定包括：a.____法，b.____法，c.____法。

密度瓶法，是否适合测定易挥发的液体密度？_____，侧孔的作用是____。
韦氏天平法，是否适用于测定易挥发的液体密度？_____。
密度计在试样中漂浮，液体密度越大，漂浮越___（填高或低）。

② 还原高锰酸钾物质的测定

a. 含义：高锰酸钾是一种强____剂，故常用作衡量_____物质存在量的指标。
b. 直接法测定原理：在规定条件下，将高锰酸钾溶液加入被测试样中，观察_____与_____对照所需的时间。

> **直接法**
> ● 适合于测定含有还原性物质较____时的测定；（填多或少）
> ● 方法：_____比色法。

c. 间接法测定原理：在规定条件下，稀酸介质中，试样与过量的高锰酸钾溶液反应，___法测定剩余的___。100mL试样还原_____的质量，即为高锰酸钾指数。

> **间接法**
> ● 适合于测定含有还原性物质较____时的测定；（填多或少）
> ● 方法：利用氧化还原滴定中的_____法，间接滴定方式。

167

分析检验应用技术

③ 有机物中微量水分测定

※ 卡尔·费休法——（1935 年卡尔·费休提出，专一、准确，采用的是碘量法）

测定原理：$I_2+SO_2+2H_2O \rightleftharpoons H_2SO_4+2HI$

本质：用卡尔·费休试剂——→滴定分析水的含量。

卡尔·费休试剂组成：_____、_____、_____（弱碱溶剂）、_____。

确定终点的方法：a. _____，b. _____。

注意事项：

a. 费休试剂配制后，放置一周以上，临用前标定。b. 滴定过程中，剧烈搅拌。

（4）色谱法测定有机物的含量

① 色谱法分类：_____、_____、_____、_____等。

② 色谱法基本原理：色谱法是重要的分离分析方法，待测有机混合物依靠它们在_____相和_____相之间具有不同的分配系数（或吸附性、渗透性），通过色谱柱时反复多次分配，实现分离。

气相色谱

③ 气相色谱仪的结构包括哪几大系统：_____。

④ 载气系统包括净化器、____阀、____阀和流量控制装置等部分，确保气体干净、流量恒定。常用载气有_____。

⑤ 进样系统：主要包括___和___装置。常用进样器，气体进样用_____、____。液体进样用_____。汽化室的温度控制，要高于待测物质组分的最高沸点，常比使用的柱温高_____℃，以保证样品全部汽化。

⑥ 分离系统：其中色谱柱是色谱仪的核心部分，主要有___柱和___柱两大类。

⑦ 检测系统：

a. 热导检测器，适合于测定_____。常用载气有_____。

b. 氢火焰离子化检测器，适合于测定_____。常用载气有_____。燃烧气是___。

c. 电子捕获检测器，适合于测定_____。

d. 火焰光度检测器，适合于测定_____。常用载气有_____。燃烧气是___。

液相色谱

⑧ 液相色谱仪的结构，包括_____系统。

⑨ 液相色谱仪和气相色谱仪分别适用于测定什么物质？_____

_____。

⑩ 液相色谱仪的固定相和流动相分别是_____、_____。

⑪ 根据分离机理不同，高效液相色谱法分_____色谱、_____色谱、_____色谱、_____色谱。其中_____色谱法最常用。

⑫ 高效液相色谱的输液系统：包括流动相贮存器、_____和梯度淋洗装置，是高效液相色谱仪最重要的部件之一。

⑬ 液相色谱仪的进样系统，一般采用_____进样。

⑭ 高效液相色谱的检测器很多，最常用的有_____检测器、_____检测器和

168

_____检测器等。其中，_____检测器和_____检测器适于进行梯度洗脱。

⑮ 色谱法的定量方法有归一化法、内标法和外标法。

_____法不要求进样量准确，但要求试样中所有的组分必须全部出峰；_____法中，不必所有组分全部出峰，操作条件也不必严格控制，但需要准确称量样品和加入_____物进行配样；_____法中，必须要求操作条件的稳定性，并准确配制标准色列溶液。

气相色谱法的定量方法中，以上三种各有适用情况，对于企业大批量分析测定同种样品，常用_____或_____进行分析；对于少量复杂样品分析，常用_____。

在液相色谱法常用_____进行定量分析。

分析检验应用技术

任务 1.2 工业硫酸锌主含量分析

1.2.1 检验报告单

小组名称：   共　　页　　第　　页

序号	检验项目	分解任务	误差要求	分析结果	
1	工业硫酸锌的主含量分析	EDTA 标准滴定溶液配制与标定	相对极差 ≤ 0.2%	浓度：	
				误差：	
		样品的主含量分析	允许差 $\Delta\omega \leqslant 0.15\%$	含量：	
				两次 $\Delta\omega$ 误差：	

备注
　样品状态：
　实验状况：

检验小组成员：＿＿＿＿＿＿＿＿＿＿＿＿＿＿＿＿＿＿＿＿＿＿＿＿

检 验 报 告 单

No.1 EDTA 标准溶液的配制与标定 共 页 第 页

参考依据	GB/T 601—2016《化学试剂 标准滴定溶液的制备》		检验日期		年 月 日	
温度 /℃		湿度 /（%RH）		天平		
试剂名称		等级		固体称样量 /g		
配制体积 /mL		目标浓度 /（mol/L）		溶液有效期		

操作步骤：

（1）配制 $c(EDTA) = 0.05mol/L$ EDTA 溶液 1000mL

按规定量称取乙二胺四乙酸二钠，溶于 1000mL 蒸馏水中，转移至试剂瓶，充分摇匀。

（2）标定 EDTA

按规定量称取基准物质 ZnO，置于锥形瓶中，加少量水润湿，加 2mL HCl 溶液（20%），摇动溶解，加 100mL 水，用氨水（10%）调至 pH7～8，加入 10mL NH_3-NH_4Cl 缓冲溶液（pH=10），滴加 5 滴铬黑 T 指示剂，用 EDTA 溶液滴定由紫色变为纯蓝色即为终点。记录消耗 EDTA 溶液的体积，同时做空白试验。

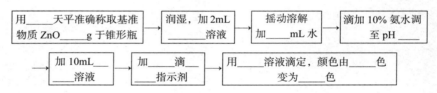

计算公式：

$$c(EDTA) = \frac{m \times 1000}{(V_1 - V_2)M}$$

其中 $M(ZnO) = 81.38g/mol$，V_1 为校正后 EDTA 体积，V_2 为空白试验消耗体积。

项目	1	2	3	4	5	6
称量的 $m(ZnO)$ /g						
滴定消耗 $V(EDTA)$ /mL						
体积修正 /mL						
温度修正 /mL						
$V_{校正}(EDTA)$ /mL						
$V_{空白}(EDTA)$ /mL						
$c(EDTA)$ /（mol/L）						
EDTA 平均浓度 /（mol/L）						
相对极差 /%						

结论：配制 EDTA 溶液____mL，采用___基准物标定，浓度标定为_____mol/L。

测定误差，相对极差 =_____%，_____（填大于或小于）0.2%。

分析检验应用技术课程学案材料

检 验 报 告 单

No.2　工业硫酸锌样品中主含量的分析

共　页　第　页

检验依据	HG/T 2326—2015《工业硫酸锌》	温度	℃
检验方法		检验日期	年　月　日

操作步骤：

（1）称取适量试样_____ g，置于250mL烧杯中，滴加_____硫酸溶液，加_____溶解，全部转移至250mL_____瓶中，用水稀释至刻度，摇匀。

（2）用移液管移取_____mL上述试验溶液，置于250mL锥形瓶中，加_____mL水、_____mL氟化铵溶液、_____g碘化钾，混匀后加入_____mL乙酸-乙酸钠缓冲溶液、二甲酚橙指示液，用EDTA溶液滴定至溶液由_____色变为_____色。同时做空白试验。

要点：

（1）本实验采用_____（填化学分析或仪器分析）法测定，属于_____滴定方法，滴定方式是_____。

（2）本实验，滴定环境保持_____性（填酸或碱），滴定锌含量的最低pH为_____，试验中采用_____试剂控制酸碱度。

（3）加入氟化铵目的是_____，属于_____掩蔽法。加入碘化钾的目的是_____，属于_____掩蔽法。

计算公式：

$$\omega_1 = \frac{c(V-V_0)M \times 10^{-3}}{m \times 25/250} \times 100 = \frac{c(V-V_0)M}{m}$$

其中V是EDTA标准滴定消耗溶液的校正后体积；V_0是空白试验消耗EDTA体积；c是EDTA标准滴定液浓度；m是试样质量；M是Zn摩尔质量（M = 65.39g/mol）。

项目	1	2	备用	备用
称量样品 $m_{样品}$/g				
滴定消耗 V（EDTA）/mL				
体积校正 /mL				
温度校正 /mL				
校正后 V（EDTA）/mL				
$V_{空白}$（EDTA）/mL				
ω_1（Zn）/ %				
平均 ω_1（Zn）/ %				
相对平均偏差 / %				

工业硫酸锌产品等级	I 类			II 类		
	优等品	一等品	合格品	优等品	一等品	合格品
以（Zn）计的质量分数计 /% ≥	35.70	35.34	34.61	22.51	22.06	20.92

结论：测得产品含锌量为_____%，_____（填符合或不符合）_____类_____等品的等级要求。

测定允许差为 Δω 不大于 0.15%，本试验最接近的两次平行测定结果的绝对差值为_____，_____（填符合或不符合）允许差要求。

173

分析检验应用技术

分析检验应用技术课程学案材料

学案

1.2.2 EDTA标准溶液的配制与标定

（1）解读操作步骤

在步骤图中填空（注意方法、要点、称量方法和使用仪器）。

① 粗配：称量＿＿＿＿g EDTA 试剂（＿＿＿天平）。置＿＿＿＿中，溶解，装＿＿＿＿瓶摇匀。

② 标定

称量	溶解稀释	调pH值	滴定
称量＿＿＿＿g 基准物ZnO	加入＿＿＿＿水润湿；加入＿＿＿＿mL HCl液；加入＿＿＿＿mL水	滴加＿＿＿＿调pH为7~8；加入＿＿＿＿mL氨-氯化铵缓冲液	滴加＿＿＿滴铬黑T指示剂；用＿＿＿溶液滴定；终点颜色＿＿＿色变为＿＿＿色

仪器：＿＿＿＿＿＿＿＿，＿＿＿＿＿＿＿＿，＿＿＿＿＿＿＿＿，＿＿＿＿＿＿＿＿。

（2）知识点：配位滴定方法

① EDTA 滴定法，滴定剂：＿＿＿＿＿＿标准溶液，测定物质：＿＿＿＿＿＿。

EDTA 与金属离子 1∶1 配位，基本单元：＿＿＿＿＿＿。

② EDTA 滴定法的应用：从下列实例中找出哪些检测中应用了配位滴定法？（画√）

（　　）测定锅炉给水或循环冷却水中的钙镁含量。

（　　）测定公路工程施工中推算水泥的剂量（测定水泥中的氧化钠、氧化镁含量）。

（　　）测定药片、注射液、饮料、蔬菜、水果等中的 Vc 含量（碘量法）。

（　　）测定净水剂硫酸铝含量。

（　　）测定醋酸的浓度。

（　　）测定苯甲酸的含量。

（　　）测定葡萄糖酸钙口服液含量。

（　　）测定酱油中氯化钠含量。

（3）知识点：常用金属指示剂

常用金属指示剂见表 1-1。

表1-1　常用金属指示剂

金属指示剂	缩略词或符号	适用 pH 值	终点颜色变化
铬黑 T			
二甲酚橙			
钙指示剂			
磺基水杨酸			
PAN			

（4）知识点：配制溶液方法

175

分析检验应用技术

$$\text{溶液}\begin{cases}\text{普通试剂溶液：浓度不需精确，粗配。}\\\text{标准溶液：浓度精确至4位有效数字，配制法：①直接法；②标定法。}\end{cases}$$

普通溶液包括：＿＿＿＿、＿＿＿＿、＿＿＿＿、＿＿＿＿、＿＿＿＿等。

标准溶液如：＿＿＿＿、＿＿＿＿等。

浓度表示	含义	计算溶质B的公式	稀释配制
摩尔浓度c_B/(mol/L)			
质量分数ω_B/%			
体积分数Φ/%			
质量浓度ρ_B/(mg/L)			
比例浓度 体积比			
质量比			

（5）练习：溶液配制，拓展练习——写出计算公式

① 配制 EDTA 溶液 c=0.05mol/L，V=1000mL，如何配制？

② 配制质量分数为 20% 的 HCl 溶液 100g，应取多少浓度 37% 的浓盐酸，如何配制？

③ 配制 500mL 体积分数为 70% 的乙醇液，应取多少无水乙醇？如何配制？

④ 配制 100mL 含 NaCl 为 0.095g/mL 的水溶液，如何配制？

⑤ 配制 100g 的 ω=1% 的淀粉溶液，如何配制？

⑥ 配制 100mL 的 10g/L 的酚酞酒精溶液，如何配制？

1.2.3 样品的主含量分析

（1）解读操作步骤

步骤图中填空（注意检测方法、要点、称量方法和使用仪器）。

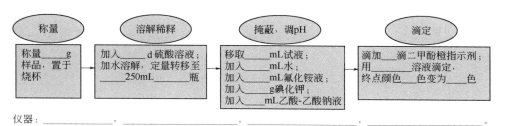

仪器：_____，_____，_____，_____。

（2）知识点：滴定突跃和酸度限制

① 滴定突跃的影响因素

　　a.金属离子的_____越大，滴定突跃越大。
　　b.配合物的_____lgK_{MY}'越大，滴定突跃越大。　｝滴定可行性条件

酸度对滴定突跃的影响，由 lgK_{MY}' = lgK_{MY}-lgα 得出，如果酸度越大，α 越大，则 lgK_{MY}' 越_____，终点突跃越_____，反应越_____发生。（填大、小、容易或难以）

由滴定可行性条件，则滴定有最_____（填低或高）pH 值要求。

② 酸效应曲线：见图 1-1。

查阅滴定 Hg^{2+} 的最低 pH 值要求是_____；查阅滴定 Fe^{2+} 的最低 pH 值要求是_____；

查阅滴定 Ca^{2+} 的最低 pH 值要求是_____；查阅滴定 Zn^{2+} 的最低 pH 值要求是_____。

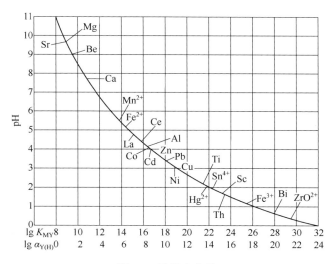

图1-1　酸效应曲线

（3）知识点：判断共存组分干扰及多组分的测定

① 思考：由酸效应曲线可知，_____方离子总干扰_____方离子（上或下）。

分析检验应用技术

当干扰离子位于上方时呢？结论：两离子距离（即 $\Delta \lg K$）大于____不干扰。

（因每个金属离子发生配位的过程中，影响范围约为 5 个 $\lg K$ 单位。两离子距离大于这个范围，不干扰。）

② 当_____，则 M 和 N 离子可不干扰，分别控制适当酸度，进行测定，先测下方离子，待其滴定完成，再调整适当酸度测定上方离子。

③ 当_____，离子互相干扰，不能利用控制酸度的方法分步滴定，而要采用掩蔽法。

④ 测定溶液中的 Pb 离子，溶液中有 Co 离子杂质，如何测定？_____。

测定溶液中的 Cu 离子，溶液中有 Ca 离子杂质，如何测定？_____。

分析检验应用技术课程学案材料

学案

任务 1.3 水泥中 SiO_2、FeO、CaO 分析

（1）硅酸盐工业相关知识

① 硅酸盐是由_____和_____所形成的盐类。可分为_____硅酸盐和_____硅酸盐。其中，_____硅酸盐占地壳质量的 85% 以上，存在于岩石和矿物。_____硅酸盐是以天然硅酸盐为原料，经加工而制得的工业产品，例如水泥、玻璃、陶瓷、水玻璃和耐火材料等。

② 在硅酸盐中，_____是其主要组成成分。硅酸盐分析项目是由硅酸盐的成分、工艺决定，一般分析项目有____、____、____、____、____、____、Na_2O、K_2O、MnO、P_2O_5、水分、烧失量等。

（2）解读操作规程和原理——硅酸盐水泥中二氧化硅 SiO_2 含量测定

原理：在强_____（酸或碱）性介质中，有氟化钾、氯化钾的存在下，可溶性硅酸与_____离子作用，能定量地生成氟硅酸钾沉淀。该沉淀在沸水中水解生成的_____酸，可用_____标准滴定溶液滴定，间接计算试样中二氧化硅的含量。

引导问题：① 用箭头图简略表示出测定步骤。

② 样品制备的操作中，是采用_____法处理样品，配制成样品试液。

③ 测定 SiO_2 的方法属于化分还是仪分？_____，并属于其中的_____滴定方法。其中以_____作指示剂，终点颜色从_____色变为_____色。

（3）解读操作规程和原理——硅酸盐水泥中铁、钙含量测定

原理：在_____（酸或碱）性介质中，Fe^{3+} 能与 EDTA 形成稳定的配合物。控制溶液 pH=1.8 ～ 2.5，以_____为指示剂，用_____标准滴定溶液直接滴定测定溶液中的 Fe^{3+}。

在 pH >_____的强碱性溶液中，以_____为掩蔽剂，钙黄绿素 - 甲基百里香酚蓝 - 酚酞（CMP）为混合指示剂，用____标准滴定溶液滴定测定 Ca^{2+}。

引导问题：

① 本检测方法属于化分还是仪分？____，并属于其中的____滴定方法。

② 测铁时，控制 pH 值为____，滴定终点颜色从____色变为____色。

③ 测钙时，控制 pH 值为____，滴定终点颜色从____色变为____色。

179

分析检验应用技术

分析检验应用技术课程学案材料

任务 1.4　甲苯中烃类杂质含量分析

1.4.1　检验报告单

小组名称：　　　　　　　　　　　　　　　　　　　　　　　　　　共　页　第　页

序号	检验杂质	精密度要求	分析结果	符合精密度要求	检验员	校核人
1	苯		含量（%）：	□不符合 □符合		
			结果差 $\Delta\omega$：			
2	乙苯	重复测定两结果之差，小于下列规定值：　杂质含量在 0.01%～0.10% 范围内为 0.01%（质量分数）；　杂质含量在 0.10%～1.00% 范围内为算术平均值的 10%	含量（%）：	□不符合 □符合		
			结果差 $\Delta\omega$：			
3	环己烷		含量（%）：	□不符合 □符合		
			结果差 $\Delta\omega$：			
4	正己烷		含量（%）：	□不符合 □符合		
			结果差 $\Delta\omega$：			
备注						

检验小组成员：_____

181

分析检验应用技术

检 验 报 告 单

No.1 甲苯中烃类杂质含量分析

共　页　第　页

参考标准	GB/T 3144—1982《甲苯中烃类杂质的气相色谱测定法》	检验日期	年　月　日
使用仪器	气相色谱仪：SP-2100A 型气相色谱仪　　　电子天平：_____		
检测器类型		色谱柱	色谱柱：内径____mm、长____m 不锈钢；固定液：_____；担体：_____
定量方法			
仪器参数	汽化室温度：_____；检测器温度：_____；色谱柱温度：_____；进样量：_____；载气为_____气，柱前压为_____kPa；气体流量为氮气：氢气：空气 =_____mL/min		

操作步骤

开启仪器：

（1）气路调节

开启全自动空气开关，该仪器表压达到 4MPa 时，打开氮气发生器开关，半小时后气源稳定，打开色谱仪电源，同时打开氢气发生器开关，检查进样口是否漏气，若漏气需要更换气垫。

（2）温度设定

按色谱参考操作条件设定温度参数。在仪器面板的［设定］页面上设定参数，左右移动光标选择设定项目，上下移动光标调到所设定的温度数值。参数设定完成后回到［状态］页面观察各参数是否达到设定值。达到设定温度后，用_____流量计依次测定氢气、空气和氮气的流量，分别达到表中给定值。

（3）检测器参数设定

FID 电气参数只有一项，选择量程 100。

（4）点火

待温度稳定后，重新校正流量，按动面板上的"点火"键，用冷的金属光亮表面对着 FID 检测器出口会有水珠冷凝在金属表面，证明已点着火。

（5）建立分析方法

① 打开 BF-2002 色谱工作站，在"文件"菜单内选择"新建"命令，打开一新的谱图窗口，在"谱图参数表"中选择通道 B。

② 选择"视图 / 选项"，单击"保存时的特定目录"。

③ 操作面板上"输出"显示的电压值的第二位小数稳定后，开始进样，进样后立即按下"启动"按钮，注意观察实时记录的谱图状况，待所有谱峰出完后，点击"停止"按钮来停止谱图采集。

④ 在谱图中用鼠标指着某组分对应的峰，点击右键选择"自动填写定量组分表中的套峰时间"，重复此步，将全部组分填入定量组分表，同时将各组分相应的浓度也填入该表。

⑤ 在"定量方法表"中选"计算校正因子"，"定量根据"中选择"峰面积"。

⑥ 选"操作"菜单中"定量计算"，程序将计算结果填入"定量结果表"中，在"定量组分表"中单击"取校正因子"按钮，"定量结果表"中校正因子即被取到"定量结果表"中。

⑦ 打开四次平行样生成的谱图文件，单击"定量结果表"中"存档"按钮，最后在任意一个标样窗口"定量结果表"内单击"取平均档"，在"定量组分表"中单击"取校正因子"。

⑧ 进行待测样品的谱图采集。

⑨ 在"定量组分表"中内标物对应的"浓度"一格中设置内标物实际添加量。

⑩ "定量方法表"中选"单点校正法"，"除数"中设置样品量，并将"乘数 1"设置为 100，"定量根据"中选择"峰面积"。

⑪ 在"操作"菜单中选"定量计算"，相应计算结果填入"定量结果表"中。

⑫ 打开三次平行样生成的谱图文件，单击"定量结果表"中"存档"按钮，最后在任意一个试样窗口"定量结果表"内单击"取平均档"。

定性分析：

吸取甲苯试样_____μL，记录各峰的保留时间。依次吸取_____μL苯、甲苯、乙苯、环己烷、正己烷和乙醇纯品（标样）进入色谱仪中，记录____时间，与试样中各组分的保留时间对照定性。

测定结果		t_R/min	定性结论
试样	色谱峰1		
	色谱峰2		
	色谱峰3		
	色谱峰4		
	色谱峰5		
纯物质	苯		—
	甲苯		—
	乙苯		—
	环己烷		—
	正己烷		—
	乙醇		—

测定相对校正因子：

（1）配制标准溶液

将带胶盖气相色谱配样瓶洗净、烘干。依次称取苯、甲苯、乙苯、无水乙醇、环己烷和正己烷（各约_____mL，准确到0.0002g）。混匀。

（2）进样测量

分别吸取_____μL上述配制的标准溶液，进样，记录苯、甲苯、乙苯、无水乙醇、环己烷和正己烷的峰_____，按相对校正因子计算公式计算出苯、甲苯、乙苯、环己烷和正己烷相对乙醇的校正因子。平行进样4次，计算出平均校正因子。

（3）计算各组分相对校正因子

将计算结果填入下表中。以苯为例，计算以乙醇为基准物的峰面积的相对校正因子公式为：

$$f'_{苯/乙醇} = \frac{m_苯 A_{乙醇}}{m_{乙醇} A_苯}$$

式中 $m_苯$、$m_{乙醇}$——苯和乙醇的质量，g；

$A_苯$、$A_{乙醇}$——苯和乙醇的峰面积，$\mu V \cdot S$。

同理可以计算出甲苯乙醇、环己烷、正己烷相对乙醇的峰面积校正因子。

测定项目		苯	甲苯	乙苯	环己烷	正己烷	乙醇
质量/g							
峰面积 /（μV·S）	1						
	2						
	3						
	4						
峰面积相对校正因子							

183

分析检验应用技术

组分名称	苯	甲苯	乙苯	环己烷	正己烷	—
1						—
2						—
3						—
4						—
平均相对校正因子						—

定量分析：

（1）试液制备

将带胶盖的气相色谱配样瓶洗净、烘干、称量。加入_____mL甲苯试样，称量；再加入_____滴无水乙醇内标物称量，混匀。

（2）定量分析

吸取_____μL加入乙醇内标物的试样溶液，进样，记录苯、乙苯、环己烷、正己烷和乙醇峰面积，按内标法计算公式计算出苯、乙苯、环己烷、正己烷的质量分数。平行测4次。

（3）计算试样中各组分的质量分数

计算甲苯中苯的质量分数，同理计算出其他各组分的质量分数，并将计算结果填入表中。

$$\omega_{苯} = f'_{苯/乙醇} \times \frac{A_{苯}}{A_{乙醇}} \times \frac{m_{乙醇}}{m_{甲苯试样}}$$

式中　$f'_{苯/乙醇}$——苯对乙醇的相对校真正因子；

　　　m——甲苯试样的质量，g；

　　　$m_{乙醇}$——加入甲醇的质量，g；

　　$A_{苯}$、$A_{乙醇}$——苯和乙醇的峰面积，μV·S。

试样质量/g				乙醇质量/g			
组分名称		苯	甲苯	乙苯	环己烷	正己烷	乙醇
峰面积/（μV·S）	1						
	2						
	3						
	4						

各组分质量分数%

组分名称	苯	甲苯	乙苯	环己烷	正己烷	—
1						—
2						—
3						—
4						—
平均 ω/%						—

184

判断精密度

要求：用以下数值来判断结果的可靠性（95% 置信水平）。

① 重复性。同一操作者，重复测定两个结果之差不应大于以下规定：杂质含量在 0.01% ~ 0.10% 范围内为 0.01%（质量分数），杂质含量在 0.10% ~ 1.00% 范围内为算术平均值的 10%。

② 再现性：两个实验室对同一试样测定结果之差，不应大于以下规定：杂质含量在 0.01% ~ 0.10% 范围内为 0.02%（质量分数）；杂质含量在 0.10% ~ 1.00% 范围内为算术平均值的 20%。

取平行测定数值接近的两次结果的算术平均值作为试样中烃类杂质测定结果。

甲苯样品杂质实测结果	精密度	
□在 0.01% ~ < 0.10% 内	□较为接近的两次结果差值小于 0.01%	□不符合上述
□在 0.10% ~ 1.00% 内	□较为接近的两次结果差值小于平均值的 10%	□不符合上述
□实测结果大于 1.00%	□不适用上述判断	

结论：

取接近的两个数据的算术平均值作为测定结果，则苯含量 =_____%，

乙苯含量 =_____%，环己烷含量 =_____%，正己烷含量 =_____%。

检验员		校核人	

分析检验应用技术

任务1.5 油品综合分析

1.5.1 石油产品知识

（1）石油的组成

石油是一种黑褐色黏稠状的可燃性液体矿物油。主要元素是碳（83%～87%）、氢（11%～14%），其余为硫、氮、氧及微量金属元素（镍、钒、铁等）。

由碳和氢化合形成的_____类构成石油的主要组成部分，占95%～99%，主要属于烷烃、环烷烃、芳香烃三类。

含硫、氧、氮的化合物对石油产品_____（填有害或有益），在石油加工中应尽量除去。

（2）石油的加工

① 原油一次加工（常压蒸馏）：将原油按沸点不同，分离成直馏汽油、喷气燃料、煤油、普通柴油等轻质馏分油及常压重油，并进一步减压蒸馏分离出重柴油、润滑油和渣油等。

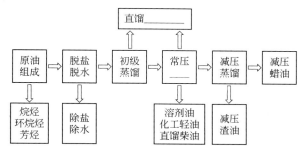

过程：原油经脱盐脱水后，在260～280℃进行初步蒸馏，蒸出部分直馏汽油，然后经过加热炉加热后进行常压蒸馏，得到更多的直馏汽油、直馏柴油、溶剂油和化工轻油等。剩余组分再经过减压蒸馏，分离出轻蜡油、重蜡油及减压渣油等。

② 原油二次加工（深加工）：充分利用原油一次加工的蜡油、渣油等产物，通过添加催化剂并加热加压等方法，发生一系列化学变化，得到更多的汽油、柴油和化工原料等。

a. 催化裂化。减压蜡油和减压渣油按一定比例进行催化裂化，得到液化气体产率约12%，并经分离塔分离出液化气和丙烯；汽油产率约40%；柴油产率约30%；其他渣浆送到延迟焦化等后续处理。

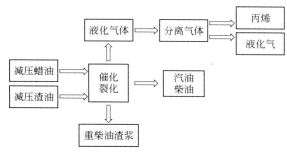

b. 催化重整。在 490～525℃，压力为 1～2kPa，在催化剂和氢气存在下，将常压蒸馏所得的直馏汽油转化成芳烃含量较高的重整汽油。

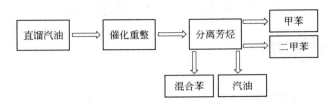

（3）石油产品的分类

我国石油产品按 GB/T 498—2014《石油产品及润滑剂 分类方法和类别的确定》将石油产品按主要用途划分五大类，即_____（F）、_____（S）和有关产品（L）、_____（W）、_____（B）等。

（4）石油产品检验项目

石油产品的检验，是对石油产品的理化性质和使用性能的试验和评价过程，包括对油品的基本理化性质、蒸发性能、低温流动性能、燃烧性能、腐蚀性能、安定性、电性能的测定及油品杂质的测定等。

➢ 测定石油的密度、黏度、闪点、燃点等，属于石油的基本_____性质的测定。
➢ 测定石油的水溶性酸、碱含量，测定硫含量，属于对石油的_____的测定。
➢ 测定石油的馏程、饱和蒸气压等，属于对石油的_____的测定。
➢ 测定石油的水分、灰分等含量，属于对石油的_____的测定。
➢ 测定石油的结晶点、冰点、倾点、凝点和冷滤点等，属于对石油的_____的测定。

（5）石油产品检验标准

我国国内石油产品检验标准主要有_____标准、_____标准、_____标准、_____标准四级。标准编号中用汉语拼音表示标准等级，并分为推荐性标准和强制性标准。推荐性国家标准代号为_____，强制性国家标准代号为_____。石油化工行业标准代号为_____，石油化工企业标准代号为_____。

1.5.2 汽油馏程测定

（1）汽油的组成

汽油为透明液体，主要是由 C____～ C____各族烃类组成，其沸点范围为_____～
_____℃。

（2）汽油的牌号

汽油按照_____值划分牌号。2017 年 1 月 1 日起，国内全面供应国 V 成品油，
国Ⅳ升级为国 V 后，汽油牌号由 90 号、93 号和 97 号三个牌号调整为___号、___号、
___号、___号四个牌号。

（3）汽油馏程测定意义

汽油馏程是鉴定汽油蒸发性，判断其使用性能的重要指标。馏程的各蒸发体积
温度的高低，直接反映其轻重组分相对含量的多少。

① _____% 蒸发温度，表示车用汽油中含低沸点组分（轻组分）的多少。对于
车用汽油，其不能高于_____℃，否则太高意味着汽油的低温启动性不好，但低于
_____℃容易在油管内形成气阻。

② _____% 蒸发温度，表示车用汽油的平均蒸发性。对于车用汽油，其不能高
于_____℃。

③ _____% 蒸发温度和终馏点，表示车用汽油中高沸点组分（重组分）的多少，
决定其在气缸中的蒸发完全程度。对于车用汽油，_____% 蒸发温度不高于 190℃，终
馏点不高于 205℃。

（4）汽油馏程测定规程解读

① 馏程的测定属于分馏吗？答：_____。测定时，按照规定速度蒸馏 100mL
试油，将所生成的蒸气从蒸馏瓶中导出，这种蒸馏不发生分馏作用。油中的烃类不
是按照各自的沸点逐一蒸出，而是以连续增高沸点的混合物的形式蒸出，有沸点较
低的组分混在沸点较高的组分中一起蒸出。所以，初馏点、终馏点、以及中间馏分
的蒸气温度，仅是粗略确定其应用性质的关系。

② 在不同蒸馏时段要控制不同升温速度吗？答：_____。如果加热速度始终较
大，蒸馏操作中会产生多量的气体，来不及自出口管逸出，使瓶中的气压大于外界
大气压。在这种情况下读出的蒸馏温度并不是外界大气压下油品沸腾的温度，往往
要比正常蒸馏温度偏高一些。但如果整个测定过程中加热速度过慢，以致加热强度
不足，则各个馏出温度均显著降低。上述现象说明加热速度对测定油品馏程的结果
有很大影响。因此有关加热速度的规定必须严格执行。

➤ 从加热开始到初馏点的时间_____～_____min，从初馏点到 5% 回收量的时间
60 ～ 100s；

➤ 中间的馏速：_____～ _____mL/min；

➤ 当蒸馏烧瓶内残留体积为_____ mL 时，再调整加热速度，使此时到终馏点的
时间在 3 ～ 5min。

③ 正确使用量筒和正确安装蒸馏烧瓶。温度计水银球应位于蒸馏烧瓶颈部中央，
毛细管的_____（填顶端或底端）与蒸馏烧瓶的支管内壁底部的最高点齐平。

分析检验应用技术

1.5.3 柴油中水溶性酸及碱的测定

（1）测定意义

油品中的水溶性酸，指油品中的低分子有机_____和无机_____；油品中的水溶性碱，指油品中溶于水的矿物_____。

水溶性酸及碱测定，能反映出油品加工过程的精制程度。当酸碱精制未能完全中和以及水洗不净，就使油品产生剩余的酸碱性。

水溶性酸及碱会强烈腐蚀与其接触的_____构件，还会促使油品_____，所以在油品生产和储运过程中都要进行检测和评定。

（2）测定原理解读

用_____抽提油品试样中的水溶性酸及碱，然后分别用_____或_____指示剂检查抽出溶液颜色的变化情况，以判断油品中有无水溶性酸、碱的存在。如果溶液加入指示剂后呈无色，则溶液非碱性，如果溶液加入_____指示剂后呈橙色，则溶液非酸性。

1.5.4　柴油中水分的测定

（1）测定意义

油品中含水危害很大。油品含水会增大运输量，并增加常减压蒸馏装置的能耗。由于含水，带入的无机盐（$CaCl_2$、$MgCl_2$）还会加剧装置的腐蚀。轻质燃料油中含水，会使冰点、结晶点升高，导致油品低温流动性变差，低温析出的冰粒会堵塞过滤器及油路，尤其是航煤和柴油中的含水，会造成供油中断，酿成严重事故。润滑油中含水，会破坏润滑膜，使润滑不能正常进行，增加机件的磨损。重整原料油中水含量超标，会使催化剂中毒，影响催化剂使用寿命。因此，水分含量是各种油品标准中不可缺少的质量指标。

进入常减压蒸馏装置的原油要求含水量不大于 0.2% ～ 0.5%；成品油的规格标准要求汽油、煤油不含水，轻柴油水分含量不大于痕迹；重柴油水分含量不大于0.5% ～ 1.5%；各种润滑油、燃料油都有相应控制指标。

（2）柴油中水分测定规程解读

① 测定原理：将 100g＿＿＿＿与 100mL＿＿＿＿混合，进行蒸馏。溶剂中的轻组分首先汽化，将油品中的水携带出去，进入上部冷凝管中冷凝后，滴入接收器。由于水与溶剂互不相溶，且水的密度更大，在接收器里产生分层，水分在接收器＿＿＿部，而上层的＿＿＿＿＿＿溢流回到蒸馏瓶中。如此反复汽化和冷凝，可将试油中的水分几乎完全抽至接收器的管中。根据接收器中的水量及称取油品量，可得油品中水分含量。

② 测定水分加入溶剂的作用：一是降低试样的黏度，免除含水油品沸腾时所引起的冲击和起泡现象，便于将水蒸出。二是溶剂在蒸馏后不断冷凝，回流到烧瓶内，可使水、溶剂、油品混合物的沸点不升高，防止过热现象，便于将水全部携带出来。

③ 测定水分加入无釉瓷片的作用：烧瓶中加入无釉瓷片后，在瓶中液体热至沸腾时能形成许多细小的空气泡，保证液体均匀沸腾，不致发生＿＿＿＿＿＿。

④ 测定水分冷凝管上端塞棉花的作用：避免空气中的＿＿＿＿＿＿进入冷凝管凝结，影响测定结果。

1.5.5　润滑油闪点和燃点的测定

（1）测定意义

闪点是评价内燃机油质量的重要指标。内燃机油的闪点较高，使用时不易着火燃烧；当内燃机油使用过程中混入燃料，则闪点显著降低，此时应及时检修发动机或换油。要求单级柴油机油闪点低于＿＿＿＿＿℃、多级柴油机油闪点低于＿＿＿＿＿℃时，必须更换新油。

（2）润滑油闪点和燃点的测定规程解读

润滑油闪点测定按 GB/T 3536—2008《石油产品闪点和燃点的测定克利夫兰开口杯法》进行。

① 试样在测定闪点前的预处理

a. 黏稠试样应在注入油杯前先加热至能流动，但加热温度不应该超过预期闪点前＿＿＿＿＿℃。

b. 水的存在会影响闪点的测定结果，如果试样含有未溶解的水，在样品混匀前应先将水分离出来。

② 火焰调整到接近球形，其直径为____～____mm。

③ 测定闪点和燃点过程中，控制升温速度。

a. 开始升温。开始加热时，控制升温速度为每分钟____～____℃，距预期闪点 56℃时减慢升温，当到达闪点前 23℃±5℃时控制升温速度为每分钟_____～____℃。试验过程中避免在附近随意走动或呼吸吹气，以免扰动试样蒸气。

b. 点火试验。距离预期闪点 23℃±5℃时，开始用试验火焰扫划，试样每升高____℃扫划一次。

④ 测定闪点与最初点火时温度小于____℃时，测定结果无效。应更换试样，调整最初点火温度重新测定。

项目2　药物检验

任务书

项目2 药物检验

背景描述：按照药品质量标准，对药物及其制剂进行检验，保证药品的质量，确保人们的用药安全、合理、有效。

技能任务	检验对象	任务解析	检验方法
任务1： 药物基本物理常数测定		★ 熔点的测定 ★ 折射率的测定 ★ 旋光度的测定	折光仪法 旋光仪法
任务2： 药物一般杂质的检查		★ 酸度测定 ★ 溶液的澄清度与颜色 ★ 氯化物的检查 ★ 硫酸盐的检查 ★ 铁盐、砷盐、重金属检查	限量检查 灵敏度法 比较法
任务3： 紫外可见分光光度法对药品的分析		★ 紫外可见分光光度法测定维C含量 绘制标准曲线 样品测定	紫外分光光度法
任务4： 薄层色谱法对药品的分析		★ 薄层板的制备 ★ 阿莫西林定性分析	薄层色谱法
任务5： 对乙酰氨基酚片溶出度检查		★ 对乙酰氨基酚片溶出度检查 液相色谱仪器调整和选定参数 对乙酰氨基酚片样品分析	液相色谱法

学案

任务 2.1 　药物检验概述

（1）药物检验基本知识

《中华人民共和国药品管理法》规定了：药品，包括_____、中药饮片、_____、_____及其制剂、抗生素、_____药品、_____药品、血清、疫苗、血液制品和诊断药品等。以下药品中，①属于_____药品，②属于_____药品，③属于_____药品，④属于_____药品，⑤属于_____药品。

① ② ③ ④ ⑤

药物检验的任务是运用_____学、_____学、_____和_____学的方法，对各种药物及其制剂进行质量检验。

药品检验工作的基本程序：取样、_____观测、_____、检查、_____检测，并写出检验记录和检验报告书，上报检验数据。

（2）药品质量与管理规范

关于药品质量与管理规范，写出下列有关规范名称的缩写字母。

《药品生产质量管理规范》，缩写为字母_____。

《药品经营质量管理规范》，缩写为字母_____。

《中药材生产质量管理规范（试行）》，缩写为字母_____。

（3）药品标准及分类

药品标准是用以检测药品质量是否达到用药要求，并衡量其质量是否稳定均一的技术规定。其中《中华人民共和国药典》简称《中国药典》，缩写为字母_____。还有其他标准，在临床试验期间的药品，执行_____标准；药品报试生产时，执行_____标准；执行两年后，如果药品质量稳定，则药品转为正式生产，此时药品标准称为"_____标准"；此标准执行两年后，药品的质量仍很稳定，上升为药品标准。另外还有企业标准、地方和医院标准等。

《中国药典》（2020版）分为四部出版：一部收载_____和饮片、植物油脂和提取物、成方制剂和单味制剂等；二部收载药品、抗生素、生化药品以及放射性药品等；三部收载_____制品；四部收载_____。

《中国药典》（2020版）的组成，包括_____、_____、_____、_____和索引五部分。一般若需查找通用分析方法需要到_____中去查找；若是要查找具体药物的鉴别、检查项目，需要到_____中去查找。

（4）药品标准中的常用术语

① 性状。对药物的外观、嗅味、溶解度以及物理常数等的规定。物理常数，包括相对密度、馏程、熔点、凝点、比旋度、折射率、黏度、吸收系数、碘值、皂化值和酸值等。

分析检验应用技术

练习：判断硫酸钙的溶解性，18℃时，100mL水中能溶解0.26g，属于易溶还是微溶？

② 鉴别。根据特性进行试验，以判定药物的真伪。

练习：查阅药典中九圣散的鉴别项目，需查阅药典第_____部，查到九圣散药品，其鉴别项目下分别鉴别了哪些中药材？_____。

③ 检查。包括杂质限度检查（或称纯度检查）、固体制剂含量均匀度检查和溶出度测定。

④ 含量测定。对药品（原料及制剂）中有效成分的含量进行测定。

⑤ 类别。按药品主要作用、用途或学科归属划分。

⑥ 制剂的规格。每单位制剂中含有主药重量（或效价）或含量（%）或装量，即制剂的标示量。

⑦ 贮藏。"阴凉处"术语系指不超过_____℃；"常温"系指___~___℃。

⑧ 检验方法和限度。原料药的含量（%），如标准中未规定上限时，系指不超过_____%。

制剂的含量限度，按标示量的百分含量表示时，限度范围一般是___%~___%。

⑨ 标准物质。药物标准物质有多种类别。用于生物检定、抗生素或生化药品中的标准物质，称为_____；用于化学药品标准物质常称为_____；用于中药检验中使用的标准物质，是_____；用于生物制品检验中的标准物质称为_____。

⑩ 计量

a. 热水是指_____~_____℃；微温或温水是指_____~_____℃；冷水是指_____~_____℃；冰浴是指约_____℃。

b. 缩写"ppm"和"ppb"分别表示_____和_____。

⑪ 精确度

a. 称重与量取。遵循"4舍6入5成双"的原则。称取0.1g，指称取重量可为0.06~0.14g，称取0.2g，指称取重量可为_____~_____g。

b. 恒重。指供试品连续两次干燥或炽灼后的重量差异在_____mg以下的重量。

c. "空白试验"，系指不加供试品或以等量溶剂替代供试液，按同法操作所得的结果。

（5）药品检验方法、技术

药物检验的方法分为：物理常数测定法、化学分析法、仪器分析法、生物化学法等。

测定药物的熔点、黏度、密度，属于_____法；测定药品的大肠菌群含量，属于_____法。

任务2.2 药物基本物理常数测定

2.2.1 熔点的测定

(1) 物质的熔点知识

① 物质熔点

物质熔点 ● 物质的___、___两相在大气压力下平衡共存时的温度。

② 测定熔点的意义：

熔点可用于鉴定药物，纯粹的固体化合物一般都有固定的熔点。

熔点可用于定性判断药物的纯度。当物质含有杂质时，熔点下降，熔程延长。

③ 注意用熔点鉴定物质方法：

在鉴定某未知物时，如测得其熔点和已知物的熔点相同或相近时，不能认为它们为同一物质。还需把它们混合，测混合物的熔点，若熔点仍不变，才能认为它们为同一物质。

④ 熔点相关概念：

初熔，是供试品开始局部液化出现明显_____的温度。

全熔，供试品全部____的温度。

熔程，即从_____到____的温度范围。一般物质的熔程距离很小，为 0.5～1℃。

理论上固体物质熔点应是一个温度点，但实际由于杂质或测定过程中的氧化产物等导致实际测到的是一定温度范围，即熔程。

(2) 熔点的测定步骤和关键点

测定装置：毛细管法测定装置（图2-1）。

① 样品研碎迅速，填装结实，2～3mm为宜。

② 毛细管安装在温度计精确位置，再固定。

③ 加热升温测定、注意观察、做好记录。

升温速度是关键：

加热升温：开始时可快些，约 5℃/min。

距离熔点 15℃时：1～2℃/min。

接近熔点时：0.2～0.3℃/min。

每个样品至少填装两支毛细管，平行测定两次。

(3) 解读操作规程

① 熔点管本身要干净，管壁不能太厚，封口要均匀。熔点管壁太厚，影响传热，其结果是测得的初熔温度偏高。初学者容易出现的问题是：

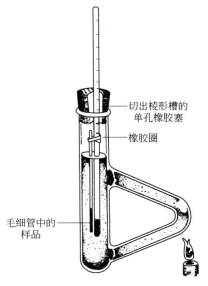

图2-1 毛细管法测定装置

封口端发生弯曲和封口端壁太厚，所以在毛细管封口时，一端在火焰上加热时要尽量让毛细管接近垂直方向，火焰温度不宜太高，最好用酒精灯，断断续续地加热，封口要圆滑，以不漏气为原则。

② 试料研得不细或装得不实，这样试料颗粒之间空隙较大，空隙之间为空气所占据，而空气导热系数较小，结果导致熔程加大，测得的熔点数值偏高。

③ 加热太快，则热浴体温度大于热量转移到待测样品中的转移能力，而导致测得的熔点偏高，熔程加大。

④ 若连续测几次，当第一次完成后需将浴液冷却至原熔点温度的二分之一以下，才可测第二次，否则测得的熔点偏高。

⑤ 第二次测定不能使用第一次测定熔点后的试料，因为有时某些物质会发生部分分解，有些物质则可能转变为具有不同熔点的其他晶体。

⑥ 当毛细管中的样品开始塌落时并不是初熔，有小液滴出现时即初熔；继续观察，待固体样品恰好完全溶解成透明液体即全熔。

⑦ 测定熔点时，常用的导热液有液体石蜡、甘油、浓硫酸、磷酸、硅油及浓硫酸与硫酸钾按一定比例配制的饱和溶液等。可根据被测物熔点范围选择导热液。

⑧ 塞子应用开口塞，以防管内空气膨胀将塞子冲出；便于观察温度。

（4）思考题

① 判断下面说法的准确性，准确者画√，不准确者画 ×。

a. 熔点管不干净，测定熔点时不易观察，但不影响测定结果。（　　）

b. 样品未完全干燥，测得的熔点偏低。（　　）

c. 样品中含有杂质，测得的熔点偏低。（　　）

d. A、B 两种晶体等量混合物的熔点是两种晶体的熔点的算术平均值。（　　）

e. 在低于被测物质熔点 10～20℃时，加热速度为 5℃/min 为宜。（　　）

f. 样品管中的样品熔融后再冷却固化仍可用于第二次测熔点。（　　）

② 指出图中装置安装中的错误之处。

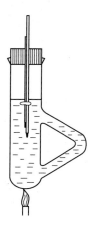

2.2.2 折射率的测定

（1）光的折射

① 折射现象。光在不同介质中的传播速度是不同的，所以当光线从一个介质进入另一个介质，出现传播方向发生改变，这种现象称为光的_____现象。

② 折射率。光从_____中射入某介质中，折射率为_____角正弦值与_____角正弦值之比。其数值等于光在真空的传播速度 c 与介质中传播速度 v 的比值。

$$n = \frac{\sin\alpha}{\sin\beta} = \frac{c}{v}$$

③ 折射定律。光线自空气进入某一透明介质时，发生折射，两种介质的折射率分别是 n、N，入射角和折射角为 α、β。如图 2-2 所示，则有折射定律：_____。

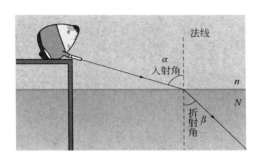

图2-2 光的折射

（2）折射率的测定

物质的折射率只与它的结构和光线有关，并受温度、压力等因素的影响，当环境条件固定时，物质的折射率为一个常数，由此数值可进行物质的定性。

① 临界角。光线从介质1（折射率为 n）进入介质2（折射率为 N），$n < N$，当入射角增大到_____时，折射角达到最大（β_0），称为临界角，观察折射光时可见明暗两区（图2-3）。

② 阿贝折光仪测定原理。如图2-4所示：阿贝折射仪的棱镜组中，待测液体夹在棱镜的弦面之间，形成薄膜（AA' 与 BB' 间）。入射光在图1号线以下（达90°）时，出射光在图中折射光 $1'$ 号线以上，折射角为临界角，可见明暗界面。此时仪器读数即待测液体的折射率。

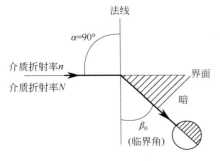

图2-3 临界角

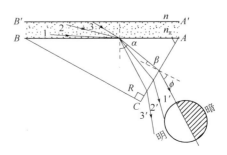

图2-4 阿贝折射仪

③ 折光仪的校正。折光仪又名折射仪，目前国内折光计测量范围多为1.3～1.7，最小读数为0.0001。

物质的折射率不但与它的结构和光线有关，而且也受温度、压力等因素的影响。所以折射率的表示，常须注明所用的光线和测定时的温度，常用_____符号表示。

《中国药典》（2020年版）附录规定，折光仪应使用标准折射率玻璃或水进行校正，最简单的是用纯水校正，20℃纯水折射率为_____，温度每上升或下降1℃折射率降低或升高0.0001。25℃时水的折射率为1.3325，40℃时为1.3305。

（3）测定步骤和操作规程解读

① 将阿贝折光仪置于靠窗的桌上或白炽灯前，但避免阳光直射，用超级恒温槽，通入所需温度的恒温水于两棱镜夹套中，棱镜上的_____应指示所需温度。

② 清洗——松开锁钮，打开棱镜，滴_____在玻璃面上，合上两个棱镜，待镜面全部被试剂湿润后再打开，用擦镜纸轻擦干净。

③ 校正——用重蒸蒸馏水（或溴代萘）校正。

a. 滴1滴_____于棱镜的镜面上，关闭棱镜；

b. 转动刻度盘罩外手柄，使读数等于_____的折射率（$n_{20}^D = 1.33299$，$n_{25}^D = 1.3325$）；

c. 调节_____，使观察视场最明亮；调节_____，使视场十字线交点最清晰；

d. 转动消色调节器，消除_____，得到清晰的明暗界线；

e. 如果明暗界线没有出现在十字线交点，则用仪器附带的小旋棒旋动位于镜筒外壁中部的调节螺丝，使明暗线对准十字线交点，校正即完毕。图2-5为折射仪两个镜筒中视野图。

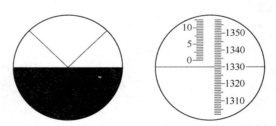

图2-5　折射仪镜筒中视野图

④ 测定

a. 用丙酮或乙醇清洗镜面，滴1～2滴_____于毛玻璃面上，闭合两个棱镜，旋紧锁钮。

b. 先转动刻度盘罩外手柄，使刻度盘上的读数为最小；

c. 调节反射镜，使视场最明亮，再调节目镜，使视场十字线交点最清晰；

d. 再次转动罩外手柄，使读数逐渐增大，直到观察到明暗界面。转动消色散手柄，使彩色光带消失。调整转动罩外手柄，使明暗界线与十字线交点重合。从刻度盘读取折射率。

注意：测定折射率，需要恒温在____℃下，若无恒温槽，所得数据要加以修正。

2.2.3 旋光度的测定

（1）物质的旋光性

 当一束_____光通过**手性物质**时，光的振动方向会发生改变，光的振动面会旋转一定角度的现象。

物质____性：使偏振光的振动面旋转的性质，这种物质叫作____性物质。许多天然有机物都具有这种性质。

旋光物质使偏振光振动面旋转时，可以向_____旋（顺时针方向，记做"+"），也可以向_____旋（逆时针方向，记做"-"），所以旋光物质又可分为右旋物质和左旋物质。

（2）旋光度的测定原理

原理：当环境和参数条件固定时，待测溶液的旋光度与浓度、偏振光通过溶液的厚度成正比。

① 入射光：由单色光源（一般用钠光灯）发出的光，通过起偏棱镜（尼可尔棱镜）后，转变为平面偏振光（简称偏振光）。

② 旋光：当偏振光通过样品管中_____性物质时，振动平面旋转一定角度。

③ 读数：调节附有刻度的检偏镜，使偏振光通过，读出检偏镜所旋转的度数，即样品的旋光度。如图 2-6 所示。

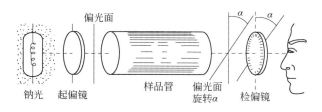

图2-6　旋光原理

④ 计算：旋光度 α，决定于被测分子的立体结构，以及受环境和参数条件影响——例如：待测液的浓度、偏振光通过溶液的厚度（即样品管长度）、温度、光源的波长、所用溶剂等因素的影响。

比旋光度：是当旋光管长度为_____dm、待测物质溶液的浓度为_____g/mL 时，测得的旋光度，是旋光物质的特征物理常数，可用于定性。

比旋光度和旋光度的关系：

纯液体的比旋光度 $[\alpha]_{\lambda}^{t}$=_____，溶液的比旋光度 $[\alpha]_{\lambda}^{t}$=_____。

（3）比旋光度的应用

比旋光度是旋光性物质的物理常数之一。依据比旋光度，可以鉴定物质的纯度、测定溶液浓度、密度和鉴别光学异构体。

例如几种糖的比旋光度如表 2-1 所示。

表2-1 几种糖的比旋光度

名称	$[\alpha]_\lambda^{20}$	名称	$[\alpha]_\lambda^{20}$
D-葡萄糖	+52.5°	麦芽糖	+136°
D-果糖	-92°	乳糖	+55°
D-半乳糖	+84°	蔗糖	+66.5°
D-甘露糖	+14°	纤维二糖	+35°

思考：如何确定实验测定的糖溶液中，含有什么糖？如何确定溶液浓度？

（4）定量分析步骤

① 配制溶液：准确称取＿＿＿ g 的葡萄糖试剂，溶解后转移到＿＿＿mL 容量瓶中，浓度为＿＿＿，并配制好样品溶液。

② 预热：打开旋光仪电源开关，预热＿＿＿～＿＿＿min。

③ 调零：在测定样品前，先用样品管后装入＿＿＿，来调节旋光仪的零点。管中不要带入＿＿＿，旋紧上螺丝帽盖。

将样品管放入旋光仪，开启钠光灯，将刻度盘调在零点左右，会出现大于或小于零度视场的情况。如图 2-7 中（a）和（c）所示。

旋动粗动、微动手轮，使视场内三部分的亮度一致，即为＿＿＿视场，如图 1-3（b）所示。记下刻度盘读数，重复调零 3 次取平均值。若读数平均值不为零而存在偏差值，应在以后的测量读数中将零点读数减去。

(a) 大于或小于零度视场　　(b) 零度视场　　(c) 小于或大于零度视场

图2-7 三分视场的不同情况

④ 测定：测定样品的步骤和调零相同。将样品管分别装入 5% 葡萄糖溶液和待测液。每次旋动刻度盘，寻找＿＿＿视场，然后读数。若读数是正数为＿＿＿旋；读数是负数为＿＿＿旋。测定读数与零点读数之差，即为样品在测定温度下的旋光度。

分别测定 5% 葡萄糖溶液、未知浓度的葡萄糖溶液的旋光度，每个溶液测定 3 次，记录。

注意：仪器应放在空气流通和温度适宜的地方，不宜低放，以免光学零部件、偏振片与受潮发霉及性能衰退。镜片不能用不洁或硬质布、纸去揩，以免表面划伤。

（5）解读操作规程

新配制的葡萄糖溶液在放置时，其比旋光度会逐渐增加或减少，最后达到一个恒定的数值。如，葡萄糖配成水溶液后，其比旋光度是 +112.2°，但放置若干时间后就会降低至 +52.7°。

根据《中国药典》（2020 年版）规定，可按下列方法测定葡萄糖旋光度：

取葡萄糖约 10g，精密称定，置 100mL 容量瓶中，加水适量与氨试液 0.2mL，溶解后，用水稀释至刻度，摇匀，放置 10min，在 25℃时，依法测定，比旋光度为 ＋52.5° 至＋53.0° 。

葡萄糖在氨水的碱性条件下可以迅速达到平衡，可以稍微放置就测定。

（6）思考题

称取一种纯糖试样 20.00g，用水溶解后，稀释至 100.00mL，20℃时，用 1dm 的旋光管，以黄色钠光测得的旋光度为 +13.3° ，求此糖的比旋光度。

分析检验应用技术

任务 2.3 药物一般杂质的检查

2.3.1 药物的杂质和来源

杂质是指药物中的无治疗作用或影响药物_____和_____，甚至对人有害的物质。

药物的杂质检查也可称为_____检查，因为药物中含有杂质是影响纯度的主要因素。

药物杂质来源 —— 在_____过程中引入

药物杂质来源 —— 在_____过程中的外界影响引入

练习：药物杂质检查的目的是（　　　）。

A. 控制药物的纯度　　　　　　　B. 控制药物疗效

C. 控制药物的有效成分　　　　　D. 控制药物毒性

E. 检查生产工艺的合理性

2.3.2 药物杂质的分类

药物中的杂质按来源可分为_____和_____。

《中国药典》附录和正文中列举，一般杂质检查项目有：_____物、_____盐、铁盐、重金属、_____盐、硫化物、硒盐、_____残渣、_____、溶液颜色、易炭化物、溶液澄清度和酸度等。

特殊杂质是指在_____的生产和贮藏过程中引入的杂质。

练习：

（1）下列药物检查_____属于一般杂质检查，_____属于特殊杂质检查。

①药品均匀度　　②药品的溶出度　　③阿司匹林中的游离水杨酸、水杨酸苯酯　　④盐酸四环素中的盐酸金霉素、脱水四环素　　⑤药品中的铵盐

（2）一般杂质的检查方法收载于《中国药典》2020年版）的（　　　）部分内容中。

A. 凡例　　　　　B. 正文　　　　　C. 附录　　　　　D. 索引　　　　E. 品名目次

2.3.3 杂质检查方法

（1）对照法

对照法即限量检查法。杂质限量就是指药物中所含杂质的_____允许量，《中国药典》中规定的杂质检查均为限量检查法。通常用 % 或百万分之几（ppm）表示。

$$杂质限量\ L = \frac{杂质最大允许量}{供试品量} \times 100\% = \frac{标准溶液体积V \times 标准溶液浓度c}{供试品量S} \times 100\%$$

计算时应注意：单位换算、供试液或标准液的稀释倍数。

分析检验应用技术

练习：

① 对人体有毒杂质控制较严，某药物中砷含量不得过百万分之十，即＿＿＿ppm，重金属不得过百万分之五十，即＿＿＿ppm。

② 对乙酰氨基酚中氯化物的检查：取对乙酰氨基酚 2.0g，加水 100mL 加热溶解后冷却，滤过，取滤液 25mL，依法检查氯化物，发生的浑浊与标准氯化钠溶液 5.0mL（每 1mL 相当于 10μg 的 Cl）制成的对照液比较，不得更浓。求氯化物的限量是多少？（0.01%）

解：$S =$ ＿＿＿＿＿；$c =$ ＿＿＿＿＿μg/mL；$V =$ ＿＿＿＿＿mL。

则得：$L =$ ＿＿＿＿＿。

③ 卡比马唑片中甲疏咪唑的检查：

制备供试液：取 20 片卡比马唑片（规格 5mg），研细，加三氯甲烷适量，研磨使溶解，滤过，置 10mL 容量瓶中，加三氯甲烷至刻度，摇匀；

制备对照液：甲疏咪唑的三氯甲烷溶液（100μg/mL）；分别取 10μL 供试液和对照液点于同一薄层板上，展开，显色，供试液若显与对照品相应的杂质斑点，不得更深，求杂质限量。（1.0%）

解：$S =$ ＿＿＿＿＿＿＿＿；$c =$ ＿＿＿＿＿＿＿＿μg/mL；$V =$ ＿＿＿＿＿＿＿＿mL。

则得：$L =$ ＿＿＿＿＿＿＿＿。

（2）灵敏度法

在供试品溶液中加入＿＿＿＿＿＿＿＿，在一定反应条件下，不得有正反应出现。例如采用甲基橙指示剂进行药品酸度的检查。

（3）比较法

取供试品检查，所测得的信号值与＿＿＿＿＿＿＿＿比较，不得更大。

2.3.4 一般杂质检查（部分）的操作规程解读

（1）氯化物

原理：$Ag^+ + Cl^- \xrightarrow{HNO_3} AgCl \downarrow$

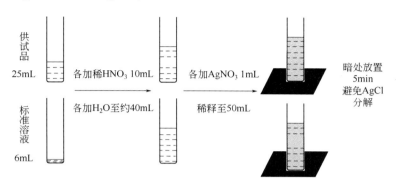

加入 HNO₃ 作用：加速 AgCl 浑浊的生成，防止形成 Ag_2CO_3、Ag_2O、Ag_3PO_4。
避光：暗处放置_____min 后比较。
观察方向：从比色管的____方向____方观察。

（2）硫酸盐

原理：$Ba^{2+} + SO_4^{2-} \xrightarrow{HCl} BaSO_4 \downarrow$

HCl 作用：加速 $BaSO_4$ 的生成，防止生成 $BaCO_3$、$Ba_3(PO_4)_2$ 等。

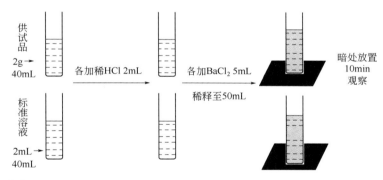

（3）铁盐

原理：$Fe^{3+} + 6SCN^- \xrightarrow{稀HNO_3} [Fe(SCN)_6]^{3-}$ 红色

HNO₃ 作用：加硝酸 3 滴，缓缓煮沸 5min，使 Fe^{2+} 氧化为 Fe^{3+}。由于硝酸中可能含有亚硝酸，亚硝酸也能与硫氰酸根离子反应生成红色的亚硝酰硫氰化物，影响比色，因此加入显色剂之前加热煮沸有助于除去氧化氮，以消除氧化氮生成的亚硝酸干扰。

（4）重金属

以 Pb 为重金属代表。硫代乙酰胺法原理：$Pb^{2+} + H_2S \xrightarrow{pH=3.5} PbS \downarrow$（黄色——棕黑色）

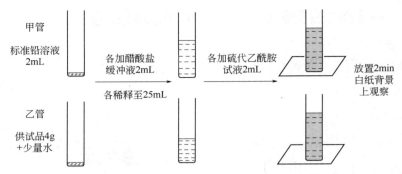

检测方法的变革：以前的测定采用 FeS + HCl ⟶ H₂S，再与 Pb²⁺ 反应。从 ChP（90 版）开始采用硫代乙酰胺（pH=3.5）⟶ H₂S + CH₃CONH₂，再与 Pb²⁺ 反应。优点是无恶臭，浓度易控制。

硫代乙酰胺法适用于溶于水、稀酸、乙醇的药物；如果是含有芳环、杂环以及难溶于水、稀酸、乙醇的药物，则采用炽灼后的硫代乙酰胺法；如果是溶于碱性水溶液而难溶于稀酸或在稀酸中生成沉淀的药物，则采用硫化钠法。

（5）砷盐

原理：$AsO_4^{3-} \xrightarrow{SnCl_2/KI} \left.\begin{array}{l} AsO_3^{3-} \\ As^{3+} \end{array}\right\} \xrightarrow{Zn + 2HCl}{+ 新生态 H_2} AsH_3 \xrightarrow{HgBr_2 试纸} 砷斑（黄→棕色）$

新生态 H_2 的作用：与三价砷生成 AsH_3 气体。新生态 H_2 由 Zn 加浓 HCl 制备。

KI 作用：使五价砷还原为三价砷（同时 KI 被氧化生成 I_2）。抑制 Sb 的干扰。

酸性 $SnCl_2$ 作用：①使五价砷还原为三价砷；②可在锌粒表面形成 Zn-Sn 齐（锌锡的合金），起去极化作用，使锌粒与盐酸作用缓和，放出氢气均匀；③抑制锑化氢生成；④将产生的 I_2 转变为 I^-，I^- 与 Zn^{2+} 形成稳定配合物，利于反应正向进行，砷化氢气体不断生成。

KI 作用：使五价砷还原为三价砷；KI 被氧化生成的 I_2 转变为 I^-，并与 Zn^{2+} 形成稳定的配位化合物，有利于砷化氢气体的不断生成。

醋酸铅棉花作用：除去硫化物的干扰；使砷化氢以适宜的速度通过。

（6）干燥失重

药物在规定条件下，经干燥后所减失的重量，主要是水分和其他挥发性物质。常用干燥方法有三种（表 2-2）。

表2-2　常见干燥方法

干燥法	适用范围	温度	举例	设备
常压恒温干燥法	受热较稳定的药物	一般为 105℃，有时更高	如 NaCl、尼莫地平	干燥箱
恒温减压干燥法	熔点低、受热分解或水分难赶除的药物	一般为 60℃	木糖醇、卡托普利	真空干燥箱（压力在 267kPa 即 20mmHg 以下）
干燥剂干燥法（常压或减压）	受热易分解或升华的药物	常温	对氨基水杨酸钠	干燥器和干燥剂（常用变色硅胶、浓硫酸、P_2O_5）

常压恒温干燥法，采用高温时能除去结晶水合物中的结晶水，如药用辅料枸橼酸钠在180℃下干燥。干燥操作时粉末平铺，厚度小于5cm（疏松物质小于10cm），结晶颗粒研细。

干燥剂干燥法，对于结晶水合物不会除去结晶水。

恒温减压干燥法优点是降低干燥温度，缩短干燥时间。

（7）炽灼残渣

目标是检查不含金属的有机药物或挥发性无机药物中混入的无机杂质（金属氧化物或无机盐类）。

原理：样品炭化后 $+H_2SO_4$ 湿润 $\longrightarrow$ 700～800℃下炽灼至恒重 $\longrightarrow$ 炽灼残渣（硫酸灰分）。

硫酸的作用：使杂质转化为稳定的硫酸盐；帮助有机物炭化。

注意：当含氟药物对瓷坩埚有腐蚀时，采用铂坩埚。

炽灼残渣检查法一般加热恒重的温度为700～800℃；若残渣需留作重金属检查，则加热温度为500～600℃。

分析检验应用技术

分析检验应用技术课程学案材料

2.3.5　一般杂质检查的练习（不定项选择题）

（1）药物的检查项包括（　　　）。

A. 安全性　　　B. 纯度要求　　　C. 杂质检查　　　D. 有效性　　　E. 均一性

（2）化学药物的特殊杂质检查方法收载于（　　　）。

A. 药典一部正文　　B. 药典二部正文　　　C. 药典三部正文　　D. 药典四部正文

（3）杂质限量的表示方法通常有（　　　）。

A. 百万分之几　　　B. 滴定度　　　　　C. 色谱峰面积　　　D. 百分之几

（4）《中国药典》规定的一般杂质检查中不包括的项目有（　　　）。

A. 硫酸盐检查　　　B. 氯化物检查　　　C. 溶出度检查　　　D. 重金属检查

（5）采用甲基橙指示剂进行酸度检查的方法属于（　　　）。

A. 灵敏度法　　　B. 对照法　　　　　C. 比较法　　　　　D. 色谱法

（6）关于药物中氯化物的检查，正确的是（　　　）。

A. 氯化物检查可反应 Ag^+ 的多少

B. 氯化物检查是在酸性条件下进行的

C. 供试品的取量可任意

D. 标准 NaCl 液的取量由限量及供试品取量而定

（7）氯化物检查中加入硝酸的目的是（　　　）。

A. 加速氯化银的形成　　　　　　　　B. 加速氧化银的形成

C. 除去 CO_3^{2-}、SO_4^{2-}、$C_2O_4^{2-}$、PO_4^{3-} 的干扰 D. 改善氯化银的均匀度

（8）观察氯化银浊度，正确的方法是（　　　）。

A. 置白色背景上，从侧面观察　　　　B. 置黑色背景上，从侧面观察

C. 置黑色背景上，从下向上观察　　　D. 置黑色背景上，从上向下观察

（9）硫氰酸盐法是检查药品中的（　　　）。

A. 氯化物　B. 铁盐　C. 重金属　D. 砷盐　E. 硫酸盐

（10）对于药物中的硫酸盐进行检查时，所用的试剂是（　　　）。

A. $AgNO_3$　　　　B. H_2S　　　　　C. 硫代乙酰胺　　　D. $BaCl_2$

（11）有的药物在生产和贮存过程中易引入有色杂质，《中国药典》采用（　　　）。

A. 与标准比色液比较方法　　　　　　B. HPLC 法

C. TLC 法　　　　　　　　　　　　　D. GC 法

（12）阿司匹林中以铅为代表的重金属检查方法属于（　　　）。

A. 灵敏度法　　　B. 对照法　　　　　C. 比较法　　　　　D. 色谱法

（13）药物中的重金属是指（　　　）。

A. Pb^{2+}

B. 影响药物安全性和稳定性的金属离子

C. 原子量大的金属离子

D. 在规定条件下与硫代乙酰胺或硫化钠作用显色的金属杂质

（14）重金属检查硫代乙酰胺法适用的检查药物是（　　　）的药物。

A. 可溶于稀酸和乙醇　　　　　　　　B. 可溶于碱性溶液

C. 不溶于稀酸和乙醇　　　　　　　　D. 可炽灼破坏

（15）重金属检查中，加入硫代乙酰胺比色时，溶液最佳 pH 值是（　　　）。

211

A. 1.5　　　　　　B. 3.5　　　　　　C. 2.5　　　　　　D. ＞ 7

（16）葡萄糖中砷盐的检查，需要的试剂应有（　　　）。

A. Pb^{2+} 标准溶液　　　B. $SnCl_2$ 试液　　C. KI 试液　　D. Zn　　E. 醋酸铅棉花

（17）在用古蔡法检查砷盐时，导气管中塞入醋酸铅棉花的目的是（　　　）。

A. 除去 I_2　　B. 除去 AsH_3　　C. 除去 H_2S　　D. 除去 HBr　　E. 除去 SbH_3

（18）古蔡法检查砷盐的基本原理是（　　　）。

A. 与锌、酸作用生成 H_2 气体

B. 与锌、酸作用生成 AsH_3 气体

C. 产生的气体遇氯化汞试纸产生砷斑

D. 比较供试品砷斑与标准品砷斑的面积大小

E. 比较供试品砷斑与标准品砷斑的颜色强度

（19）古蔡氏检砷法测砷时，砷化氢气体与下列（　　　）物质作用生成砷斑。

A. 氯化汞　　　　B. 溴化汞　　　　C. 碘化汞　　　　D. 硫化汞

（20）干燥失重主要检查药物中的（　　　）。

A. 酸灰分　　　　B. 灰分

C. 易炭化物　　　D. 水分及其他挥发性成分

（21）炽灼残渣检查法一般加热恒重的温度为（　　　）。

A. 500 ～ 600℃　　B. 600 ～ 700℃　　C. 700 ～ 800℃　　D. 800 ～ 1000℃

E. 1000 ～ 1200℃

（22）若炽灼残渣留做重金属检查时，炽灼温度应控制为（　　　）。

A. 500 ～ 600℃　　B. 600 ～ 700℃　　C. 700 ～ 800℃　　D. 800 ～ 1000℃

E. 1000 ～ 1200℃

（23）炽灼残渣检查法是检查有机药物中的（　　　）。

A. 各种挥发性杂质　　　　　　　　　B. 各种高熔点杂质

C. 各种无机试剂　　　　　　　　　　D. 各种无机杂质

分析检验应用技术课程学案材料

任务 2.4 紫外可见分光光度法对药品的分析

2.4.1 检验报告单

小组名称：   共   页   第   页

序号	检验项目	分解任务	误差要求	分析结果		检验员	校核人
1	紫外分光光度法测定维生素C含量	绘制维生素C标准曲线	相关系数 ≥ 0.999	方程：			
				相关系数：			
		药品中维生素C含量测定	$\overline{Rd} \leqslant 2\%$	含量：			
				相对平均偏差：			
2	加标回收率测定试验	—	回收率 95% ~ 105%				

备注
样品状态：
实验状况：

检验小组成员：_____

213

分析检验应用技术

检 验 报 告 单

No.1：紫外分光光度法测定维生素 C 含量——（1）绘制维生素 C 标准曲线　　　　　共　页　第　页

样品检验方法		主要仪器	
维生素 C 标准使用溶液 浓度 /（μg/mL）		检验日期	年　月　日

操作步骤：

（1）工作曲线的绘制步骤

① 配制溶液

a. 配制维生素 C 的_____溶液（浓度_____μg/mL）。精密称取维生素 C 对照品 0.05g，加 100mL 硫酸溶液（pH=6），定量转移至 500mL 容量瓶，用水稀释定容，摇匀。

b. 配制维生素 C 的_____溶液。用移液管移取维生素 C 标准使用溶液_____mL、_____mL、_____mL、_____mL、_____mL、_____mL，分别置于六个 100mL 容量瓶中，加入硫酸溶液稀释至刻度，摇匀。

② 确定波长——绘制吸收光谱曲线。用_____cm 的_____材质的吸收池，使用分光光度计在 220～320nm 波长下，以_____为参比，测量 A，确定最大吸收波长为_____。

波长 /nm						
吸光度 A						
波长 /nm						
吸光度 A						

③ 测定标准色列溶液的吸光度，并绘制工作曲线。用_____cm 的吸收池，使用分光光度计在_____nm 波长下，以_____为参比，测量 A，以_____为横坐标，对应的_____为纵坐标，绘制工作曲线。

移取标准使用液的体积 /mL						
维生素 C 的含量 $m_{维生素 C}$/μg						
校正吸光度（$A-A_0$）						

工作曲线：

结论：工作曲线方程为_____，相关系数 $r =$_____。

分析检验应用技术课程学案材料

检 验 报 告 单

No.2：紫外分光光度法测定维生素 C 含量—（2）药品中维生素 C 含量测定　　　共　页　第　页

样品名称		检验方法	
定量方法		主要仪器	

操作步骤：

样品的测定：取维生素 C 片研磨后，精密称定 m＿＿＿＿g，以 100mL 硫酸溶液溶解，定容至 500mL 容量瓶。溶液过滤后，精密量取 4 份续滤液各＿＿＿＿mL，置于四个 100mL 量瓶中（其中一份用于加标实验拓展练习），以硫酸溶液定容，测定其中三份溶液的吸光度 $A_{样品}$ 与空白溶液吸光度 A_0，计算（$A_{样品}-A_0$）并由标准曲线查出对应维生素 C 含量 $m_{查}$。计算样品中维生素 C 含量 ω（维生素 C）。

加标试验：

① 配制加标液：称取维生素 C 对照品 0.0500g 加入硫酸溶液溶解，并定容至 100.0mL。浓度为 500mg/L。

② 加标：在样品溶液中，加入 1mL 加标液，摇匀。

③ 测定：加标前含量 $m_{加标前}$（即 $m_{查}$平均值），加标后含量 $m_{加标后}$，计算加标回收率。

解读规程：

① 测定样品时，环境条件应与绘制标准曲线的条件保持一致。

② 一般加标回收率在＿＿＿＿范围内，认为是符合准确度要求。加标体积不超过原始试样体积的＿＿＿＿%为好。加标液含有的待测物的量为试样含量的＿＿＿＿～＿＿＿＿倍。

计算：

药品中维生素 C 含量为：

$$\omega（维生素C）=\frac{m_{查}\times\dfrac{500.0}{V_{滤液}}\times10^{-6}}{m}\times100\%$$

称量维生素 C 片的质量 m/g				加标样品检测		
移取滤液的体积 $V_{滤液}$/mL				加标体积：1.00mL		
校正吸光度（$A-A_0$）				（$A_{加标}-A_0$）：		
查曲线，对应的维生素 C 的质量 $m_{查}$/μg				加标后测定 $m_{加标}$/μg：		
样品维生素 C 含量 ω（维生素 C）/%				加标回收率：＿＿＿%		
平均维生素 C 含量 $\overline{\omega}$（维生素 C）/%				$\dfrac{m_{加标后}-m_{加标前}}{c_{标液}V_{加标}}\times100\%$		
相对平均偏差/%						

结论：试验采用＿＿＿＿法测定，测得产品的维生素 C 含量为＿＿＿＿%。

测得相对平均偏差为＿＿＿＿，检测要求为 $R\overline{d}\leqslant2\%$，是否符合？＿＿＿＿。

试验测得加标回收率为＿＿＿＿。

总结，试验可能出现的误差在于＿＿＿＿＿＿＿＿＿＿。

分析检验应用技术

分析检验应用技术课程学案材料

学案

2.4.2 绘制维生素C标准曲线

（1）解读规程

① 在步骤分解图中填空（注意方法、要点、称量方法和使用仪器）。

配标准使用液	配标准色列溶液	确定λ_{max}	用λ_{max}测A，画线
精密称取___g维生素C对照品，加入___mL硫酸溶液，再加水定容至___mL	移取0mL、2mL、4mL、6mL、8mL、10mL标准使用液，加硫酸溶液，定容至___mL容量瓶	绘制___曲线，220~320nm测A，以___为横坐标，以___为纵坐标，找λ_{max}	操作仪器；测定___溶液的A。绘制标准曲线，以___为横坐标，以___为纵坐标

仪器：_____，_____，_____。

② 配制溶液为____色（填有或无），采取____光谱法测定（填紫外或可见）。

③ 硫酸溶液的作用是_____。

④ 测定吸光度并绘制标准曲线时，采用哪个波长的光进行检测？

答：提前先绘制____曲线，确定测定时采用的入射光波长，一般选____。

（2）工作曲线的绘制步骤

① 配制溶液

a. 配制维生素C的_____溶液（浓度_____μg/mL）。精密称取维生素C对照品0.0500g，加100mL的硫酸溶液，定量转移至500mL容量瓶，定容，摇匀。

b. 配制维生素C的_____溶液。用移液管分别移取维生素C标准使用溶液____mL、____mL、____mL、____mL、____mL、____mL，置于六个100mL容量瓶中，分别加硫酸溶液稀释至刻度，摇匀。

② 确定波长——绘制吸收曲线（当未知检测波长时进行此步骤）。用_____cm的_____材质的吸收池，使用分光光度计在220～320nm波长下，以为参比，测量A，找到最大吸收波长，本实验中为$\lambda_{max}=$____。

③ 测定标准色列溶液的吸光度，绘制工作曲线。用_____cm的吸收池，使用分光光度计在_____nm波长下，以____为参比，测量标准色列溶液的A，以____为横坐标，对应的A为纵坐标，绘制工作曲线。

（3）练习：光谱分析法相关知识

① 判断题：

a. 可见分光光度计，用的光源是钨丝白炽灯。紫外分光光度计，由氘灯提供辐射波长范围400～600nm紫外光源。（　　）

b. 色散元件一般采用光栅，产生的显色谱带宽度越窄越好。（　　）

c. 吸收池有石英池和玻璃池两种，在可见区一般用玻璃池，紫外区必须采用石英池。（　　）

d. 吸收池配套性检查，玻璃池采用220nm光检查，石英池采用440nm光检查。（　　）

② 填空题：

217

分析检验应用技术

a. 紫外可见分光光度计的种类很多，可归纳为三种类型，即_____分光光度计、_____分光光度计和_____分光光度计。

b. 单光束分光光度计中，光束先后通过_____溶液和_____溶液。

c. 双光束分光光度计，将入射光分成强度相等的两束光，一束通过_____溶液，一束通过_____溶液，可消除_____的影响。

d. 双波长分光光度计，把光源的光分成两束不同_____的光（λ_1 和 λ_2），利用切光器使两束光交替通过样品溶液，读数是二者的差值 ΔA，可消除溶液本底误差，无需用池的溶液进行空白校正。对于多组分混合物、混浊试样检测有很多优势。

（4）思考

如何稀释，配制标准色列溶液？需要多级稀释吗？

| 配制_____溶液 | 稀释 → | 配制_____溶液 | 稀释 → | 配制_____溶液 |

稀释操作时，一次稀释倍数，一般不超过_____倍，所以稀释倍数高时要多次逐级稀释。

本实验中，可以再改进溶液的配制方法：

a. 配制储备液：称量_____ g 维生素 C 对照品，稀释定容为_____ mL 溶液，制得溶液浓度为_____ μg/mL。

b. 配制标准使用溶液：准确移取储备液_____ mL，至_____ mL 容量瓶中稀释定容，制得溶液浓度为_____ μg/mL。

c. 配制标准色列溶液。（略）

218

2.4.3 药品维生素C含量测定

（1）解读规程

① 在步骤分解图中填空（注意方法、要点、称量方法和使用仪器）。

② 需稀释配制____份样品溶液，其中____份用于样品测定，还有____份用于拓展训练。

③ 测定样品试液，环境条件是否接近绘制标准曲线的检测条件？_____。包括_____、_____、_____条件等。

最好样品的试液稀释后，测得 A 接近_____。（标准曲线中部）

（2）小结：概述控制测定结果的准确性（化分、仪分）

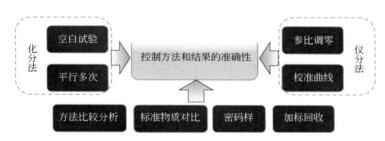

① 空白试验，用水代替样品，步骤相同，同时测定。检验试剂杂质、环境玷污、操作条件影响。仪器分析中的空白溶液调零，与此类似，通过仪器的调零，减去溶液环境条件的误差。

② 平行多次，样品经平行多次测定后取平均值，提高检验的精密度。

③ 校准曲线，相关系数 $|r| \geqslant 0.999$，当 $|r| < 0.999$ 时，应检查试剂、量器及操作步骤是否有误。截距，反映出试验的系统误差。斜率，反映出试验的灵敏度。

④ 方法比较分析，以标准方法对比，检查其他方法的准确性。

⑤ 标准物质对比，用标准物质的检测情况，判断方法、仪器的准确性。

⑥ 密码样，日常检测时，可将已知标准溶液作为样品编入检测组一起检测，通过其数据准确度，判断当时检测结果的准确度。

⑦ 加标回收。在测定样品的同时，于同一样品的平行样中加入一定量的标准物质进行测定，计算所加入标准物质的回收率。加标回收率的测定可以反映测试结果的准确度。

$$加标回收率 = \frac{样品加标后测定值 - 样品测定值}{加标量} \times 100\%$$

加标回收率，一般要求在 95% ~ 105% 之间。当加标回收率小于 95% 和大于 105% 时，除对不合格者重新进行加标回收率测定外，再增加测定 10% ~ 20% 样品的加标回收率，如此累进，直至总合格率在 95% ~ 105% 之间为止。

加标量应尽量与样品中待测物含量相等或相近，一般情况下加标量为试样含量的 0.5～2 倍，并注意样品容积的影响，一般加标体积以不超过原始试样体积的 1% 为好；任何情况下加标量均不得大于待测含量的 3 倍。

（3）拓展练习——加标回收试验

① 配制加标液：称取维生素 C 对照品 0.0500g 加入硫酸溶液溶解，并定容至 100.0mL。

② 加标：在一份样品溶液（取样品滤液 4mL 稀释至 100mL，所得的溶液）中，加入 1mL 加标液，摇匀。

③ 测定加标后样品的维生素 C 含量 $m_{加标后}$，计算加标回收率。

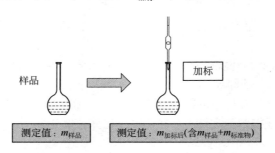

计算：加标回收率 = $\dfrac{m_{加标后} - m_{加标前}}{c_{标液} V_{加标}} \times 100\%$，其中 $m_{加标前}$ 即 $m_{样品}$。

任务 2.5 薄层色谱法对药品的分析

（1）色谱法分类

色谱法起源于 1906 年植物学家米哈伊尔·茨维特用_____填充竖立的玻璃管，以_____洗脱植物色素混合液，经过一段时间洗脱之后，植物色素在碳酸钙柱中实现分离，分散为数条平行的色带，由此命名为色谱法。又称"层析法"，是一种分离和分析的方法。

色谱法中有两相，固定不动的称为_____相，按规定方向流动的称为_____相。

根据流动相的状态，分为_____相色谱（GC）和_____相色谱（LC）和超临界流体色谱（SFC）。

根据固定相的使用形式，分为_____色谱（固定相装在柱中）和_____色谱（固定相为滤纸或纤维素膜）和薄层色谱（TLC）等。

（2）薄层色谱法分离原理

① 薄层板（固定相）的一端，点入样品溶液的样点。

② 板置于层析缸中，有试样点的一端浸入展开剂（流动相），展开剂沿着薄层上升，试样中的各组分沿着薄层在固定相和流动相之间不断发生溶解、吸附、再溶解、再吸附过程。由于分配系数不同，各组分在薄层上移动的距离不同，从而达到分离。

（3）薄层色谱法的参数

① 比移值：

原点至溶质斑点中心之间的距离（d_s）——溶质迁移距离。

原点至流动相前沿之间的距离（d_m）——流动相迁移距离。

比移值 $R_f = \dfrac{溶质迁移的距离}{流动相迁移的距离} = \dfrac{d_s}{d_m}$，表示斑点的位置。

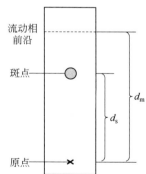

比移值 R_f 为 0～1，R_f 乘 100，称为 hR_f，即：$hR_f = R_f \times 100$。

R_f 与分配系数有关，利用 R_f 的特征值可以对组分进行定性鉴定。

② 相对比移值：难以确认溶剂前沿位置时，需要引入相对比移值 R_{is}——组分与参比物质比移值之比。

$$R_{is} = \frac{R_{f(i)}}{R_{f(s)}}$$

③ 物质在不同的展开条件下的比移值是不同的。影响 R_f 的因素主要有：溶质和展开剂的性质，固定相的性质，温度、展开方式和展开距离等。但测定 R_{is}，试样和参考物质同时展开，消除了一些系统误差。所以用 R_{is} 定性更为准确。

④ R_f 通常用比移值来衡量组分的分离程度。R_f 相差越大，分离程度越好。

（4）薄层色谱操作方法

① 薄层板的制备。选用粒径为 0.048～0.058mm（250～300 目）的_____，加入_____（CMC）或煅石膏为黏合剂，加入约3倍体积的水，调成糊状，倾倒在玻璃板上，轻轻颤动玻璃板，调好的硅胶自动流淌成均匀薄层。涂好的薄层板晾干，加热活化后，存于干燥器中。

② 薄层色谱实验

a. 点样：用手工点样（用____管或____器），或点样仪。距底边____cm，原点直径在____mm。

点样量为_____。

b. 展开：选用合适展开剂，测组分的 R_f 值最好为____（组分较多，R_f 值也可在 0.25～0.75）。展开剂浸没高度不超过____cm。展开距离一般为____cm。

c. 定位与显色：取出薄层板，室温下挥发掉溶剂。有色斑点可直接判定。无色的化合物斑点可采用物理检出法、化学检出法、酶与生物检出法和放射检出法来定位。

d. 定性：与已知的标准品，在同一块薄层板上对照，若 R_f 值相同，可能为同一化合物。或用仪器扫描或洗脱组分鉴定。

e. 定量：洗脱组分，分析定量。或用原位目测法、测面积法和薄层扫描仪扫描定量法。

（5）薄层色谱实验操作规程解读

① 薄层板制备：玻璃板涂好薄层，晾干，在 110℃烘 30min，置于干燥器中。

② 试样制备

a. 配制供试品溶液：取供试品适量（约含阿莫西林 0.125g）——→加 4.6%NaHCO₃ 溶解稀释（每 1mL 约含阿莫西林 10mg）；

b. 配制对照品溶液：取阿莫西林对照品适量——→加 4.6% NaHCO₃ 溶解，稀释（每 1mL 约含阿莫西林 10mg）。

③ 点样：硅胶 GF254 薄层板，点样基线距底边 2.0cm，点样直径为 2～4mm，点间距为 1.5～2.0cm。

④ 展开：预先用展开剂饱和约 20min，盖上顶盖。展开剂浸入深度为 0.5～1.0cm（切勿将样点浸入展开剂），盖上展开室顶盖。展开 10～15cm，取出晾干，置于紫外灯 254nm 下，与标准品对照，定性。

任务2.6 对乙酰氨基酚片溶出度检查

（1）溶出度

溶出度系指活性药物从片剂、胶囊剂或颗粒剂等普通制剂在规定条件下溶出的速率和程度，对于缓释制剂、控释制剂、肠溶制剂及透皮贴剂等制剂也称释放度。

固体制剂的活性成分溶解之后，才能为机体所吸收。溶出度是固体制剂的重要指标之一。

（2）操作规程解读

① 试液的准备。配制溶出介质＿＿＿＿、醇溶剂＿＿＿＿（4:6）、对照品溶液（＿＿＿＿和＿＿＿＿的标液）。并将甲醇、水和溶出介质脱气10～15min。

② 色谱仪准备。将载液管路放在已脱气的＿＿＿＿和＿＿＿＿中，启动色谱仪和工作站。设置仪器参数：柱箱温度为＿＿＿＿℃，检测器波长为＿＿＿＿nm。

> 设置"A泵"流量1.00mL/min，"B泵"流量0.00mL/min，启动泵运行约＿＿＿min后停泵；
> 再将"A泵"流量设置1.00mL/min，"B泵"流量0.00mL/min，启动泵运行约＿＿＿min后停泵；
> 将"A泵"流量设置0.25mL/min，"B泵"流量0.75mL/min，再次启动泵运行约＿＿＿min。

③ 试样的溶出

a. 调节位置：溶出度测定仪中转篮和取样管口的位置。

b. 开启溶出仪，设置搅拌速度为＿＿＿r/min，浴液温度为＿＿＿℃。向溶出杯内注入已脱气的溶出介质＿＿＿mL。

c. 升温和样品溶出，溶出介质升温到＿＿＿±0.5℃时，取6片供试药片分别放入转篮中，不能粘附有气泡。计时溶出进行＿＿＿min。

d. 取样：用注射器快速吸取溶出介质＿＿＿mL，用0.45μm的微孔滤膜过滤，准确移取续滤液＿＿＿mL，以甲醇-水（4:6）溶液为溶剂稀释至＿＿＿mL。

④ 试样的定量分析。取标液、试液进样，记录对氨基酚和对乙酰氨基酚的峰面积，计算校正因子 f、待测组分浓度 c_x、供试品中待测组分含量 m（g/片）。计算溶出度和杂质含量。判定是否符合规定。

⑤ 实验结束：清洗，回收含甲醇的试剂。设置A泵和B泵流量分别为0.60mL/min、0.40mL/min，运行至基线平直，然后设置A泵和B泵流量分别为1.00mL/min、0.00mL/min，运行至基线平直之后关闭色谱仪。

分析检验应用技术

项目3　环境监测

任务书

项目3　环境监测

背景描述：按照环境标准要求，对生产和生活环境中的水、大气、土壤等进行监测，从而认识环境质量状况，并为环境保护和执法管理等提供依据。

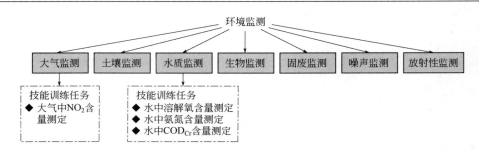

技能任务	检验对象	任务解析	检验方法
任务1： 大气中NO_2含量测定		大气中NO_2含量测定 采样 绘制标准曲线 样品测定	气泡吸收法采样 可见光谱法分析
任务2： 水中溶解氧含量测定		水中溶解氧含量测定 氧的固定 水样溶液的滴定	氧化还原滴定
任务3： 水中氨氮含量测定		水中氨氮含量测定 水样的蒸馏预处理 样品试液的酸碱滴定	可见光谱法 蒸馏-酸滴定法
任务4： 水中COD_{Cr}含量测定		水中COD_{Cr}含量测定 水样的回流加热 样品试液的氧化还原滴定	加热回流预处理，氧化还原滴定法

任务 3.1　环境监测概述

3.1.1　环境监测基础知识

（1）环境监测的分类

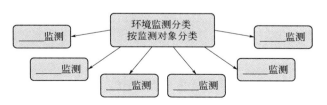

（2）环境监测一般过程

现场_____→制定监测_____→优化_____→样品的_____→运送保存→_____→数据处理→综合评价等。

（3）环境优先污染物和优先监测

优先监测的污染物，包括难_____、在环境中有一定残留水平、出现频率较高、具有生物积累性、_____物质、_____较大以及现代已有检出方法的物质。

3.1.2　环境监测方案的制定

① 明确监测目标和任务。
② 调查资料。
③ 确定监测指标项目。
④ 布设监测站点与确定采样时间和频率。
⑤ 确定采样方法、分析方法。选择合适的采样仪器。

3.1.3　环境标准和环境质量评价

（1）环境标准的分类和分级

① 环境标准：对环境中有害成分含量及其排放源规定的_____和技术规范。
② 环境标准的分类：
a._____标准（例如：水环境质量标准、大气环境质量标准……）。
b._____标准（例如：污水排放标准、大气污染物排放标准……）。
c._____标准。
d._____标准。
e._____标准。
环境标准的分级：_____级标准和_____级标准。

（2）环境质量评价

按地域范围可分为局地的、区域的（如城市的）、海洋的和全球的环境质量评价；
按环境要素可分为_____质量评价、_____评价、_____质量评价等；
按综合度，分为_____评价或_____评价。

3.1.4 大气污染监测

（1）污染物主要来源

① 工业企业排放的废气。排放量最大的是以_____和_____为燃料，在燃烧过程中排放的_____、_____、NO、CO、CO 等，其次是工业生产过程中排放的多种有机和无机污染物质。

② 家庭炉灶与取暖设备排放的废气。这类污染源数量大、分布广、排放高度低，排放的气体不易扩散，含有主要污染物是_____、_____、CO_2、CO 等。还有装修带来的_____、_____。

③ 汽车排放的废气。在交通运输工具中，汽车数量最大，排放的污染物最多，主要污染物质有_____、_____、铅等。

（2）大气污染监测项目

大气中的污染物质，存在状态有_____状态和_____状态两种。

按照来源状况，分为一次污染物（直接从各种污染源排放）和二次污染物（一次污染物相互作用或与大气组分反应产生的新污染物）。

根据 2021 年国家生态环境监测方案（征求意见稿）的环境空气质量监测，城市空气质量监测和大部分区域（农村）空气质量监测的监测项目有：

以及气象五参数（温度、湿度、气压、风向、风速）、能见度等。

（3）大气污染的采样技术

① 采样布点的一般方法

a. 扇形布点法：适用于孤立的_____，且主导风向_____的地区。

b. 放射式（同心圆）布点法：用于多个_____构成污染群，且大污染源较集中情况。

c. 功能区布点法：多用于区域性常规监测。先将监测区域划分为_____区、_____区、_____区、工业和居住混合区、_____区、清洁区等，再根据具体污染情况和人力、物力条件，在各功能区设置一定数量的采样点。

d. 网格布点法：将监测区域地面划分成若干均匀网状方格，采样点设在两条直线的交点处或方格中心。

四种采样布点方法，可以单独使用，也可以综合使用。

② 采样法。采集大气（空气）样品的方法可归纳为_____和_____两类。

a._____采样法。当大气中的被测组分浓度较高，或者监测方法灵敏度高时，直接采集少量气样即可满足分析要求。

常用的采样容器有_____、_____、真空瓶、_____等。

b. _____采样法。大气中的污染物质浓度一般都比较低，直接采样法往往不能满足分析方法检测限的要求，故需要用富集采样法对大气中的污染物进行浓缩。

{ 滤料采样法——适用于采集环境气体中的_____、_____等。
{ 溶液吸收法——采集大气中_____态、_____态及某些气溶胶态污染物质。

（4）大气环境监测指标和测定方法

大气环境监测指标的常用测定方法有化学分析法、仪器分析法和生物监测法。

测定颗粒物含量，如_____、可吸入颗粒物（PM_{10}）等，采用重量法；
测定气态物质含量，如SO_2、NO_x、甲苯、苯乙烯等，采用光谱法和气相色谱法等。

（5）主要监测项目

主要监测项目见表3-1。

表3-1　主要监测项目

监测项目	采样方法	分析方法
PM_{10}		
SO_2		
NO_2		
CO		
O_3		

分析检验应用技术

3.1.5 水污染监测

（1）污染物主要来源和污染类型

水污染：水中杂质超过自净能力，导致水的物理、化学、生物等特性改变和水质恶化。

污染物主要来源：

□　　□　　□　　□

污染类型：_____型污染，主要由水中酸、碱、有机或无机等化学污染物造成。

_____型污染，主要由有色、浑浊、悬浮物、热污染和辐射等造成。

_____型污染，主要由病原菌、微生物造成。

（2）水污染监测项目

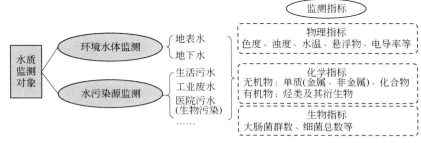

（3）水样采集技术

① 采样容器。_____容器常用于金属和无机物的监测项目；_____容器常用于有机物和生物等的监测。

② 环境水体监测采样点的布设。监测断面，一般分4种类型，____断面、____断面、____断面和____断面。

其中____断面一般设在排水口上游，每河段设一个，用于参比对照或提供本底值；

_____断面一般设在排污口下游500～1000m处；

_____断面用于了解河流自净使污染物浓度下降的情况；

_____断面用于评价一个完整水体，设在评价整个水体的上游或其源头处。

采样垂线，在采样断面上设置采样垂线，其数量决定于河流的_____，设置方法见表3-2。

表3-2　采样垂线设置方法

河　宽	采样垂线数量和位置
<50m	中垂线一条
50～100 m	左、右共二条（近左、右岸有明显水流处）
>100	左、中、右三条

采样点，在采样垂线上设置采样点，其数量决定于河流的____，设置方法见表3-3。

表3-3　采样点设置方法

河　深	采样点数量	采样点位置
<5m	1	水面下0.5m
5～10 m	2	水面下0.5m；水底上约0.5m
>10m	3	1/2水深；水面下0.5m；水底上约0.5m

③ 水污染源监测采样点的布设

a. 在主要排污口、总排污口；

b. 在污水处理厂的污水进、出口；

c. 在污水泵站的进水、溢流口处；

d. 在市政排污管线入水口；

……

④ 采样仪器

			水桶、长柄勺子、抽水泵等

（4）水样预处理技术

预处理的目标是消除干扰，使测定组分转化为易于测定的形式。如溶液浓缩，组分提取。

① 水样的消解──▶目的是破坏_____，主要用于测定无机组分。

方法：a. 湿式消解，加入强酸、氧化剂、催化剂。

　　　　b. 干式灰化，高温分解。

② 水样的富集和分离──▶目的是将组分从有杂质干扰的环境分离出来，有时还可浓缩。

方法：过滤、挥发、蒸馏、溶剂萃取、离子交换、吸附、共沉淀、层析……

（5）水环境监测指标和测定方法

① 物理指标；② 金属化合物测定；

③ 非金属化合物的测定；④ 有机化合物的测定。

练习：指出中间一列的监测项目属于哪一类指标的测定，主要的测定方法是什么。（连线题）

指标类型	检测项目	检测方法
	COD	电导率仪
物理指标	水中微量铬	目视比色法
金属无机物	微量挥发酚	回流-滴定法
	水的电导率	磷钼蓝分光光度法
非金属无机物	溶解氧	接种培养法
有机物	水的色度	4-氨基安替吡啉分光光度法
	生化需氧量	碘量法
	微量磷酸盐	分光光度法或原子吸收法

任务 3.2 大气中 NO_2 含量测定

3.2.1 检验报告单

小组名称：　　　　　　　　　　　　　　　　　　　　　　　共　页　第　页

序号	检验项目	分解任务	误差要求	分析结果		检验员	校核人
1	大气中 NO_2 含量测定	标准曲线的绘制	相关系数 ≥ 0.999	方程：			
				相关系数：			
		环境空气中 NO_2 含量分析	相对平均偏差 ≤ 2 %	NO_2 含量：			
				误差：			

评价结果

检验小组成员：＿＿＿＿＿＿＿＿＿＿＿＿＿＿＿＿＿＿＿＿＿＿＿＿＿＿＿＿＿＿＿＿＿

分析检验应用技术

检 验 报 告 单

No.1：大气中 NO_2 含量测定——标准曲线绘制和样品采集　　　　　　　　共　　页　第　　页

样品检验方法		主要仪器	
NO_2 标准使用液浓度 /（μg/mL）		标准溶液来源	

操作步骤：

（1）工作曲线的绘制

取＿＿＿支＿＿＿mL 比色管，按下表配制标准色列，摇匀，避开阳光直射，放置 15 min，用＿＿＿cm 比色皿，于波长＿＿＿nm 处，以水为参比，测定吸光度。

亚硝酸钠标准色列溶液配制和测定						
管号	0	1	2	3	4	5
亚硝酸钠标准溶液 /mL	0.00	0.40	0.80	1.20	1.60	2.00
吸收原液 /mL	8.00	8.00	8.00	8.00	8.00	8.00
水 /mL	2.00	1.60	1.20	0.80	0.40	0.00
NO_2^- 浓度 /（μg/mL）						
测定吸光度 A						
校正后吸光度（$A-A_0$）						

标准曲线：

结论：标准曲线回归方程为＿＿＿＿＿，相关系数 $r=$＿＿＿＿＿。

操作步骤：

（2）样品采集

待测定污染物为＿＿＿，存在状态是＿＿＿态。

用＿＿＿吸收管内装＿＿＿mL 采样吸收液，连接大气采样器装置，以流量＿＿＿L/min，避光采样至吸收液呈＿＿＿色为止。如不变色，采气量应不少于 6L。

采样装置基本包含三个部分＿＿＿、＿＿＿、＿＿＿。

计算：

体积换算成标准状态下体积 V_0：

标准状态 $T_0=$＿＿＿℃，$p_0=$＿＿＿kPa，$V_t=$ 采样流量 $F\times$ 时间。

$$V_0 = V_t \times \frac{T_0}{273+t} \times \frac{p}{p_0}$$

采样条件	流量 $F/$（L·min^{-1}）＝＿＿＿，时间 /min ＝＿＿＿，体积 $V_t/$L＝＿＿＿，大气压强 p（kPa）＝＿＿＿，气温 $t/$℃ ＝＿＿＿。换算为标准状况下采气量 $V_0/$L ＝＿＿＿。

检 验 报 告 单

No.2：大气中NO_2含量测定——样品测定　　　　　　　共　页　第　页

样品名称		检验方法	
定量方法		主要仪器	

操作步骤：

（1）样品测定

采样后放置15min，将吸收液移入比色皿中，同校准曲线的绘制方法测定吸光度。用＿＿cm的比色皿，在＿＿＿＿nm波长下，以水为参比，测量吸光度，0号溶液吸光度为A_0。代入公式，计算空气中NO_2的质量浓度。（浓度高时，A_x超曲线范围，要稀释。）

样品测定时，显色条件必须与标准曲线的绘制条件＿＿＿（相同或不同）。

计算：

$$\rho_{NO_2}=\frac{(A_1-A_0-a)VD}{bfV_0}$$

式中　$\rho(NO_2)$——空气中二氧化氮的质量浓度，mg/m^3；

$\quad\quad$ A_1——吸收管中样品试液吸光度；

$\quad\quad$ A_0——空白试验的吸光度；

$\quad\quad$ a——标准曲线的截距；

$\quad\quad$ b——标准曲线的斜率，吸光度·$mL/\mu g$；

$\quad\quad$ V——采样用吸收液的体积，mL；

$\quad\quad$ D——样品的稀释倍数；

$\quad\quad$ f——Saltzman系数，0.88（当空气中NO_2浓度高于$0.72mg/m^3$，f取值0.77）；

$\quad\quad$ V_0——换算为标准状态（101.325kPa，273K）下的采样体积，L。

	编号	1	2	备注
测量结果	样品试液吸光度 A_1			
	空白试剂溶液 A_0			
	二氧化氮浓度/（mg/m^3）			
	NO_2^-平均浓度/（mg/m^3）			
	相对平均偏差/%			

	污染物项目	平均时间	浓度限值		单位
			一级	二级	
国家标准	二氧化氮（NO_2）	年平均	40	40	$\mu g/m^3$
		24h平均	80	80	
		1h平均	200	200	

结论：

实验测得环境空气中含NO_2为＿＿＿＿＿＿$\mu g/m^3$，标准平均偏差为＿＿＿＿＿＿＿＿。

采样点处于文教居民交通混杂区，应符合＿＿＿＿＿＿级空气。查阅标准，判断检测结果＿＿＿＿＿＿＿＿（填符合或不符合）＿＿＿＿＿＿＿＿级空气质量要求。

检验日期	年　月　日	检验员	

分析检验应用技术

学案

3.2.2 NO₂的测定

（1）采样装置画图

请绘制采样仪器及连接示意图。（思考：NO_2含量微少，是气态分子状态，用什么方法取样？）

（2）检验原理和操作规程解读

采用_____检测方法，定量方法是_____，显色剂是_____。

① 取样。取样液中含有的试剂有_____、_____、_____。

发生显色反应：$2NO_2 + H_2O \longrightarrow HNO_2 + HNO_3$；在_____存在条件下，亚硝酸与氨基苯磺酸起重氮化反应，再与盐酸萘乙二胺偶合，生成_____色偶氮染料。

因为 $NO_2 \longrightarrow NO_2^-$ 的转换，系数为f，因此在计算结果中要除以换算系数f。

② 比色

a. 绘制标准曲线。用_____标准溶液配制系列标准溶液，各加入等量吸收液显色、定容，制成标准色列，于_____nm处测定A及试剂空白溶液的A_0；以校正后的_____作纵坐标，以浓度作横坐标，绘制标准曲线。

b. 样品溶液测定。按照绘制标准曲线的条件和方法，测定采样得到的_____溶液吸光度A_x，以A_x和A_0代入公式。计算ρ_x。

（3）注意事项

配制吸收液时，吸收液吸收了空气中的氮氧化物会显色，或者白光照射也能使吸收液显色，因此，在采样、运输及存放过程中，都应采取避光措施。如果吸收液本身显色，需要重新配制。

分析检验应用技术

分析检验应用技术课程学案材料

学案

任务 3.3 水中溶解氧含量测定

（1）引导问题

① 地面淡水中一般溶解氧含量为多少？水生生物正常生活需要的溶解氧为多少？何时为缺氧？

② 水温为 20℃时，水中饱和溶解氧含量为多少？

（2）操作规程解读

① 虹吸取样。

② 氧的固定。将移液管插入液面_____，依次加入 1mL_____溶液及 2mL_____溶液，盖好瓶塞，颠倒混合 15 次，静置。

③ 溶解。分析时轻轻打开瓶塞，立即将移液管插入液面下，加入 1.5 ～ 2.0mL_____，小心盖好瓶塞，颠倒混合摇匀至沉淀物全部溶解为止。放置暗处 5min。

④ 滴定。用移液管吸取_____mL 上述溶液，注入 250mL 锥形瓶，用_____标准溶液滴定到溶液呈微黄色，加入 1mL_____溶液，继续滴定至_____色恰好褪去，记录硫代硫酸钠溶液用量。计算 DO。

（3）检验原理

① 氧的固定：$2MnSO_4 + O_2 + 4NaOH \rule[0.5ex]{2em}{0.4pt} 2MnO(OH)_2 \downarrow + 2Na_2SO_4$
    　　　　　　　　　　　　　　　　棕色沉淀

② 溶解：$MnO(OH)_2 + 2KI + 2H_2SO_4 \rule[0.5ex]{2em}{0.4pt} MnSO_4 + I_2 + 3H_2O + K_2SO_4$
    　　　　　　　　　　　　　　　　　　　　黄色

③ 滴定：$2Na_2S_2O_3 + I_2 \rule[0.5ex]{2em}{0.4pt} Na_2S_4O_6 + 4NaI$

滴定至微黄色时，加入淀粉指示剂，继续滴定，终点蓝色消失。

（4）注意事项

虹吸取样：注意胶管插底，不产生气泡。取满瓶后继续取样，至溢出的体积占瓶体积的 1/3 ～ 1/2。

分析检验应用技术

任务 3.4 水中氨氮含量测定

3.4.1 蒸馏—中和滴定法（补充）

（1）原理

调节水样的 pH 使在 6.0～7.4 的范围，加入适量氧化镁使水样呈微碱性，蒸馏释出的氨，被吸收于硼酸溶液中，以甲基红-亚甲蓝为指示剂，用盐酸标准溶液滴定馏出液中的氨氮（以 N 计）。适用于生活污水和工业废水中氨氮的测定。

（2）试剂和仪器

① 仪器：酸式滴定管。氨氮蒸馏装置（如图 3-1 所示），由 500mL 凯氏烧瓶、氮球、直形冷凝管和导管组成，冷凝管末端可连接一段适当长度的滴管，使出口尖端浸入吸收液液面下。亦可使用蒸馏烧瓶代替凯氏烧瓶。

② 试剂及配制方法

a. 无水碳酸钠（基准试剂）；轻质氧化镁（MgO）；防暴沸玻璃珠。

b. 氢氧化钠溶液 [c(NaOH)=1mol/L]：称取 20g 氢氧化钠（NaOH）溶于约 200mL 水中，冷却至室温，稀释至 500mL。

c. 硼酸（H_3BO_3）吸收液（ρ=20g/L）：称取 20g 硼酸溶于水，稀释至 1000mL。

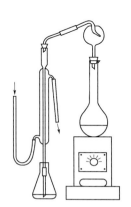

图3-1 氨氮蒸馏装置

d. 甲基红指示液（ρ=0.5g/L）：称取 50mg 甲基红溶于 100mL 无水乙醇中。

e. 硫酸溶液 [$c(\frac{1}{2}H_2SO_4)$=1mol/L]：量取 2.8mL 浓硫酸缓慢加入 100mL 水中。

f. 溴百里酚蓝（ρ=1g/L）指示剂：称取 0.10g 溴百里酚蓝溶于 50mL 水中，加入 20mL 无水乙醇，用水稀释至 100mL。

g. 混合指示剂：称取 200mg 甲基红溶于 100mL 无水乙醇中；另称取 100mg 亚甲蓝溶于 100mL 无水乙醇。取两份甲基红溶液与一份亚甲蓝溶液混合备用，此溶液可稳定 1 个月。

h. 碳酸钠标准溶液 [$c(\frac{1}{2}Na_2CO_3)$=0.0200mol/L]：称取经 180℃ 干燥 2h 的无水碳酸钠 0.5300g，溶于新煮沸放冷的水中，移入 500mL 容量瓶中，稀释至标线。

i. 盐酸标准滴定溶液 [c(HCl)=0.02mol/L]：量取 1.7mL 浓盐酸于 1000mL 容量瓶中，用水稀释至标线。

③ 标定方法：移取 25.00mL 碳酸钠标准溶液于 250mL 锥形瓶中，加 25mL 水，加 1 滴甲基红指示液，用盐酸标准溶液滴定至淡红色为止，记录消耗的盐酸标准溶液体积。用下式计算盐酸标准溶液的浓度：

$$c(\text{HCl}) = c(\tfrac{1}{2}\text{Na}_2\text{CO}_3)V(\text{Na}_2\text{CO}_3)/V(\text{HCl})$$

（3）操作步骤

① 样品预蒸馏

a. 将 50mL 硼酸吸收液移入接收瓶内，使冷凝管出口插入硼酸溶液液面之下；

分析检验应用技术

b. 分取 250mL 水样（如氨氮含量高，可将水样稀释后量取 250mL，使氨氮含量不超过 12.5mg，即氨氮浓度不大于 50mg/L）移入凯氏烧瓶中，加 2 滴溴百里酚蓝指示剂，用氢氧化钠溶液或硫酸溶液调整 pH 至 6.0（黄色）～ 7.4（蓝色）；

c. 加入 0.25g 轻质氧化镁、数粒玻璃珠，立即连接定氮球和冷凝管加热蒸馏，使馏出速率约为 10mL/min，待馏出液达到约 200mL 时，停止蒸馏。

② 样品分析。将全部馏出液转移到锥形瓶中，加入 2 滴混合指示剂，用盐酸标准滴定溶液滴定，至馏出液由绿色变成淡紫色为终点，并记录消耗的盐酸滴定溶液的体积 V_s。

③ 空白试验。与样品测定同时进行，用 250mL 水代替水样，进行同样的预蒸馏和滴定操作，并记录消耗的盐酸滴定溶液的体积 V_0。

（4）数据处理

将盐酸溶液的标定和水样测试试验的数据记录在表 3-4 和表 3-5 中，并计算水样中氨氮的含量。

表3-4 盐酸溶液的标定

项目	1	2	3	4
称量的 m（Na_2CO_3）/g				
c（$\frac{1}{2}Na_2CO_3$）/（mol/L）				
滴定消耗 V（HCl）/mL				
c（HCl）/（mol/L）				
平均浓度 $\bar{c}$（HCl）/（mol/L）				
相对极差 /%				

盐酸溶液的浓度计算公式：c（HCl）$= c$（$\frac{1}{2}Na_2CO_3$）V（Na_2CO_3）$/V$（HCl）

表3-5 水样中氨氮含量的测定

项目	1	2	3
水样体积 V/mL			
滴定试样 V_s/mL			
滴定空白 V_b/mL			
c_N/（mg/L）			
平均浓度 $\bar{c}_N$/（mg/L）			
相对平均偏差 /%			

水中氨氮含量的计算公式：

$$氨氮\ c_N(mg/L) = \frac{(V_s - V_0)\ c \times 14.01 \times 1000}{V}$$

式中 V_s——滴定水样时消耗盐酸标准溶液体积，mL；

V_0——空白试验消耗盐酸标准溶液体积，mL；

c——盐酸标准溶液浓度，mol/L；

V——水样体积，mL；

14.01——氨氮（N）摩尔质量，g/moL。

（5）注意事项

① 蒸馏时应避免发生暴沸，否则可能造成馏出液温度升高，氨吸收不完全。

② 在本标准规定的条件下可以蒸馏出来的能够与酸反应的物质均干扰测定。例如，尿素、挥发性胺和氯化样品中的氯胺等。

水样如含余氯，应加入适量 0.35% 硫代硫酸钠溶液，每 0.5mL 除去 0.25mg 余氯。

③ 验证实验：取分析纯氯化铵 0.0382g 稀释定容至 100mL，此溶液氨氮浓度为 100mg/L。若检测此溶液氨氮浓度为（100±4）mg/L，则可认为实验步骤是适宜的。

④ 标定盐酸溶液滴定时，至少平行滴定 3 次，平行滴定的最大允许偏差不大于 0.05mL。

⑤ 水样应尽快分析。如需保存，应采集在聚乙烯瓶或玻璃瓶内，加硫酸使水样酸化至 pH < 2，2～5℃下可保存 7 天。

⑥ 溴百里酚蓝，也称作溴麝香草酚蓝，是一种酸碱指示剂，变色范围 pH6.0（黄）～7.6（蓝），过渡色为绿色。

分析检验应用技术

3.4.2　氨氮的测定

（1）测定方法和原理

氨氮是指水中以_____和_____形式存在的氮，是监测水质是否易于形成_____化状态的重要指标之一。当含有大量氮、磷等植物营养素的工业废水和生活污水以及农田径流水排入自然水环境中时，易引起水生生物特别是藻类迅速繁殖，破坏生态平衡，造成水华、赤潮等水体富营养化事件。氨氮的含量测定常用以下方法。

① 纳氏试剂分光光度法，适用于微量氨氮检测，如清洁水体测定；高浓度废水也可稀释后用此法测定。

原理：水样中 NH_3 + 纳氏试剂——→_____色的胶态化合物 ⇨ 用标准曲线法定量。

（纳氏试剂是由 KI 和 HgI_2 配制的碱性溶液）

② 蒸馏 - 酸滴定法，适用于常量氨氮检测，如工业废水、生活污水等测定。

原理：水中 NH_4^+ + 氧化镁——→加热蒸馏产生 NH_3 ——→硼酸溶液吸收 NH_3，用酸标准溶液滴定。此滴定法属于化学分析法中的_____滴定法。

水样 NH_3-N 测定之前的预处理方法是_____。

（2）蒸馏预处理操作规程解读

① 连接蒸馏装置时，_____（填直形、球形或蛇形）冷凝管的进水管连接在_____面，出水管在_____面（填上、下）。

② 控制条件：凯氏烧瓶中溶液应为_____性（填酸、碱）。水样放入_____烧瓶后，先预调 pH 为_____左右，再加入_____试剂。

③ 蒸馏：开启加热时，先开_____，后开_____。（填冷凝水、电热炉）

导气出口放在吸收液面_____（填上、下）。吸收液为_____。蒸馏液体积达到约_____mL 即停。注意水、电、连接密闭性。

④ 思考：

蒸馏需要将水样完全蒸干吗？_____。待蒸馏停止后，要马上关闭冷凝水，对吗？_____。

空白实验操作时，空白溶液_____（填需要或不需）进行蒸馏。

当馏出液要进行纳氏试剂比色分析时，馏出液_____（填需要或不需）准确定容；当馏出液要进行酸滴定分析时，馏出液_____（填需要或不需）准确定容。

（3）纳氏试剂比色法操作规程解读

① 纳氏试剂比色法原理：显色剂_____与氨氮产生_____色的化合物，再用可见分光光度法定量分析。

② 纳氏试剂由_____和_____试剂，加入_____（填酸或碱）配制而成。（思考：溶液是否有毒？_____）

③ 比色法的定量分析步骤分为绘制标准曲线、样品测定两步。分光光度法中绘制标准曲线时，横坐标为_____或_____，纵坐标为_____。

（4）酸滴定分析法操作规程解读

滴定操作：馏出液中加入_____指示剂，用_____标准溶液滴定，颜色由_____色变为_____色，即为终点。

分析检验应用技术

（5）练习

① 测定 $NH_3\text{-}N$ 的方法，当待测样品中氨氮为常量时采用_____法，当待测样中氨氮为微量时采用____法。

A. 纳氏试剂比色   B. 蒸馏滴定

② 滴定方法测定氨氮含量，适用于测定____的水质。

A. 氨氮污染较重的水   B. 较洁净水

③ 一般情况下，下列水样_____可以采用蒸馏滴定法测定氨氮，_____可以采用纳氏试剂比色法测定氨氮。

A. 江、河、湖水   B. 焦化厂工业废水

分析检验应用技术课程学案材料

学案

任务 3.5　水中 COD_{Cr} 含量测定

（1）测定方法和原理

① COD_{Cr} 主要反映水中_____物质的含量。（填有机物或无机物）

② COD_{Cr} 测定方法，属于化学分析滴定法中的_____滴定，滴定方式是_____。

a. 水样加热回流：

$$有机物等 + K_2Cr_2O_7 \xrightarrow[\text{加热回流2h}]{\text{强酸性、催化剂}} 氧化产物 + 绿色 Cr^{3+}$$

b. 用硫酸亚铁铵标准溶液，滴定剩余的 Cr^{3+}，然后换算水样中的污染物含量。

③ 测定 COD_{Cr} 需要做空白试验吗？_____。空白试验的滴定消耗体积和测定试样时的滴定消耗体积相比，哪个数值更大？_____。

（2）操作规程解读

① 取样：用_____管吸取_____mL 水样或稀释后的水样，置于磨口锥形瓶。

② 加热回流

a. 加入 $K_2Cr_2O_7$ 试剂，作用是_____，使用_____量取加入。

b. 加入的硫酸汞试剂，作用是_____。使用_____量取加入。

c. 加入的硫酸银试剂，作用是_____。硫酸银与_____配制为溶液，一起加入。

d. 加入的浓硫酸，作用是_____，使用_____量取溶液，试剂 H_2SO_4-Ag_2SO_4 是从_____加入。

e. 回流加热_____h，作用是_____。瓶中加入_____防止暴沸。

f. 冷凝管接口，是上_____水，下_____水。（填进、出）

加热与开冷凝水的顺序是_____开冷凝水_____加热。（填先、后）

③ 滴定

a. 待加热回流 2h 后，停止加热，即可马上关闭冷凝水，对吗？_____。

b. 停止加热，冷却后，从_____加入_____mL 蒸馏水，作用是_____、_____和_____。如果未冷却就加入蒸馏水会。

c. 取下锥形瓶后，加入_____指示剂，用_____标准溶液滴定，颜色由_____色经由_____色变为_____色，即为终点。

④ 判定：根据测得的 COD_{Cr} 数据，评价水样。本实验检测的工业废水，取自某生物制药厂在居民生活区河道处安放的排污口，此处为居民集中式生活饮用水地表水源地二级保护区。COD_{Cr} 检测结果为_____，根据国家标准_____，判断此废水_____（填可以或不可以）排放。

（3）思考

① 加热回流过程，要检查实验安全和进行状态，需观察哪些事项？

247

分析检验应用技术

② 与高锰酸盐指数检测法对比，本方法适用于测定_____。（填污染较重的水质或洁净水质）

③ 加热过程中，如果锥形瓶中液体变绿色，是因为_____。

④ 如果待测样品 COD_{Cr} 浓度非常高，可能在回流加热时，溶液为绿色，而回流冷却后，加入指示剂后，溶液即显示红棕色，则_____，需要的措施是_____。如何确定稀释倍数？_____。

项目4　农产品及食品检验

任务书

项目4　农产品及食品检验

背景描述：对农产品和食品的检验，能剔除对人们身体伤害较大、不合格的产品，避免其进入市场对人们身体造成伤害，并为产品的生产、贮存和销售提供数据指导。

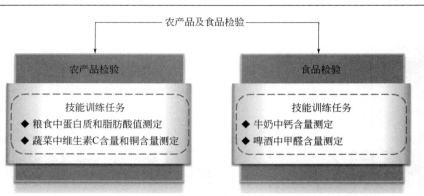

技能任务	检验对象	任务解析	检验方法
任务1：粮食中蛋白质和脂肪酸值测定	五谷杂粮	大豆蛋白质含量测定 盐酸溶液的配制与标定 豆粉样品制备、消化和滴定 稻谷脂肪酸值测定 氢氧化钾-乙醇溶液的配制与标定 米粉样品制备、提取、过滤和滴定	消解-滴定法 蒸馏-滴定法
任务2：蔬菜中维生素C含量和铜含量测定	新鲜果蔬	果蔬中维生素C含量测定 绘制维生素C标准曲线 果蔬样品处理和测定 水果中铜含量测定（拓展） 绘制铜的标准曲线 水果样品的消解和铜配合物萃取 样品试液的测定	紫外分光光度法 可见分光光度法
任务3：牛奶中钙含量测定		牛奶中钙含量测定 EDTA溶液的配制与标定 牛奶样品的滴定分析	配位滴定法
任务4：啤酒中甲醛含量测定		啤酒中甲醛含量测定 甲醛标准溶液的配制与标定 甲醛标准曲线的绘制 啤酒样品的测定	氧化还原滴定 可见分光光度法

任务 4.1 农产品及食品检验概述

（1）农产品分类

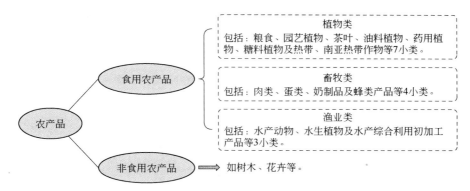

（2）农产品检验范围

① 物理检验（感官鉴定）包括：农产品食品的_____、_____、纯度、容重、相对密度、千粒重、_____率、出糙率、出仁率、烹调性、形状、比容、白度、细度……

② 化学成分分析包括对农产品食品的_____、_____、蛋白质、_____、_____等成分的定量分析，还包括一些含量虽低，但对营养起着重要作用的微量元素、_____和_____等。

③ 粮食食用、蒸煮（烘焙）品质评价与分析——强力粉、弱力粉。

④ 粮食储藏品质评价与技术——营养成分转化、新陈试验等。

（3）食品分类

- 谷类及薯类：谷类有米、面、杂粮，薯类有马铃薯、红薯等；
- 动物性食物：包括肉、禽、鱼、奶、蛋等；
- 豆类及其制品；
- 蔬菜水果类；
- 纯热能食物，包括动植物油、淀粉、食用糖和酒类。

（4）食品检验的内容

① 感官检验。通过____觉、____觉、____觉和口感等感觉评价食品感官性状。

② 理化检验

a. 营养成分检验。七大营养元素包括：____、____、水分、脂肪、____、____、____。

b. 保健食品的检验。人参皂苷、总黄酮、粗多糖。

c. 添加剂检验。_____、_____、发色剂、_____、食用色素等。

d. 食品容器和包装材料的检验。

e. 化学性食物中毒的快速检测。

f. 转基因食品的检验。PCR技术检测（聚合酶链式反应即体外扩增特异DNA片段）。

g. 有毒有害成分的检验：重金属等有害元素、农药、兽药等。

③ 微生物检验主要有_____、_____、致病菌等检测项目。

(5) **食品检验的常用方法和标准**

① 常用方法：

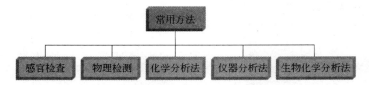

② 执行标准：食品理化检验主要执行 GB/T 5009—2003 系列食品标准。按检验目标物分类，分别有针对食物成分、维生素、元素、农残、兽残、添加剂、包装材料、毒素、有机污染物、功效成分、其他等检验的项目。

(6) **农产品及食品样品的预处理**

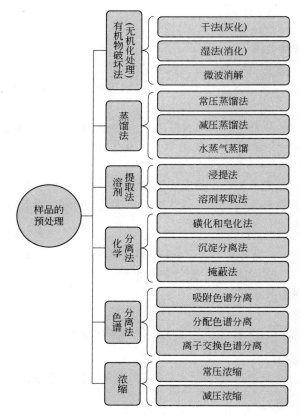

预处理目的：① 排除干扰组分；② 浓缩样品。

原则：① 消除干扰因素——除杂；② 保留被测组分——提纯；③ 浓缩被测组分——提浓。

(7) **农产品及食品样品的常见检验项目**

① 水分测定方法有 3 种：_____、_____、_____。

② 蛋白质的测定方法：凯氏定氮法。

蛋白质——→湿式消化产生_____ ——→加热蒸馏，用硼酸溶液吸收——→滴定。

③ 脂肪的测定方法：常用_____提取法。测定的是粗脂肪。

④ 碳水化合物的检验即糖类测定。糖类按照水解状况，分为_____、_____、_____。

总糖的测定方法：直接滴定法——_____试剂容量法。

步骤：样品——→提取和澄清处理——→用样品溶液滴定_____试剂溶液，指示剂是_____，终点颜色_____。

⑤ 维生素的检验：维生素按照溶解性分为_____溶性维生素和_____溶性维生素。

维生素 A 的检验方法是_____，操作步骤如下。

a. 样品的预处理：_____——→_____——→_____——→_____。

b. 绘制标准曲线：配制_____溶液，分别测定 A，绘制 A-c 曲线。

c. 样品溶液的测定：测定样品的 A_x，查出 c_x。

分析检验应用技术

学案

任务 4.2　粮食中蛋白质和脂肪酸值测定

4.2.1　大豆蛋白质含量测定

（1）原理（凯氏定氮法）

① 蛋白质是以_____为构成单元，通过_____键连接的含氮化合物。

氨基酸有 20 多种：$H_2N—CHR—COOH$。当 R=H 即甘氨酸。

肽键：（$—CO—NH—$）

蛋白质结构形式：

$H_2N—CHR_1—$_____$—$_____$—CHR_2—$_____$—$_____$—CHR_3—CO$……

② 测定蛋白质

a. 样品的_____处理：样品 + 浓硫酸 + 催化剂，调_____性（填酸或碱）加热——→产生 NH_4^+。

b. 蒸馏：将消化液加_____（填酸或碱），通过水蒸气蒸馏，使氨蒸出——→凯氏定氮法，用溶液吸收。

③ 滴定：用_____（填酸或碱）标准溶液滴定。

（2）操作规程解读

① 盐酸标准滴定溶液，如何配制？

用_____法配制（填直接或间接）。

基准物是_____，指示剂是_____，滴定剂是_____。

② 测定样品蛋白质，如何转变为测定 NH_4^+？_____。

③ 样品的消解，加入哪些试剂？各试剂的作用是什么？

④ 用石墨消解仪如何控制消解温度和时间？

⑤ 氨氮的测定方法是_____。

⑥ 滴定样品溶液时，用_____标准溶液，滴定_____，指示剂是_____，属于化学分析中的_____滴定方法。

⑦ 对于大豆，由氨氮含量换算为蛋白质的系数，是_____。

4.2.2　稻谷脂肪酸值测定

（1）原理

① 稻谷脂肪酸值的测定是判定贮存稻谷质量的指标之一，脂肪酸值增加，说明粮食的品质向_____的方向发展。（填好或劣）

脂肪酸以中和_____g 干物质试样中游离脂肪酸所需_____的质量表示。

② 测定的原理：稻谷中加入_____试剂，振荡提取脂肪酸，移取提取液，用_____标准溶液滴定，计算脂肪酸值。

（2）操作规程解读

① 样品处理

分析检验应用技术

a. 制备：取混合均匀的糙米约 80g，用_____仪器粉碎。

b. 提取与过滤：称取两份_____± 0.01 g 试样，分别置于 250mL 磨口带塞三角瓶，并用移液管分别加入_____mL 无水乙醇，置往返式振荡器上，振摇_____min，滤纸过滤。

② 测定：移取两份_____mL 滤液于 250mL 锥形瓶中，加 50mL 不含 CO_2 的蒸馏水，滴加 3 ～ 4 滴_____指示剂后，用 0.01mol /L 的_____标准滴定溶液，滴定至呈微红色，30s 不褪为止。记下体积 V_1。

③ 空白试验：取 25.00mL _____代替样品溶液，同样滴定，记录体积（V_0）。

（3）思考题

① 本次实验中，样品经过了哪些预处理过程，才可以滴定分析？这些预处理操作的作用是什么？

② 处理后样品溶液的滴定，属于_____滴定方法，用_____标准溶液，滴定_____，指示剂是_____。

③ 样品中的脂肪酸含量测定，属于常量分析还是微量分析？_____。

④ 样品的提取和测定过程中为何使用的溶剂是酒精，不是水？

_____。

⑤ 氢氧化钾的 95% 乙醇标准溶液，如何配制？

a. 先配制_____的储备液，再用_____溶液稀释定容。

b. 配制储备液时，用_____法配制（直接或间接）。用到的基准物是_____，指示剂是_____，滴定液是_____。

256

分析检验应用技术课程学案材料

学案

任务 4.3　果蔬中维生素 C 含量和铜含量测定

4.3.1　果蔬中维生素C含量测定

（1）原理

本次实验中，维生素 C 的测定方法是_____，定量方法是_____。

① 微量维生素 C 对紫外光的吸收，符合朗伯 - 比尔定律，用光谱法定量。

② 实验步骤可分为两大步骤：

```
配制_____溶液，测定每一个溶液的吸      →      样品处理为溶液，测定_____，查曲
光度，绘制_____曲线。                            线得其含量，计算浓度。
```

a. 绘制标准曲线。需要先配制储备液，才能稀释配制标准使用溶液，再配制标准色列溶液。

测定色列溶液，绘制 *A-c* 曲线。测定溶液使用波长，可做吸收曲线确定。

b. 制备样品试液和测定。样品需要均质和提取处理，才能配制样品试液。稀释成适于测定的浓度。

（2）操作规程解读

① 配制色列溶液

a. 配制维生素 C 的储备液（浓度_____μg/mL）。称取 0.5000g 维生素 C，溶于蒸馏水中，定量转移至 100mL 容量瓶中，定容，摇匀。（思考：用什么称量方法？_____）

b. 配制维生素 C 的标准使用溶液（浓度____μg/mL）。准确吸取 1.00mL 储备液，定量移入 100mL 容量瓶中，用蒸馏水定容，摇匀。现用现配。

c. 配制维生素 C 的_____溶液。用移液管移取维生素 C 标准使用溶液____mL、____mL、____mL、____mL、____mL、____mL，分别置于六个 50mL 容量瓶中，加水稀释至刻度，摇匀。

② 确定测定波长——绘制吸收曲线。用____cm 的____材质的吸收池，使用分光光度计在 220 ～ 320nm 波长下，以_____为参比，测量吸光度，找到最大吸收波长为____nm。

③ 绘制标准曲线。在波长____nm 处，以_____为参比，测定标准色列溶液。以含有维生素 C 的质量为横坐标，_____为纵坐标，绘制标准曲线。

④ 样品分析。果蔬样品取可食用部分，用刀切成小块，用榨汁机获得原汁。取得适量果汁，于_____r/min 下，离心_____min，取上层清液适量，于容量瓶中用蒸馏水稀释定容。

稀释后的样品溶液，在与绘制校准曲线相同的条件下，测定溶液的（A_x-A_0）。由此吸光度到标准曲线上查找对应维生素 C 含量 *m*，并计算样品榨汁中维生素 C 含量（μg/mL）。

思考：测定水果或蔬菜样品的溶液，要根据果蔬的维生素 C 含量，选择合适的

257

分析检验应用技术

稀释倍数，以使测得吸光度不会过大或过小。以稀释后测定的吸光度在_____范围内为好，最好在数值 0.434 附近。

⑤ 密码样。在测定样品的过程中，配制一个维生素 C 标准溶液，作为样品进行测定，根据密码样的测定结果，判断此次实验测定的_____。

4.3.2 水果中铜含量测定

（1）原理

本次实验中，铜含量的测定方法是_____，定量方法是_____。

显色反应：Cu^{2+} + 铜试剂 DDTC $\xrightarrow{pH8.5～9.5}$ 棕黄色配位化合物。

显色剂：_____，又称二乙基二硫代氨基甲酸钠（简称 DDTC）。

主要测定步骤可分为三大步：

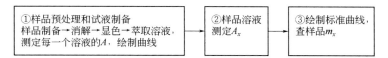

显色反应得到的棕黄色铜配合物，用三氯甲烷或四氯化碳萃取。配合物（二乙基二硫代氨基甲酸铜）不易溶于水，但易溶于三氯甲烷或四氯化碳，当用三氯甲烷或四氯化碳作溶剂时，含有铜配合物的有机相在_____。

（2）测定步骤和操作规程解读

① 样品预处理和试液制备

a. 样品制备：样品洗净，切块，榨汁。称取适量 $m_{样}$。

b. 样品消解：样品 + HNO_3 + H_2SO_4 ⟶ 消解仪，_____℃加热。

原理：破坏有机物，释放 Cu^{2+}，消除干扰。

现象：先挥发出_____色烟，一段时间后，转为_____色烟。烟气散净，溶液_____色透明，消解完成。取适量消解溶液 V，至_____瓶，定容，得样品试液。

c. 样品试液的显色和萃取：移取试液 50mL（视含铜量多少确定），置____漏斗，加入 20mL_____溶液，2 滴____指示剂和（1+1）氨水，溶液由__色变为___色，指示溶液 pH 为 8～9.6。加入 2mL____试剂，10mL 四氯化碳，振摇 5min，静置分层。

原理：

配位掩蔽：以柠檬酸铵与铁等干扰元素，消除其干扰。加入氨水使溶液成为氨性，以 EDTA 掩蔽镍、钴等杂质。

铜的显色：在铵盐或微碱性（pH8.5～9.5）溶液中，DDTC 与 Cu^{2+} 生成黄棕色胶体状配合物，配合物易溶于四氯化碳。铜试剂遇酸能分离出二硫化碳而使溶液混浊，所以需要碱性条件。

注意不时松动分液漏斗的瓶塞。

② 样品试液测定。以蒸馏水代替样品溶液，与样品测定相同步骤，同时做空白试验。

测定样品溶液吸光度。以_____为参比，用_____cm 的玻璃比色皿，在____nm 处测定样品试液的吸光度（$A_x - A_0$）。

③ 绘制标准曲线。用移液管移取铜标准使用溶液（10μg/mL）____mL、____mL、____mL、____mL、____mL、____mL，置____漏斗，加水补至约 50mL，各加入 20mL 柠檬酸铵-EDTA 溶液，再分别加入 2 滴____指示剂、（1+1）氨水和 2mL____试剂，10mL 四氯化碳，振摇，静置分层。

以____为参比，在 435nm 处分别测定（$A - A_0$）。绘制 $A \sim m_{铜}$ 的标准曲线。

分析检验应用技术

④ 计算。以样品试液测定的校正后吸光度（$A_x - A_0$），在标准曲线上查得对应的 $m_{铜}$。计算原来样品中含有的铜：

$$铜含量（mg/kg）= \frac{100}{V} \times \frac{m_{铜}}{m_{样品}}$$

（3）注意事项

① 消解过程注意安全，佩戴手套、护目镜等防护用品。

② 配合物（二乙基二硫代氨基甲酸铜）有毒，实验结束后，回收废液，集中处理。

任务 4.4　牛奶中钙含量测定

（1）原理

测定牛奶中的钙，采取_____滴定法，用_____溶液滴定测定牛奶中的钙。

用 EDTA 溶液测定钙，一般在 pH=_____的_____缓冲溶液中，以_____作指示剂，用 EDTA 溶液滴定至化学计量点时，游离出指示剂，溶液呈现_____色。

（2）操作规程解读

① 配制 EDTA 溶液，标定过程如下：

称量	溶解稀释	调pH值	滴定
称量_____g 基准物ZnO	加入_____水润湿； 加入_____mL HCl液； 加入_____mL水； 定量转移，配_____mL溶液	取_份，各_____mL溶液， 各滴加_____调pH为7~8； 加入_____mL氨-氯化铵 缓冲液	滴加___滴铬黑T指示剂； 用_____溶液滴定 终点颜色___色变为___色

② 牛奶样品的滴定如下：

取样	样品分解	调pH值	滴定
移取_____mL 牛奶样品。 置于_____中	电炉上缓慢加热炭化， 冷却，置于_____， 放入_____℃的马弗 炉中灰化_____h	冷却后用___mol/L HCl溶解， 定容至___mL。从中移取 _____mL，置锥形瓶， 加_____mL20% NaOH	加入约_____g___指示剂； 用_____溶液滴定， 终点颜色___色变为___色， 计算牛奶含钙量

思考：

① 实验中牛奶样品的分解，采用的是_____方法。

A. 干式灰化　　B. 湿式消解

② 滴定前为何加入 20%NaOH 溶液？

因为指示剂_____的适用 pH 范围是_____。而且，测定的牛奶溶液中含有 Mg 杂质离子，控制碱性条件，可使 Mg 离子沉淀，减少干扰。

（3）注意事项

① 标定时，滴定体积应进行温度校正和体积校正。

② 注意滴定终点前的半滴操作控制。

分析检验应用技术

任务 4.5　啤酒中甲醛含量测定

（1）原理

在啤酒生产过程中，添加少量甲醛可在糖化过程中减少麦汁中的多酚和花色苷，改善啤酒非生物稳定性，降低麦汁及啤酒的还原性。提高啤酒的保质期。测定甲醛含量主要原理如下。

① 啤酒本身有颜色，且与亚硫酸盐、氨基酸及蛋白质以结合态的形式存在，所以常见分析方法中，用蒸馏的方式将甲醛蒸馏出来，再进行检测。绿标法（NY/T 273—2021《绿色食品　啤酒》）是直接加热蒸馏，国标法（GB/T 5009.49—2008《发酵酒及其配制酒卫生标准的分析方法》）中是水蒸气蒸馏。

② 光谱法分析原理，甲醛在过量乙酸铵条件下，与乙酰丙酮和氨离子生成黄色的_____。在波长414nm处有最大吸收，符合朗伯-比尔定律 $A=Kc$，由分光光度法测定样品 A_x，可计算出试样中甲醛的含量 c_x。

③ 制备甲醛标准溶液，采用标定法。标定甲醛溶液的原理：在氢氧化钠溶液中，加入的碘会氧化溶液中的游离甲醛，生成甲酸，进而生成甲酸钠。然后加入硫酸，用硫代硫酸钠滴定剩余的碘，同时与空白试验做差减。空白试验测得的值，代表着加入 I_2 的总量。

甲醛的氧化反应：$HCHO + I_2 + 3NaOH = HCOONa + 2NaI + 2H_2O$

用硫代硫酸钠滴定剩余的碘：$I_2 + 2Na_2S_2O_3 = 2NaI + Na_2S_4O_6$

（2）操作规程解读

① 配制溶液

a. 硫代硫酸钠标准溶液（0.1000mol/L）的配制与标定

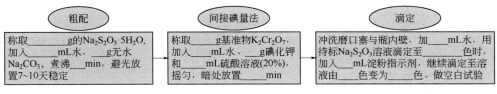

硫代硫酸钠有"三怕"，怕光照分解、怕空气氧化、怕微生物分解。所以溶液贮存要放在_____色瓶子里，配制溶液采用_____的水赶出空气，加入 Na_2CO_3 防止_____生长。

标定试验中，应用了_____滴定法，具体是其中的_____碘量法（直接或间接）。利用 KI 与一定的 $K_2Cr_2O_7$ 反应，定量产生_____，用 $Na_2S_2O_3$ 滴定产生的 I_2，由滴定消耗量可以计算 $Na_2S_2O_3$ 的浓度。

思考：间接碘量法中，为何滴定临近终点时才加入淀粉指示剂？

如果一开始就加入，则 I_2 与淀粉作用时间长会生成较稳定蓝色物质，难以分解，其中的 I_2 很难再与 $Na_2S_2O_3$ 反应，使测定结果偏高。

b. 碘标准溶液 $c(\frac{1}{2}I_2)$=0.1mol/L 的配制，不需要标定

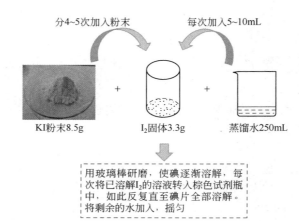

c. 甲醛储备液（1mg/mL）的配制和标定

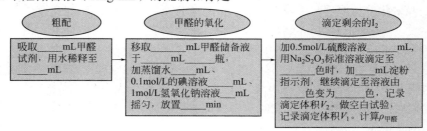

d. 甲醛标准使用溶液（1μg/mL）的配制。在绘制工作曲线前，将甲醛储备液稀释，配制为 1ug/mL 的甲醛标准使用溶液。因稀释倍数高，可逐级稀释，先稀释_____倍，再继续稀释___倍。（由于低浓度的甲醛溶液不好保存，因此绘制标准曲线之前现配现用）

② 绘制标准曲线

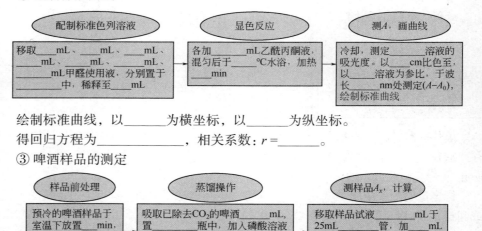

绘制标准曲线，以_____为横坐标，以_____为纵坐标。
得回归方程为_____，相关系数：$r =$_____。

③ 啤酒样品的测定

（3）注意事项

① 标定时，滴定体积应进行温度校正和体积校正。
② 注意滴定终点前的半滴操作控制。
③ 注意水蒸气蒸馏装置的连接方法，冷凝水的流动方向为下进上出。
④ 注意样品试液测定的环境条件和标准曲线测定的环境条件要保持相同。